# 살아남기,
# 근원으로 돌아가기

### 21세기의 새로운 문명을 찾아서

**이병철 지음**

두레

## 살아남기, 근원으로 돌아가기

지은이     이병철
펴낸이     조추자
펴낸곳     도서출판 두레
1쇄 인쇄일     2000년 1월 3일
1쇄 발행일     2000년 1월 7일
등 록     1978년 8월 17일 제1-101호
주 소     서울시 마포구 공덕1동 105-225
전 화     (02)702-2119(영업) 703-8781(편집)
팩 스     (02)715-9420
E-mail     dourei@chollian.net

ⓒ이병철, 2000

ISBN 89-7443-022-3 03810

❖ 잘못된 책은 바꾸어 드립니다.

• 머리글 •

# 귀농은 아무나 하는 게 아니다

관옥(觀玉) 이현주

귀농(歸農), 그것은 아무나 하는 게 아니다. '귀농'이라는 말 속에는 이농(離農)이라는 말이 있다. 농촌을 떠나지 않은 사람은 농촌으로 돌아갈 수 없다.

돌아간다는 것은 생각만 해도 가슴 울렁이는 사건이다. 패잔병이 되어서 다리를 절며 돌아가든, 성공을 거두고 비단옷 나부끼며 돌아가든 일단 돌아가는 것은 안심(安心)이요, 평화다. 더 이상 방황이 없다는 뜻에서 그렇다. 귀농한 사람에게는 거기가 종점이다. 왜냐하면 그 자리가 떠났던 바로 그 자리이기 때문이다.

노자(老子)는 "돌아가는 것이 도(道)의 움직임이다(反者道之動)"라고 했다. 이른바 길(道)이란 그것이 어떤 길이든 마침내는 본디 자리로 돌아가는 길이라는 얘기다. 물론 종점까지 다 못 가고 중도에 인생을 마감하는 경우도 있다. 있는 정도가 아니라 아주 많이 있다. 그러나 그가 마지막 숨을 거둔 곳, 거기가 그의 종점일 수도 있다고 한다면, "만물이 저마다 각색이지만, 모두가 제 뿌리로 돌아간다"는 노자의 뒷말도 맞는 말이다.

돌아간다는 말은 성숙을 암시한다. 씨앗이 열매로 바뀌어 다시 씨앗으로 되는 것이 나무의 일생이다. 그러나 처음 씨앗과 나중 씨앗은 같은 것이 아니다. 그 사이에 성숙이라는 거룩한 과정이 있는 것이다. 바로 이 과정을 모으면 그것이 곧 우리가 사는 세계요, 역사다. 실로 인간이란, 돌아오(가)기 위하여 한평생 사는 존재라 하겠다. 어찌 인간만 그러하겠는가만.

예수는 많은 비유로 하느님 나라를 그려 보이고 있는데, 그 많은 비유들 가운데 가장 아름답고 흐뭇하고 근본적인 것으로는 세상에 '탕자 이야기'라는 제목으로 알려진 비유를 꼽을 수 있다.

이야기 줄거리는 간단하다.

어떤 부잣집에 두 아들이 있는데 하루는 둘째 아들이 아버지에게 자기 몫으로 배당된 유산을 미리 달라고 청한다. 겉으로 말은 하지 않았지만 독립된 삶을 살겠다는 의지의 표현이다. 아버지는 두말없이 그의 청을 들어준다. 유산을 미리 받은 둘째 아들은 그것을 팔아 돈으로 바꾼 다음 멀리 '도시'로 떠난다. 그리고 거기에서 자기가 하고 싶은 대로 한다. 이른바 방탕한 삶을 살았던 것이다. 방탕이란 말은 거칠 것 없이 제멋대로라는 뜻이다. 그의 수중에 '돈'이 남아 있는 동안은 그런 삶이 가능했다. 그러나 생산은 없고 소비만 있는 살림살이는 반드시 거덜나게 마련이다.

이윽고 둘째 아들은 빈털터리가 된다. 게다가 엎친 데 덮친 격으로 그 지방에 심한 기근이 들었다. 둘째 아들은 목숨을 이어 가기 위하여 어느 집 머슴으로 들어간다. 그 집에서는 그에게 돼지 치는 일을 맡겼다. 그러나 배불리 먹을 음식이 없다. 모두가 어려운 처지이니 어쩔 수 없다. 둘째 아들은 돼지죽에서 먹을 것을 찾아보았지만 그나마도 없다. 이제는 꼼짝없이 굶어 죽을 신세가 되었다.

그런데 바로 그때, 까맣게 잊고 있던 '아버지의 집'이 머리에 떠올랐다. 거기는 일꾼도 많고 먹을 것도 많은 곳이다. 그래서 둘째 아들은 일어나 아버지의 집으로 돌아간다. 아들로 용납되지 않는다면 종살이라도 하겠다는 마음으로.

그러나 아버지는 그가 돌아오기를 기다리고 있다가 그의 모습이 멀리 지평선에 나타나자 달려가서 입을 맞추고 얼싸안는다. 곧바로 잔치가 벌어지고 기쁨에 겨워 아버지 입에서 "죽었던 내 아들이 살아났다"는 말이 나온다.

이렇게 이야기는 일단락 되는 듯하다가 첫째 아들이 등장하면서 다시 전개된다. 아우가 돌아온 날, 형은 다른 날처럼 들에 나가서 힘들게 일하고 저녁때가 되어 돌아오다가 집에 잔치가 벌어진 것을 안다. 어찌 된 일인지 알아보니 가출(家出)했던 아우가 거지꼴로 돌아왔는데 그에게 제일 좋은 옷을 입히고 살찐 소를 잡아 잔치를 벌이고 있다는 것이다. 화가 난 큰아들은 집에 들어가려 하지 않는다. 아버지가 나와서 들어오라고 했지만 오히려 불평을 늘어놓는다. 그 동안 자기는 아버지의 말에 절대 복종하며 '종처럼' 일했지만 친구들과 나눠 먹으라고 염소새끼 한 마리 안 주셨는데 가산을 탕진한 아우가 돌아왔다고 소를 잡다니 말이 되느냐는 것이다. 그러자 아버지가 대꾸한다. "그 동안 내 것이 모두 네 것이었는데 왜 그러느냐? 죽었던 네 아우가 돌아왔는데 내가 어찌 그냥 가만히 있겠느냐? 와서 함께 즐기자."

이 비유의 주제는 역시 '본가(本家)로 돌아감(옴)'이라 하겠다. 그러나 그것은 겉으로 드러난 이야기의 겉모습이고 중요한 것은 인식(認識)의 변화다. 집을 떠나기 전과 돌아오기로 결심한 뒤의 둘째 아들은 몸은 같은 몸이지만 그 마음(의식)은 전혀 다르다.

집을 떠나기 전에는(도시에서 제멋대로 사는 동안에도) 아버지와 함께 집에서 산다는 것이 얼마나 좋고 복된 일인지를 몰랐다.

오히려 거기는 벗어나고 싶은 굴레였다. 아버지와 함께 사는 것이 지겹고 힘들고 무의미했다. 집을 떠나지 않은 첫째 아들의 불평하는 말 속에, 그가 전에 어떤 마음으로 살았는지를 짐작할 만한 암시가 들어 있다. 아들이지만 아버지 밑에서 '종처럼' 일해야 했고 염소새끼 한 마리 마음대로 잡아먹을 수 없는 답답한 삶을 살아야 했다. 자유롭고 행복한 환경 속에서 부자유하고 지겨운 삶을 살았던 것이다.

그런데 그가 집을 떠나 도시에서 살다가 굶어 죽게 되었을 때에 '제 정신이 돌아와' 아버지와 함께 사는 것이 얼마나 행복한 것인지를 알게 된다. '아버지 집'에 대한 인식이 근본적으로 바뀐 것이다.

그가 만일 이와 같은 인식의 변화를 경험하지 않은 채 어떤 다른 경로로(예컨대, 아버지가 가서 강제로 데리고 온다는 식으로) 귀향(歸鄕)을 했다면 이 이야기는 알맹이를 잃은 '뻥'으로 남게 될 것이다.

중요한 것은 그가 돼지 울이 있는 낯선 고장에서 고향으로 몸을 옮긴 사실에 있지 않고, 고향에 대한 인식이 근본적으로 바뀌었다는 사실에 있다. 전자가 후자를 이끄는 게 아니라 후자가 전자를 낳기 때문이다.

그런 뜻에서 진정한 귀농(歸農)은 아무나 하는 게 아니라고 거듭 말하지 않을 수 없다. 떠났던 농촌에 대한 인식이 철저하게 바뀐 사람들, 거기가 마지못해 몸담고 소외된 자들의 낙후된 변방이 아니라 참된 평화와 풍요를 누릴 수 있는 곳이라는 사실을 온몸에 소름이 돋도록 절실하게 깨우친 자들만이 참된 귀농의 길에 설 수 있다.

도시생활이 우리에게 안겨 주었던 신기루 같은 꿈 - 소비가 미덕인 삶을 살 수 있고 이루어지지 않는 계획이 없고 안정되고 풍요로운 내일을 설계할 수 있다는 - 의 본질을 깨닫고, 다시 말해서, 하루에 4만 명 이상이 굶어 죽는 지구 위에서 배부르게 먹고 남은 음식 버리고 온갖 쾌락을 안겨 주는 장치들 사이를 누비는 것이 행복한 삶이 아니라 범죄행위라는 사실을 깨닫고, 또 사실은 그렇게 살 수도 없다는 것을 깨닫고, 보릿고개를 풀죽으로 때우면서도 온 마을이 함께 웃고 함께 울던, 그래서 진짜로 풍요로웠던 농촌으로 돌아가는 사람, 그 사람이 이 시대의 진정한 귀농인(歸農人)인 것이다.

거듭 말하거니와 몸으로만 농촌으로 돌아가는 것은 아직 아니다. 그보다 먼저 마음(의식)이 농촌에서 참된 이상(理想)을 보아야 한다. 도시생활의 정신(예컨대, 눈에 보이지 않는 것보다 보이는 것을 우선으로 삼는)을 그대로 가지고 농촌으로 돌아간다면 그것은 단순히 거주지를 농촌으로 옮긴 것이지, 앞으로 이 세상을 구원할 정신운동의 하나인 귀농(歸農)과 상관이 없는 일이다.

아는 사람만 알겠지만, 단순한 사회운동 차원에 머물지 않고 강력한 정신운동으로 귀농운동을 추진하는 데 이병철 도반(道伴)이 동원된 것은 내 생각에 신(神)의 섭리다. 그가 여기 저기 다니면서 발과 머리로 함께 토한 말들이 묶여서 책으로 나온다니 반가운 일이 아닐 수 없다.

그의 현장이 귀농운동에서 귀농으로 옮겨지는 은총의 날이 머잖아 오기를 은근히 바라면서 몇 자 소감을 적는다.

10월 20일 觀玉 이현주

• 머리말 •

# 새 천년에도 우리 아이들이 살아남을 수 있기를

**당신에게**

우리는 지금 이른바 새 천년을 맞이하고 있습니다.

이 새 천년의 길목에서 많은 사람들은 기대와 불안을 함께 하고 있습니다. 한쪽에선 장미빛 희망을 노래하지만 다른 한편에선 인류의 생존 위기를 경고하고 있습니다. 새 천년이란 우리에게 무엇일까요. 희망과 구원인가요, 아니면 절망과 재앙인가요. 아무튼 새 천년이 무엇이든 간에 인류가 지속적으로 생존할 수 있을 것인가의 여부가 가름되는 천년이 되리라는 것만은 분명한 것 같습니다. 당신이 그리는 새 천년은 어떤 것인지요.

지금 인류는 일찍이 경험한 적이 없는 엄청난 변화와 혼돈에 직면하고 있습니다. 대부분의 사람들에겐 그 변화를 예측하기는커녕 그 속도를 따라 가는 것마저 힘겹게 되어 버린 상황 속에서 자신이 지금 무엇을 하는지, 어디로 가는지를 생각할 겨를조차 잃어버리고 있습니다.

우리는 지금 어디로 가고 있는 것일까요. 환경생태계 위기, 에너지 위기, 식량 위기 등 생존조건의 위기뿐 아니라 인간성과 공동체성의 상실이라는 존재 자체에 대한 위기의식이 갈수록 심화되고 있는 상황 속에서 새 천년이란 우리에게 과연 무엇인가를 되묻지 않을 수 없게 되었습니다.

지금 제가 느끼고 있는 위기의 절박성이란 하나의 기우일지도 모릅니다. 인류는 이 지상에 출현한 이래 지금까지 어떤 형태로든 끊임없이 그 자신을 확장하면서 생존해 왔기 때문이지요. 그러나 바로 그 멈출 줄 모르는 성장의 결과 때문에 이제 인류의 지속적 생존 자체가 한계에 이르렀다고 한다면 지금 인류가 직면하고 있는 위기는 지금까지의 경험을 넘어서는 전혀 새로운 차원의 위기임에는 틀림없는 것입니다. 이제 어떻게 해야 할까요.

**두 가지 길의 선택**

우리에게는 두 가지 길이 있습니다. 그 한 길은 지금까지 달려온 것처럼 그렇게 달려가는 것입니다. 마치 멈추면 넘어지는 외발자전거처럼 달릴 수 있을 때까지 계속 달려가 보는 것이지요. 그러다가 지쳐 쓰러지면 그 때 다시 시작하자는 것입니다. 어쩌면 이 길이 편한 길일지도 모르겠습니다. 별다른 고민 없이 지금까지 살아온 대로 살아가면 되는 길이니까요. 그러나 문제는 그렇게 쓰러지면 다시 일어설 수 없다는 데 있습니다.

다른 한 길은 이제 달리던 것에서 멈추어 다시 두 발로 땅을 딛고 걸어가는 것입니다. 이 길은 더 빨리, 더 많이, 더 편하기 위해, 타고 달리기에 길들여진 지금까지의 익숙했던 방식과는 다른 것입니다. 분명 속도도 느리고 불편하고 힘든 길일 수 있습니다. 그렇게 해서 언제 목적지에 다다를 것인가 하는 회의도 들 수 있을 것입니다. 그런데 문제는 우리가 가는 길의 목표가 과연 무엇인가 하는 것입니다. 그렇게 정신없이 달려 어디로 가자는 것인지를 지금 묻고 있습니다. 정말 우리는 지금 정신없이 살아가고 있습니다. 우리가 그렇게 사는 이유가 무엇인지, 그 목표가 무엇인지를 잃어버린 채 뒤돌아볼 새도 없이 마냥 휩쓸려 가고 있습니다. 마치 열탕 속의 개구리처럼 자신의 생존 위기에 대한 감각조차 상실한 채 말입니다.

## 하늘을 거스르는 문명의 한계

현대 산업문명은 역천(逆天)의 문명입니다. 하늘을, 자연의 순리를 거스르는 문명 그것은 필연적으로 멸망할 수밖에 없는 운명입니다. 산업문명이란 그 본질이 약탈과 파괴에 토대하고 있기 때문이지요. 인류의 문명사는 결국 인간에 대한 인간의 지배와 약탈의 역사인 동시에 자연에 대한 인간의 지배와 약탈의 역사라 할 수 있는데 이제 이러한 문명양식이 그 한계에 다다른 것입니다. 그 결과 자원의 고갈과 생물 종(種)의 다양성 상실의 단계를 넘어 급기야 지구 생태계, 모든 생명의 어머니인 가이아 자체의 생존 위기를 초래하고 있습니다. 지금을 인류문명의 전환기를 넘어 지구 역사의 전환기라고 주장하는 근거가 여기에 있습니다.

저는 종말론자가 아닙니다. 그러나 우리가 저질러 온 업보를 피할 가능성 거의 없어 보입니다. 결국 자업자득이지요. 아무리 인간이 잘났다고 한들 이 행성을 떠나서는 살 수 없는 존재라면 결국 자연의 법도, 우주 대자연의 이치에서 벗어날 수는 없는 것입니다. 지금 우리는 그 값비싼 대가를 치르고 있다고 하겠습니다.

## 더 이상 진보가 아니라 생존

이제 더 이상 진보가 아니라 생존입니다. 인간 중심의 진보사상이란 이른바 성장의 한계와 생태계 위기, 인류의 생물학적 생존 자체의 위기와 더불어 더 이상 인류의 앞날을 이끌어갈 이념적 가치를 상실해 버렸습니다. 아니 바로 인간 중심의 그 진보라는 사상이 오늘 이같은 생존 위기를 야기시켰다는 책임을 피할 수 없게 되었습니다.

따라서 이제 분명한 것은 지금까지 우리가 살아왔던 문명과 삶의 양식을 바꾸어야 한다는 사실입니다. 새로운 길을 찾지 않으면 안 된다는 것이지요. 그 새로운 길이란 모든 생명의 근원인 자연을 더 이상 거스르지 않는, 자연과 조화롭게 사는 길입니다. 그러나 지금 우리가 새로운 삶의 방식이라고 생각하는 이 길은 새롭되 결코 낯선 길은 아닙니다. 그 길은 인류가 지금까지 이 지상에서 삶을 이어 온 가장 보편적인 길이기 때문입니다. 어찌 인류뿐이겠습니까. 이 행성을 사는 모든 생명체들이 살아오고 있는 길이요, 자연의 섭리와 그 법도에 따르는 길인 것입니다.

그러나 아직도 많은 사람들이 자연을 거스르고 자연을 지배, 통제, 조작함으로써 잘 살 수 있다는 그 생각에서 벗어나지 못하고 있습니다. 아니 벗어나지 못하고 있는 것이 아니라 아예 그 길만이 유일한 살 길이라고 맹신하고 있다고 해야 정확한 표현일 것입니다. 이른바 유전자 조작 등을 통해 인류 스스로 진화를 결정할 수 있다는 과학적 맹신주의의 오만과 무지가 그것입니다. 그렇지만 지금은 새삼 어느 길이 올바른 길인가 하는 논쟁으로 시간을 허비할 때가 아님이 분명합니다. 논쟁에 매달려 있기엔 우리에게 허용된 시간이 충분하지 않기 때문입니다. 정말 우리에게 필요한 것은 닥쳐온 재난 속에서 살아남기 위한 구체적인 대비를 서두르는 것입니다. 겨울을 준비하는 것이지요.

## 새로운 문명을 위한 정화의식

이제 인류문명의 겨울이 시작되고 있습니다. 그렇습니다. 모진 겨울의 추위가 닥쳐오고 있습니다. 그러나 겨울은 결코 절망의 계절이 아닙니다. 그것은 새로운 희망의, 새로운 생명의 계절입니다. 계절의 맨 처음은 언제나 겨울이니까요. 지난 계절은 하나의 결실을 거둔 가을로서 마감되었습니다. 아직도 움켜쥐고 있는 가을인 채로는 새봄을 맞을 수가 없습니다. 겨울의 정화의식, 잎을 떨구고 새봄을 위한 씨앗을 땅에 묻고 버리고 비우는 겨울의 준비 없이 어찌 봄이 새롭게 열릴 수가 있겠습니까. 겨울을 이겨내지 못하면 찬란한 봄이 열릴 수 없는 까닭이지요. 이처럼 새 천년이 인류에게 새로운 봄의 시작이 되기 위해서는, 인류의 새로운 문명의 시작이 되기 위해서는 그전에 먼저 우리는 겨울을 온전히 맞이해야 합니다.

겨울은 땅으로 돌아가는 계절입니다. 허공으로 위로위로 솟구치다가 다시 그 근본자리로 돌아가는 것입니다. 잎새도, 열매도 다시 그 뿌리 쪽으로 돌려보내는 것입니다. 움켜쥐고 매달려 왔던 것들을 놓고 교만함을 버리고 겸허하게 다시 그 근원자리를 돌아보는 것입니다. 그 속에서 알몸인 채로 겨울의 추위를 견디는 것입니다. 따라서 지금은 무엇보다 먼저 닥쳐온 겨울의 추위에서 살아 남는 것이 우선되는 일입니다. 살아남아 그 속에서 새봄을 가득 채울 씨앗과 새싹의 움을 잘 갈무리하는 일이 봄을 준비하는 일입니다. 이같은 겨울의 시련을 통한 정화의식 없이 어찌 새봄의 찬란함이, 저 솟구치는 싱그러움이 있겠습니까.

이처럼 우리는 이제 인류문명의 새봄을 위해 통과의례를 치러야 합니다. 우리가 새롭지 않고서는 어디에도 새로운 천년은 없습니다. 새 천년, 인류의 새로운 문명을 위해선 우리가 먼저 새로운 인간으로 거듭나야 하는 것입니다. 그러므로 이를 위한 겨울의 정화의식을 치러야 합니다.

지금 우리가 맞이하고 있는 이 겨울 추위는 참으로 혹독할 것 같습니다. 그만큼 우리가 버리고 비워야 할 것들이 많은 것 같습니다. 그 동안 뿌리로부터, 근원자리로부터 너무 멀리 떠나 있었던 탓에 이 겨울을 견뎌내기가 쉽지 않을지도 모르겠습니다. 그러나 이 겨울을 지나지 않고는 봄을 맞을 수는 없는 법이지요. 이제 이 겨울의 혹한에서 살아남기 위하여, 그래서 새봄을 준비하기 위해선 우리 또한 근원자리로, 흙으로 돌아가야 합니다. 거기서 새봄을 움틔울 씨앗과 새싹을 갈무리해야 합니다.

## 근원으로 돌아가기

농촌으로 돌아가기, 흙과 함께 하는 삶으로 돌아가기 위한 귀농은 닥쳐온 추위, 인류문명의 위기에서 살아남기 위한 것이고 새봄을 준비하는 일이라고 저는 믿습니다. 귀농을 통한 삶 바꾸기, 그것은 지금까지의 우리 자신의 삶과 그 문명에 대한 반성적 성찰을 요구하고 있기 때문이지요. 최소한 이같은 정화의식을 통하지 않고서는 이른바 자연의 가치와 균형을 이룬 인간가치를 회복할 수는 없을 것입니다. 환경 문제는 마음의 문제이자 삶의 방식의 문제라는 지적처럼 인간이 자연을 보는 시각, 그 마음이 핵심이라면 우리가 자연과 조화로운 삶 없이, 그런 삶의 가치관 없이 당면한 위기와 한계를 벗어날 수는 없기 때문입니다. 이 시대 농촌으로, 흙과 함께 하는 삶으로의 전환이 더욱 근본적인 의미를 갖는 이유가 여기에 있다고 생각합니다.

살아남기, 인류 스스로에 의한 인류 자신의 생물학적 멸망의 가능성에 직면하고 있는 미증유의 사태 앞에서 지금 어떻게 살아남을 수 있느냐 하는 것보다 더 절실한 것은 없다고 할 것입니다. 설혹 지금 우리가 당면한 위기가 그렇게 절박한 것이 아닐지라도 분명한 것은 과연 어떻게 사는 것이 제대로 사는 길이며 인간답게, 행복하게 사는 길인가, 그리고 무엇보다도 지금 살아 있다는 사실 그 자체에 대한 기쁨을 누리며 사는 것인가를 묻지 않으면 안 되는 때임이 분명합니다. 이제 우리는 우리 자신에게 솔직하게 물어야 합니다. 정말 어떻게 살아야 할 것인가를.

살아남기 위한, 더불어 살기 위한 길이 생명의 근원자리 그 모태인 흙과 함께 하는 삶임을 뒤늦게 깨닫습니다. 대지의 질서를 어기는 자는 결코 대지 위에서 살아갈 수 있는 자격이 없다는 경구처럼 우리가 이 대지를, 이 행성을 벗어나 살 수 없는 존재라면 결국 대지 위에서 살아가는 법도를 따르는 길밖에는 없기 때문입니다.

저는 당신과 우리의 아이들이 새 천년에도 이 행성 위에서 밝고 건강하게, 참으로 행복하게 존재할 수 있기를 간절히 기원하고 있습니다. 그렇게 대지의 자식으로 살아가기 위한 이 길에 함께 좋은 길동무되었으면 합니다. 우리가 함께 간다면 훨씬 더 풍요로울 수 있는 여정이 되리라 싶습니다.

여기 당신에게 드리는 이 글들은 귀농운동을 전후하여 이곳 저곳에 실렸던 것들을 함께 모은 것입니다. 따라서 체계적이지도 못한 데다가 생각이 모자라고 제대로 다듬어지지도 못한 것들이라 당신에게 드리기가 부끄러운 바 없지 않습니다. 그러나 당신 또한 흙과 함께 하는 삶을 꿈꾸어 왔다면 그런 꿈을 꾸고 있는 한 벗의 이야기로 너그럽게 받아 주었으면 합니다.

저의 모자라는 생각을 채우기 위해 평소 저를 이끌어 주시는 선배이자 스승이기도 한 노겸 김영일(勞謙 金英一) 선생과 관옥 이현주(觀玉 李賢周) 선생께서 발문을 적어 주셨습니다. 특히 노겸(勞謙) 선생께서는 당신의 이름을 '김지하'에서 '김영일'로 바꾼 후 그 첫 글을 보내 주었습니다. 인류문명의 새로운 전환기에서 귀농이 갖는 의미와 그 운동의 향방이 어떠해야 할 것인지에 대한 귀한 메시지가 될 것이라 믿습니다.

아무쪼록 새 천년의 봄을 위해 당신과 함께 농촌으로, 흙으로 돌아가 사람과 사람이, 그리고 사람과 자연이 어울려 하나되는 그런 세상을 위한 씨앗들을 뿌렸으면 합니다. 그래서 우리의 아이들이 그 생명의 텃밭에서 신명껏 뛰놀 수 있기를 소망합니다. 이처럼 흙으로, 생명의 근원자리로 돌아가는 것이 새 천년의 시작이었으면 합니다. 지금 우리에게는 새 천년에도 우리의 아이들이 이 행성 위에서 살아갈 수 있도록 하는 일보다 더 시급한 것이 없기 때문입니다.

새 천년을 향한 겨울의 길목에서,
당신과 아이들에게 사랑을 전하며 이병철

# 글 싣는 순서...

### 이 책의 간행에 부쳐
머리글 … 귀농은 아무나 하는 게 아니다/이현주 · 3
발 문 … 귀농은 율려(律呂)의 각비운동(覺非運動)
/노겸 김영일(옛 이름 김지하) · 301

### 머리말
새 천년에도 우리 아이들이 살아남을 수 있기를 · 8

### 1부 돌아감에 대하여
새봄 맞이와 창자 비우기 · 20
고향, 근원자리로 돌아가기 · 28
한 인연을 정리하면서 · 36
돌아감에 대하여 · 44
사랑하기, 존재를 꽃 피우기 · 54

### 2부 사람과 자연과 문화를 찾아
얼굴이 있는 문화, 사람이 있는 농업 · 58
재해 속의 연대와 협동 · 71
생태마을과 삶과 몸을 찾아 · 87

### 3부 살아남기
살아남기, 자연에 의지하기 · 106
지금 왜 귀농인가 · 125

136 · 생태 위기의 대안으로서의 농
150 · 누가 환경생태농업을 담당할 것인가
164 · 뿌리내리기

## 4부 함께 살기

174 · 지금 왜 생태농활인가
188 · 귀농과 생태마을 만들기
201 · 생태공동체와 교육
208 · 잡초와 함께 짓는 농사
216 · 산촌마을의 꿈

## 5부 하나되기

226 · 다시 밥을 생각하자
231 · 밥과 생명 그리고 하늘
237 · 거룩한 밥, 거룩한 똥으로 살기
245 · 땅의 위기와 생명
255 · 물, 생명의 근원
264 · 한 그루 나무와 생명
275 · 정자나무와 신명과 마을공동체

## 후기

294 · 지리산에는 오르막 내리막이 없다

# 1 돌아감에 대하여

# 새봄 맞이와 창자 비우기

　　아직 바람이 차다. 봄의 문턱에 든 3월, 옷깃을 파고드는 바람은 온몸을 움츠리게 한다. 진눈깨비가 날리고 어느새 산 위는 흰눈으로 덮여 있다. 봄이 오기가 더딘가.
　　꽃샘바람, 꽃샘추위. 봄이 오는 것을 시샘하는 것은 무엇인가. 새싹과 꽃망울을 준비하는 저 나무들과 풀잎들을 다시 얼어붙게 하는 이 계절의 변덕은 무슨 조화인가. 정녕 그것은 봄이 오는 것을 방해하는 것인가. 그러나 생각해 보면 아닐 것 같다.
　　우주 만물의 이치가, 대자연의 법칙이 어찌 한치의 어긋남이 있겠는가. 지금 이 추위는 봄의 시샘 때문이 아니라 봄이 오고 있음을 알려 주는, 그리하여 봄을 맞을 채비를 제대로 하라는 신호이다. 생명을 잉태하고 낳아 기르는 일은 대자연의 일 가운데 가장 중요한 일이다. 삼라만상을 낳아 기르며, 마침내 제명이 다할 때 다시 그 품에 거두는 우주 만물의 어머니인 대자연은 봄을 생명의 계절로 예비하고 목숨을 가진 모든 것들에게 봄맞이 채비를 재촉하는 것이다.
　　흐트러진 자세로 결코 새 생명의 봄을 맞지 말라. 함부로 새싹을 틔우지 말고 아무렇게나 꽃망울을 터트리지 말라. 생명 탄생의 경건함과 소중함을 한치도 소홀히 해서는 안 되는 법. 시련 속에서 강인함을 얻고, 인고 속에서 끈질긴 생명력을 얻을 수 있으니 이 봄의 흔드는 바람 앞에서 뿌리를 더욱 땅속 깊이 움켜 박고 가지 끝까지의 물길을 새롭게 열어 새봄 맞이에 작은 흐트러짐도 없게 하라. 이 추위를 견딜 수 없는 싹은 한여름의 뙤약볕 또한 견딜 수 없는 것이니, 이 바람을 이겨낼 수 없는 꽃망울은 결코 열매가 영그는 것을 기대할 수 없는 것이니, 다른 뭇생명들의 찬란함을 위해 미리 자리를 비켜줌이 마땅한 일 아니겠는가.

천지여아동근(天地與我同根)이요, 만물여아일체(萬物與我一體)라. 어차피 우리 모두는 어머니 대자연의 한 자식들, 한 줄기의 다른 가지들인 것을. 우리가 가진 모든 기운들을 모아 생기찬 봄을, 찬란한 봄을 준비해야 하지 않겠는가.

봄이 시작되는 이 3월, 어머니 자연은 전령인 바람을 앞세워 우리를 깨운다. 깨어나서 새봄을 맞아라. 겨울의 긴 잠에서 일어나 몸과 마음의 묵은 먼지를 털고 맑은 정신으로 새봄을 맞아라. 온 천지 가득차 오르는 새 생명의 봄을. 그렇다. 새봄은 저 홀로 오는 것이 아니라 그대와 함께 만드는 것이다. 이 봄의 찬란함과 생기참은 그대의 봄맞이 정도에 달려 있나니. 그대가 이 봄을 위해 깨어나 예비하는 것만큼 봄 또한 그 풍성함을 더하는 것을.

**먼저 비워야 채울 수 있다**

봄맞이 단식을 한다. 새로운 것을 맞이하기 위해선 낡은 것을 버려야 한다. 비워야 채울 수 있는 것이다. 잘 먹기 위해선 잘 싸야 하는 것처럼 나날이 새로워지기 위해서는 나날이 낡은 것들을 버려야 한다. 겨울의 묵은 먼지를 털어 내지 않고서는 새봄의 그 솟구치는 기운을 맞을 수 없다. 보라. 모든 생명의 탄생은 낡은 껍질을 깨는 것에서 시작된다. 껍질이 깨어지지 않는 탄생은 없다.

　우리는 그 동안 너무 많이 먹어 왔고 아직도 너무 많이 움켜쥐려 하고 있다. 나 자신은 결코 그렇지 않다고 말하지 말라. 가난한 노동자, 농민이기 때문에, 뿌리뽑힌 유랑민들이기에, 지금도 배고프고 춥기 때문에 결코 그렇지 않다고는 말하지 말라. 지금 우리는 가진 자나 갖지 못한 자의 구분을 떠나서 모두 과식하고 있다. 제대로 버리고 비우지 못하고 모두 움켜쥐고 채우려고만 한다. 과식하는 한 거기에 건강도, 생기참과 희망도 없다. 과식은 자신의 건강과 생명을 해칠 뿐 아니라 다른 생명을 굶주리게 하고 죽게 하며 모든 생명의 근원자리인 지구생태계를 파괴하는 죄악이고 범죄행위인 까닭이다.

　왜 과식하는가. 그것은 우리의 탐욕과 이기심, 그 인색함 때문이다. 영혼의 허기짐과 불안 때문이다. 나 혼자만 먹기 위해서, 남보다 더 많이 먹기 위해서, 그리고 불안하고 허전하고 허기져서 오늘도 우리는 과식하고 있다. 그러나 우리가 과식하면 할수록 몸은 더욱 고단하고 지치며, 영혼은 더욱 메말라 허기져 간다. 더욱 초조해지고 불안해진다. 어디에도 여유가 없다.

　자연생태계 속엔 과식이 없다. 과식이 없어야 생태계는 그 건강성을, 그 균형과 질서를 유지해 갈 수 있는 까닭이다. 우리의 조상들, 우리의 인류도 지난 수백만 년의 존재사 속에서 굶주리며 살아 왔다. 과식의 시대가 이루어진 것은 산업문명의 말기, 이 시대뿐이다. 현대 산업문명은 그 자체로서 과식문명이다. 대량생산과 대량소비, 대량폐기를 그 내용으로 하는 산업문명은 과식의 욕구에서 출발하며 과식을 통해서만 성립되고 유지될 수 있는 체계이다.

　이 시대, 인간을 포함한 모든 생명계를 심각한 멸망의 위기로 몰아넣고 있는 자연생태계의 파괴는 인간의 과식 욕구를 충족하기 위한 필연적 결과이다. '더욱 편하게, 더욱 빠르게, 더욱 풍요롭게.' 인간의 편리와 욕망을 위한 이러한 추구는 자연의 파괴와 자원의 소모를 바탕으로 이루어지는 것으로, 결국 지금 우리가 누리는 이 모든 풍요는 우리의 생명자리를 파괴한 값비싼 대가라는 것을 지금 뒤늦게 깨닫고 있다. 결국 우리의 무지함과 욕망 때문에 순간의 편리와 포만을 위하여 모든 생명체들이 살아갈 생명의 터전을 파괴해 버린 것이 오늘날 위기의 본질이라 할 것이다.

　이 과식의 시대, 지금 우리는 과연 행복한가. 건강하고 활기찬가. 과식의 해악이 이처럼 우리의 심신을 황폐하게 하고 자연생태계를 파괴시키는데, 다른 한편에선 지금도 인류의 4분의 1이 굶주림으로 고통받고 있다.

## 우루과이라운드의 논리는 과식의 논리이다

　우리나라 농업의 몰락을 강요한다고 해서 나라 안팎을 온통 떠들썩하게 했던 우루과이라운드 문제의 본질도 결국 과식의 욕구에서 비롯된 것이다. 과식의 본질은 밥을 함부로 대하고 함부로 먹는 것에 있다. 밥을 생명으로 자각하는 한 결코 과식할 수 없기 때문이다.

　생각해 보자. 우리 모두는 밥에 의해 우리의 생명과 존재를 이루어 나가는 것이며, 우리가 먹는 밥은 그 자체로서 존엄한 생명이라는 사실을. 밥이 곧 생명이요, 그러므로 밥 먹는 일이 생명이 생명을 모시는 거룩한 행위라면, 어찌 밥을 함부로 먹고 더구나 과식할 수 있겠는가. 그러나 밥을 생명이 아닌 한낱 상품으로 보는 산업사회의 공업적 사고에 의하면, 우루과이라운드의 논리, 밥을 사고 파는 데 국경이 없어야 한다는 논리는 지극히 타당할 수 있는 것이다.

우리는 우리나라의 농산물시장 개방을 강제하고 더구나 우리의 목숨줄인 쌀마저 무차별적으로 개방해야 한다고 강요하는 미국 등의 제국주의적 논리와 횡포에 하나같이 분노했다. 그러나 과연 우리를 분노케 하는 이같은 우루과이라운드의 논리가 단지 미국 등 제국주의의 논리에 불과한 것인가. 그리고 우리의 농업을 몰락시키고 있는 주된 원인이 우루과이라운드 개방에 있는 것인가.

분명한 것은 우루과이라운드 개방이 우리 농업의 몰락을 재촉하는 것이기는 하나, 오늘날 우리 농업, 농촌 위기의 주범은 아니라는 사실이다. 이미 우리나라의 산업구조와 경제교육이, 그리고 우리들의 가치관과 생활양식이 우리 농업을, 우리 생명을 막다른 위기로 몰아 넣어 온 것이기 때문이다. 우루과이라운드 개방이 없었다고 하더라도, 이미 우리 농업은 근본대책이 이루어지지 않는 한 회생할 수 없는 빈사상태에 놓여 있기 때문이다.

우루과이라운드 협상에서 미국의 논리는 우리 안에 팽배해 있던 논리와 다를 바 없었던 것이다. 농업을 공업적 관점으로 바라보는 논리, 밥을 상품으로 대하는 가치관이 바로 그것이다. 남의 밥을 사 먹어야 한다고 강요하는 저들의 논리와 횡포는 이 땅의 농촌과 우리 밥상을 소중히 여기지 못한 우리 모두의 죄업이다. 쌀 한 톨의 의미, 밥 한술의 의미를 깨닫지 못한 우리 무지의 소산이다.

### 창자를 비워야 제대로 봄을 맞을 수 있다

춘래불사춘(春來不似春). 비록 개나리가 피어나고 들녘에 아지랑이가 어른거린다 해도 농촌에, 농민의 가슴에 봄은 아직도 멀었다. 어쩔 수 없이 볍씨를 챙기고 보습의 날을 닦아 보지만 손끝에 힘이 모아지지 않는다. 힘차게 갈아엎는 쟁기질 끝에서 태어나던 봄은 이제 사라졌다. 골(谷)을 울리던 기운찬 소를 모는 소리도, 보리밭·남새밭에서 들려오던 아낙들의 흥얼거림도 사라지고 들판은 비어 간다.

봄은 생기(生氣)이다. 생명의 일꾼인 농민들이 생기를 잃은 들녘엔 생기가 없다. 생기 없는 들녘에서 생기찬 봄의 탄생은 없다. 농촌의 들녘에 봄이 오지 않는 한 우리에게 봄이란 거짓이다. 그것은 화사하긴 하되 생명이 없는 조화(造花)처럼 생명의 봄이 아니다. 환각(幻覺)이다.

시든 들녘에 생기찬 봄을 심어야 한다. 이 봄의 신명남이, 그 활기참이 들녘에 가득차 올라야 한다. 그곳에 우리의 봄이 있기 때문이다. 우리의 밥이, 생명이 있기 때문이다. 어떻게 찬바람만 스산한 저 빈 들녘에 꿈틀대는 새봄을 오게 할 수 있을 것인가. 이 봄을 찬란하게 맞기 위해 할 수 있는 일은 무엇인가. 그것은 우선 우리의 창자를 비우는 일이다.

이 땅의 농업을 소생시킬 수 있는 방안은 무엇인가. 그것은 농업을 새롭게 보고 밥을 밥대로 이해하는 일이다. 농업을 새롭게 보지 않고서는, 밥을 올바로 이해하지 않고서는 아무런 대책도, 희망도 없기 때문이다.

농업을 새롭게 이해함이란 무엇인가. 그것은 농업은 단순한 사업이 아니라 땅과 관계하여 밥을 낳는 일이라는 사실에 대한 자각이다. 그러므로 농업이란 밥상을 지키고 우리의 건강과 생명을 지키며 땅을 살리고 환경생태계를 살리는 생명산업이다. 때문에 우리의 땅과 밥상을 지키고 우리 자신을 살리는 것은 이 땅의 농업을 통해서

이지 결코 미국이나 중국의 농업을 통해서는 될 수가 없는 것이다. 그러나 생명산업으로서의 농업에 대한 이러한 인식은 밥에 대한 올바른 자각이 이루어지지 않고서는 불가능한 일이다. 농업의 중요성은 밥 한 그릇의 소중함으로부터 오는 것이기 때문이다. 참으로 한 톨 쌀알, 푸성귀 한 잎의 소중함을, 그 속에 가득찬 우주 생명의 무게를 깨닫기 위한 절실한 노력이 없는 한 돌파구는 없다.

밥의 소중함을 이해하는 것, 쌀알 한 톨의 무게가 태산보다 무겁다는 사실을 자각하는 일은 먼저 창자를 비우는 것에서 시작되어야 한다. 창자를 비워야 밥의 소중함을 깨달을 수 있다. 창자를 비워야 밥을 함부로 사고 파는 교만과 어리석음의 늪에서 헤어나올 수 있다. 몸과 마음을 해치는 과식의 욕구, 그 해악에서 벗어날 수 있다. 그 동안 우리는 너무 허겁지겁 먹고 지나치게 먹어 왔다. 과식하는 탐욕 속에서, 또는 단지 한끼의 끼니를 때운다는 식의 교만과 무지 속에서 우리의 몸과 마음에 쌓여 있는 독과 그 찌꺼기들은 얼마나 될까. 단식을 하면서, 창자를 비우면서 우리의 육신을 병들게 하고 정신을 황폐하게 만들고 있는 그 독과 찌꺼기들을 비워 내어야 한다.

**밥의 소중함을 자각하는 곳에 공생의 대동세상이 있다**

창자를 비우면서 밥을 생각하자. 그 밥 속에 든 농부의 땀과 아픔을 생각하자. 우리가 먹고사는 한, 우리가 생명을 유지하고 있는 한, 우리와 농민은 떼어놓을 수 없는 공동운명체임을 생각하자. 저 황량한 들판을 다시 푸르게 살려내는 일이 바로 우리 자신의 일임을 생각하자.

도농공동체운동. 그것이 그럴듯한 구호나 바람직한 운동방향 정도가 아니라, 우리의 건강과 생명을 유지해 나가기 위한 절대적 생존과제임을 자각하자. 도시와 농촌이 함께 손을 맞잡고 우리의 땅과 밥상을 지키지 않는 한 우리의 생존에 아무런 희망도 가치도 없다.

　새봄을 맞으며, 봄을 봄답게 맞기 위해 창자를 비우자. 배부른 눈에는 밥의 의미가, 봄의 의미가 제대로 보이지 않는다. 왜 단식을 해야 하는가, 왜 창자를 비워야 하는가, 그 의미를 새롭게 생각하자. 왜 예수는 우리에게 자신을 밥으로 내놓았는가. 최후의 만찬, 영성체의 의미와 광야에서 40일 간 단식한 것의 의미가 어떤 관계가 있는지를 생각해 보자. 우리는 서로에게 충실한 밥이 되어야 한다는 사실을 생각하자. 과식의 죄악과 소식의 공덕을 생각하자. 밥을 소중히 여기고 과식을 삼가는 그 마음에서 생명에 대한 존엄과 공생사회를 위한 기틀이 마련된다. 밥의 소중함을 자각하는 그곳에서 공생의 대동세상이 열린다.

　봄이 시작되고 있다. 어머니 대자연은 봄의 그 찬란한 신명을 위해 지난 겨울 인고의 긴 단식을 했다. 겨울의 단식이 없는 곳에 봄의 찬란함, 그 기쁨도 없다. 자, 이제는 우리가 창자를 비워야 할 차례이다. 밥의 소중함을 깨닫고 과식의 해악을 치유하며 농촌의 저 빈 들녘에 찾아올 생기찬 봄의 신명을 위해.

| 1994년 5월 |

# 고향, 근원자리로 돌아가기

1

눈이 왔다. 첫눈치고는 제법 실하게 내렸다. 사위는 온통 순백의 세상이다. 아직 사람의 발자국으로 어지럽히지 않은 신새벽, 눈으로 덮인 도시는 모처럼 포근하다. 눈을 따갑게 찌르던 잿빛 도시의 날카로운 선과 모서리들이 원만해졌다.

어지러이 나뒹굴던 쓰레기들도 하얀 이불 밑에서 얌전하고, 긴 계절 내내 산성비와 매연으로 온통 시커멓게 때 절어 시들어 가던 가로수들도 오랜만에 의젓하다.

흰눈, 그 순백의 빛깔과 모양은 찬란하고 포근하다. 흰눈의 찬란함, 그 눈부신 아름다움으로 하여 도시는 한 순간 넉넉한 낭만 속에 묻혀 있다. 자연의 조화로움과 그 신비로움. 그러나 도시가 잠에서 깨어나 사람들과 차량들이 길거리로 쏟아져 나올 때부터 자연이 베푼 이 아름다운 은총은 순식간에 재난과 재앙으로 돌변한다. 한꺼번에 밀려나온 사람들과 차량들이 눈길 위에서, 얼음판 위에서 엉금엉금 기어다니고 곳곳에서 도로가 막혀 큰 난리가 일어난다. 그래서 도시 한복판에 내린 계절의 축복은 낭만과 넉넉함이기는커녕 빌어먹을 재앙이 되고 만다.

하얀 눈, 그 순백의 찬란함도 도시의 공해와 그 찌든 때로 인해 순식간에 시커멓게 오염된 시궁창으로 변해 버린다. 그러므로 이 겨울, 눈은 자연을 허물고 만든 인간의 도시에 와서는 안 될 불청객이다. 시멘트, 아스팔트로 만든 인조 도시, 생명의 근원인 흙이 사라져 버린 저 죽음의 회색 도시에서 이 계절, 자연이 베푼 순백의 축복과 은총은 오히려 재앙이 될 뿐이다.

## 2

눈이 온다. 가을 가뭄이 심해서 온통 몸살하며 겨우 싹을 틔운 밀씨랑 보리씨의 여린 촉들이 노랗게 말라 비틀어져 가던 판에 눈이 오신다. 제발 눈이 좀 넉넉히 내렸으면 좋겠다.

설 전(前)에 눈이 한두 차례 이상 실하게 내려야 새해 농사가 풍년이라고 하지 않던가. 푸근히 내린 눈을 이불로 덮고 겨울을 나야 밀, 보리 싹이 얼지 않고 잘 자라 여름 농사가 풍요롭기 때문이다. 눈 없는 겨울 풍경이 좀 삭막한가. 그래, 겨울에 때맞춰 내리는 눈은 계절의 축복이고 자연의 풍성한 은혜로움이 아닐 수 없다.

가을걷이를 끝내고 곡간에 겨울 양식을 갈무리 한 뒤 흰눈으로 덮인 농촌, 그 시골마을은 포근하고 넉넉하다. 간밤에 눈이 내려 쌓였다 해서 출근길이나 교통체증 때문에 호들갑이나 난리를 피울 일은 없다. 오늘이 장날이라 해도 꼭 장에 가지 않으면 안 되는 일도 없다. 까짓 것, 생선 비린 것쯤은 좀 참았다가 다음 장에 가서 사다 먹으면 될 일이고 면사무소에 가서 볼일도 날 좋을 때로 미루면 괜찮을 일이다. 마당에 쌓인 눈은 아침 운동 삼아 한 모퉁이로 쓸어 놓고 옆집 마실 갈 길이나 조금 뚫어 놓으면 그만이다. 엊저녁에 지 핀 군불이 식었으면 장작개비 몇 개 더 넣어 놓고 게으른 아침이나 들자.

하기야 농촌에도 비닐 하우스니 특작이니 뭐니 하는 이들은 눈이 쌓이면 걱정하기도 한다. 눈이 너무 오면 비닐 하우스가 내려앉기도 하고 하우스에서 수확한 농산물을 서울로 실어 나르기가 어렵기 때문이다. 그러나 칠팔월 한여름 철에나 길러 먹어야 할 수박, 참외농사 따위를 눈 쌓이는 삼동에 생산하는 짓이 어디 바른 농사이겠는가. 우주의 운행과 자연의 이치에 따라 순리대로 농사지으며 산다면 겨울의 눈이야말로 자연의 축복이고 은혜가 아니고 무엇이겠는가.

햇살에 눈부신 흰눈의 찬란함, 대지를 보듬고 가슴을 촉촉이 적셔 봄의 출산을 준비하는 눈밭의 넉넉함. 산과 들과 마을이 모두 하얀 눈의 품속에 싸여 너그럽고 풍성하다.

이 겨울, 포근히 눈 내린 산골마을에 가서 잘 빚은 곡주를 놓고 벗님과 밤새워 산울음 소리나 듣고 싶다. 쌓인 눈의 무게를 못 이겨 뚝뚝 뒷산의 나뭇가지 부러지는 소리며 먼데서 얼음장 갈라지는 소리, 외로운 산짐승의 울음소리, 바람에 구르는 낙엽소리……. 자연이 살아 숨쉬는 그 소리들에 묻혀 긴 밤을 새우고 싶다.

### 3

지난 가을엔 유서를 썼다. 내가 죽으면 이렇게 저렇게 해 달라는 식으로 뻔뻔스럽게 유서를 썼다. 그러나 맹세코 처음부터 그처럼 뻔뻔스러운 의도가 있었던 것은 아니었다. 환경운동하는 단체에서 발행하는 잡지 편집장의 강권과 꼬임과 인연에 마지못해 그렇게 된 것이었다. 그러나 유서를 쓰면서 적어도 그 순간만은 어쩔 수 없이 진지한 마음으로 나의 죽음과 그 주검의 처리와 내가 돌아갈 것에 대해 생각하고 고민하지 않을 수 없었다. 이제 그 유서가 세상에 공개되어 읽어 본 사람도 제법 여럿인 모양이니 그분들 때문이라도 내 죽음에 대해 책임지며 살아가게 되었다.

생각해 보면 죽음이란 결코 멀리 있거나 남의 일이거나 외면할 수 있는 일이 아니다. 태어났으니 돌아가야 한다. 이 세상에 존재하는 것치고, 시공(時空) 중에 그 형체를 얻은 것치고 소멸되지 않는 것이 어디 있던가. 생자필멸(生者必滅), 성주괴공(成主壞空), 이것이 자연의 법칙이고 인연의 법칙이 아니던가. 그렇다면 지금 이 육신을 보듬고 생각을 굴리며 사는 동안에 언젠가 돌아갈 것에 대해 진지하게 생각하고 그에 따른 준비를 해야 함은 지극히 마땅한 일이다.

그래서 옛님들의 말씀처럼 이 육신과 이 마음이 둘이 아니요(心身一體), 삶과 죽음이 또한 다르지 않음(生死一如)을 깨달을 수 있다면 지금처럼 요 모양으로 이렇게 악착스럽고 모질게 나와 남을 갈라놓고 사람과 자연을 나누어서 억누르고 빼앗고 짓밟고 부수는 따위는 차마 하지 못하거나 적어도 조금은 덜 것이 아닌가도 싶다. 결국 시방, 자기를 죽이고 남도 죽이며 덧붙여 이 지구상에 죄 없는 다른 무수한 생명체들마저 그렇게 무차별적으로 죽음으로 몰아넣고 있는 이 모든 짓거리가 너와 나는, 사람과 자연은 결코 하나일 수 없으며 자신은 절대로 죽을 수 없다고 믿는 그 맹목적인 어리석음에서 비롯된 것이 아니겠는가. 아니면, 오히려 어쩌면 죽음이 종말이라 믿고 죽음의 공포로부터 달아나 목숨 부지할 동안만이라도 물질과 감각의 욕망에 탐닉하고자 하는 가련한 집착 때문일지도 모른다.

그러나 그런다고 한들 죽음으로부터 벗어날 수 있으며 남들보다 더 많이 먹고 더 많은 똥을 싼다고 해서, 물질적 욕망에 탐닉하여 마구 쓰고 무한대로 쓰레기를 만들어 낸다고 해서 삶의 신명과 활력이, 기쁨과 보람이 생겨나고 채워지는 것은 아닌 것이다.

죽음이 삶의 종말일 수도 있고 아닐 수도 있다. 내세가 있어도 좋고 없어도 좋다. 내세가 있다면 현세의 지은 바대로 그 업을 갚아야 할 것이고 내세가 없다 해도 생을 얻은 동안 지은 업장은 자신이 아니면 그 자신이 그토록 집착한 자기 자식이나 가족, 또는 그가 애착하는 사람들의 생명에 되갚음으로 돌아갈 수밖에 없기 때문이다. 세상에 어디 공짜가 있던가. 반드시 대가를 지불해야 하는 것이 우주, 자연의 법칙인 것이다.

삶과 죽음이 하나임을 생각할 때 우리의 삶은 더 겸손하고 넉넉해질 수 있고 깊이 생각하여 그 이치를 안다면 우주 만물이 모두 나와 한 뿌리이며 천지자연이 곧 나와 일체임을 깨달을 수 있다고 했다. 우리가 돌아가야 할 근원은 어디인가.

우리의 삶의 근거, 그 존재의 근원자리가 흙이고 자연이라고 했다. 여름에 그 무성한 잎새를 자랑하던 나무들도 가을이 지나면 화려하게 단장한 잎새들을 정든 가지에서 떨구어 그 근원인 뿌리로 다시 돌려보낸다. 태어나고 죽고, 성장과 소멸, 이 끝없는 순환의 근원자리에 자연이 있는 것이다. 그렇다면 죽음을 받아들이는 삶이란 다름 아닌 우주 대자연의 순환의 이치에 따라, 그 흐름에 따라 사는 삶이고 그것은 곧 자연과 더불어 흙 속에서 생명을 가꾸고 키우는 삶이 아니겠는가.

## 4

아직도 도시로 탈출하는 이농의 행렬이 한 해 40여 만 명에 달하는 우리의 농촌 현실에서 농촌으로 다시 돌아가자는 운동과 농촌에 삶과 젊음을 묻어 씨뿌리려는 이들이 있다. 귀농운동(歸農運動), 농촌으로 돌아가기. 우리는, 특히 도시의 젊은이들은 왜 농촌으로 돌아가야 하는가.

지난번 전국귀농운동본부에서 귀농을 희망하는 젊은이들을 대상으로 농촌으로 돌아가려는 이유와 동기에 대해 조사해 본 적이 있다. 그 이유의 대부분이 교통, 환경오염, 비인간적 경쟁 등으로 삭막해진 도시문명과 생활에 한계를 느끼고 그 대안으로 자연 속에서 농사를 지으며 살고 싶다는 바람 때문이었다.

이제는 제법 많은 사람들이 지금 우리가 당면한 문제가 단순히 한 사회의 발전을 위한 산업화교육에서의 환경오염, 공해 문제의 차원이 아니라 전체 생태계의 위기, 지구 전 생명계의 위기라는 것에 대해서, 그리고 이같은 위기의 근본원인으로서 생산력 중심의 반자연적인 공업적 세계관과 이에 바탕을 둔 현대 산업문명의 모순이라는 것에 대해 공감하고 있는 듯 보인다. 그렇다면 이 위기에 대한 대안, 그 구체적 방도는 무엇인가.

새삼스레 지금 우리가 당면한 생존의 위기의 실상이 어떤지, 자연생태계의 파괴, 훼손과 소모, 고갈을 전제로 한 대량생산, 대량소비, 대량폐기의 산업문명의 구조 속에서 끊임없이 쓰고 버리는 생활양식이 초래한 폐해와 한계 그 심각성을 되풀이할 필요는 없다. 문제는 오늘날 인간을 비롯한 지구생명계의 위기가 반자연적, 반생태적 문명과 그 생활양식에서 비롯된 것이라면 이에 대한 실천적 대안은 인간과 자연이 조화·공존하는 새로운 문명과 그에 걸맞는 생활양식의 회복뿐임이 자명하다.

자연과 더불어 사는 삶, 우주 대자연의 운행과 그 섭리에 따라 함께 호흡과 장단을 맞추며 사는 삶, 밥이 상쾌한 똥이 되고 똥이 다시 맛있는 밥으로 순환하는 생활양식, 한 물건(一物)에 대한 감사와 공경으로 단순 소박함 속에서 더욱 넉넉한 풍요로움을 맛보는 삶으로 바꾸는 것, 그것이 유일한 생존방안일 수밖에 없는 것이다. 그러므로 자연 속에서 공생조화할 수 있는 유기순환적인 농적 문명(農的文明)과 그 삶은 새로운 대안문명의 창출이며 우리 자신의 건강한 삶과 우리 후손의 지속적인 생존을 위한 실천적 대안인 것이다. 자연, 흙이야말로 모든 생명의 근원, 그 근원자리인 까닭이다.

도시, 계절의 축복인 한 차례의 눈조차 받아들일 수 없는 그 반자연적이고 반생명적인 도시, 대립과 경쟁과 독점과 차단으로 젊은 생명들을 시들게 하고 병들게 하는 저 불모의 도시에서 벗어나 농촌으로, 생명의 모태인 흙으로 돌아가는 일은 그러므로 지금 이 땅의 젊은이들이 서둘러야 할 가장 시급하고 중요한 일이 아닐 수 없다.

돌아가자. 가서 각박하고 메마른 도시문명 속에서 날로 생기를 잃고 시들어 가는 우리 자신과 우리의 아이들에게 살아 있는 흙의 소중함, 밥의 소중함, 자연과 생명가치의 소중함을 맛보게 하자. 가서 젊은이들이 다 떠나고 노인들의 바튼 기침소리에 시름겨워하는 우리 농촌, 그 고향 땅에 다시 생기를 불어넣자. 텅 빈 고샅길 그 골목길에 우리 아이들의 해맑은 웃음소리 가득하게 하자. 온갖 화학물질과 독소로 병들어 죽어가고 신음하는 땅을 살리고 돌보며 생명을 가꾸는 농사를 짓자.

농촌으로 돌아가는 것, 그것을 세상 물정을 모르는 섣부른 낭만이라고 빈정대지 마라. 그것은 이 위기의 시대, 건강한 삶, 생존을 위한 치열한 선택이다. 던져 주는 먹이에 안주하는 사육되는 삶을 박차고 자신과 세상의 새로운 내일을 온몸으로 열어 가는 젊음의 용기이며 그 도전이다. 서로 함께 어울려 사는 두레공동체, 도시와 농촌이, 생산자 농민과 소비자가 서로 얼굴을 맞대며 삶을 나누는 도농공동체, 인간과 자연이 더불어 사는 순환공생의 새로운 문명을 이루는 일이 어찌 젊음의 열정과 치열한 도전 없이 가능할까. 그러므로 고향 돌아가기, 근원자리로 돌아가는 일은 결단과 용기를 필요로 하는 무겁고도 중요한 일이다.

아니다. 농촌으로 돌아가는 일, 그것은 낭만이다. 낭만이 없는 삶에 무슨 보람과 신명이 있는가. 이제 거짓된 삶, 꼭두각시의 삶에서 벗어나야 한다. 돈벌이 때문에 또는 무슨 거창한 이념과 주의 때문에 사는 것이 아니라, 주눅들고 눈치보며 사는 삶이 아니라 나날의 삶에서 건강과 즐거움과 작은 기쁨 그 자체에 충실한 삶이 되어야 한다. 그것은 가볍고 즐겁게 시작하는 삶이어야 한다.

풀벌레와 어울려, 메뚜기와 지렁이와 함께 농사짓고 매끼니 텃밭에서 갓 캐 온 남새로 밥상을 차리며 아이들과 냇가에서 버들치, 피라미 잡으며 살고자 하는 그 소박한 꿈을 이루는 일이 어찌 낭만 없이 가능할 수 있으랴.

새해, 우리 모두 고향의 흙으로, 그 자연으로 돌아가는 꿈 하나씩 품자. 물을 주고 싹을 틔워 어느날 그렇게 돌아가자. 눈이 온 산하를 가득 채워도 넉넉하고 풍성할 생명의 근원자리로.

| 1997년 1월 |

# 한 인연을 정리하면서

 입추(立秋), 여름 속에서 가을이 시작되는 날이다. 무더위가 기승을 부리고 한여름이 익어 가는 가운데서도 계절은 이미 다른 절기로 바뀌어 가고 있는 것이다.

천지운행의 기운이 한 절기 옮겨 가는 오늘 같은 날은 지난 삶을 되돌아보며 한 생을 정리하기에 좋은 날이다. 그러나 지난 생을 정리하면서 유서(遺書)라는 것을 써야 하는지에 대해선 망설임이 없지 않다. 세상에 꼭 남겨야 할 무슨 이야기가 있는 것도 아닌 터에 내가 떠난 뒤 어줍잖은 글을 남긴다는 것은 지난 인연을 정리하는 데 오히려 걸림이 될지도 모르기 때문이다. 그럼에도 굳이 이렇게 몇 자의 글을 적는 것은 유서라는 의미에서가 아니라 지난 삶을 되돌아보는 나의 심경(心境)과 그 동안 맺어 왔던 소중한 인연(因緣)들에 내 나름의 고마움과 작별의 인사를 나누고 싶은 마음 때문이다.

태어남으로 생을 얻은 자들은 돌아감으로써 그 삶을 마감해야 한다. 무릇 모든 것이 변하고 영원한 것은 없다. 지나온 삶이 어떤 것이었든 간에 이제는 돌아가야 할 것을 생각해야 한다.

언제 어떻게 내 생이 마감될지 모른다. 죽음이라는 것이 비록 육신의 껍데기를 벗는 또 다른 통과의례일지라도 보고 만져지고 느껴지는 이 육신과 함께 맺어 왔던 인연들을 정리하는 일은 필요한 일이다.

나는 언제 어떤 모습으로 이 세상에서의 삶을 정리하고 떠나게 될까. 바라기는 생을 다하는 날까지 그 삶에 충실하다가 하늘이 맑은 날 시원한 저녁 무렵, 깨어 있는 의식으로 맺었던 인연들과 손을 잡고 헤어짐의 잔을 나누고 싶다. 그러나 불시에 훌쩍 떠나게 될지도 모른다. 그렇게 떠난다 해도 내가 사랑했던 사람들, 내 생애 동안 신세졌던 그 숱한 인연들에 무슨 유감이나 미련은 없다. 혹시 우리들의 헤어짐이 그렇게 이루어진다 해도 나를 기억하는 남은 사람들은 섭섭해 하거나 오해가 없었으면 한다.

죽음의 모습을 생각하면 걱정스러운 것이 없지는 않다. 혹여 고통과 미련으로 그 모습이 추하지나 않을까 싶은 것이다. 죽음을 맞이하면서 고통스러워할지도 모르겠다. 그러나 그것은 이승에서 저승으로, 한 생에서 다른 생으로 옮겨 가는 산고(産苦)쯤으로, 또는 꿈속의 무서움에 가위눌려 지르는 잠꼬대쯤으로 널리 해량해 주길 바란다.

살을 맞대며 살아온 사람들과의 헤어짐의 아쉬움이야 어찌 없겠는가마는 지금 깨어 있는 나의 의식으로는 무슨 한이 남아 두 눈 못 감을 일은 없다.

이제 다시 한번 지나온 삶의 모습들을 돌이켜 보면 내 자신의 무지와 게으름으로 세상에 미안하고 스스로에게 부끄러운 적이 없지 않다.

이른바 농민운동이란 것에 몸담아 온 지도 어느새 20여 년이 넘었다. 그 기간 동안 나의 노력으로 세상은 얼마나 나아졌는가. 때론 분노하고 때로는 좌절하기도 하면서 보낸 지난 세월 동안 내가 이루어 온 것이 무엇인가.

생각해 보면 내가 세상에 대해 무엇을 요구하고 그것을 이루기 위해 무엇을 했던가는 그렇게 중요하지 않은 것 같다. 중요한 것은 이념이 아니라 삶이며, 세상이 아니라 내 자신이라는 생각 때문이다. 내가 어떻게 살아왔는가, 그 삶을 통해 내가 무엇을 느끼고 어떻게 변해 왔는가가 내 생을 돌아보는 데 가장 중요한 기준이 될 수밖에 없다는 생각이다.

농민운동, 농민 문제를 해결하는 데서도 그것이 농민들의 문제가 아닌 내 자신의 절실한 문제로 살지 않는 한 그것은 진실성과 생명력을 잃어버릴 수밖에 없는 것이다. 의무나 당위에서가 아니라 진정한 내 내면의 욕구로써 사는 삶의 소중함이 절실해져 온다. 세상이란 결국 내가 살아가는 것이기 때문이다. 이렇게 생각해 보면 부끄럽고 미안한 것이 한두 가지가 아니다. 살아오면서 이루어진 수많은 만남, 그 인연들과의 관계에 있어서 나는 과연 얼마나 충실했는가. 돌이켜 보면 내 생애에서 인연에 충실하지 못했음에 대한 아쉬움이 가장 크다. 그러나 지금 그것 때문에 자책하거나 후회하고 싶지는 않다. 지금 이 순간만이라도 내 자신 속에 내가 싫어하고 버리고 싶었던 부분까지를 포함해서 내가 살아왔던 삶의 모든 것을 좋은 경험으로 받아들이고 자신과 진정한 화해를 이루고 싶기 때문이다.

이 생을 살아오면서 내가 참으로 원했던 것은 무엇이었던가. 깨달은 자로서의 삶을 살고 싶은 것, 그런 경지의 기쁨을 맛보고 싶은 욕구는 갈수록 강해지는 유혹이었다. 그러나 언제나 문 밖에서만 기웃거렸을 뿐 정작 그런 삶을 위해 자신을 던질 용기를 가져 보질 못했다. 항시 어중간한 삶의 모습으로 살아온 것 같다. 이 또한 나의 한 모습으로 받아들일 수밖에 없다.

지나온 삶의 기간 동안 내 자신의 모자람에 비하여 이 세상은 내게 참으로 많은 것을 베풀어 주었음을 느낀다. 부모님께서는 육신을 나누어 주셨을 뿐 아니라 지난 50여 년이 가까운 세월 동안 내내 당신들의 애정과 땀방울을 내게 보내 주셨다. 고맙고도 부끄러운 일이다. 당신들의 애정이 땀방울로 이루어진 것이었음을 내 자식들이 철들기 시작하는 이제서야 어렴풋이 느끼고 있으니 말이다. 여느 부모들처럼 두 분 또한 비록 무능한 자식이긴 해도 자식에 대한 나름대로의 기대가 없지는 않았겠지만 그런 내색을 별로 하지 않으신 것에 대해서도 감사드린다.

그럭저럭 세상을 살아오면서도 참 많은 사람들에게 신세를 졌다. 내가 만났던 사람들은 그 대부분이 나보다 뛰어난 영혼을 지녔을 뿐 아니라 내게는 과분할 정도로 많은 애정을 베풀어 주셨다. 부모님, 아내, 아이들, 지인들뿐 아니라 잠시 만났던 사람들까지. 이 모든 분들에게 온몸으로 감사드리고 언젠가 다른 인연으로 다시 만나게 되면 성심으로 섬길 것을 다짐한다. 아울러 지난 생애 동안 나의 어리석음과 욕심으로 말미암아 상처받고 고통당한 모든 이들께도 용서와 화해를 구하고 그분들의 마음이 더욱 평안해지시길 간구한다.

지금 이 순간 내가 섭섭함을 느끼거나 내 마음에 앙금으로 남은 이들은 없다. 애초부터 그런 일이란 없는 것임을 뒤늦게 깨닫게 된다. 그리고 보면 지난 생애는 그 나름의 삶의 의미와 보람이 있었다는 느낌이 든다. 살아온 동안 그 행복감을 충실히 느끼고 성실하게 나누지 못한 것이 아쉽기도 하다. 그러나 어쩌겠는가. 이것 또한 내가 겪어야 할 경험인 것을.

이제 몇몇 분들께 마지막으로 인사를 나누고 싶다.

## 부모님께

효도란 말은 제가 감히 입에 올릴 수조차 없는 말이긴 합니다만 부모님 먼저 떠나게 되는 불효가 되더라도 의연히 받아 주시고 건강히 이겨내시길 원합니다. 애들 엄마와 아라, 나라가 위로가 될 것입니다.

이 세상에 계시는 동안 두 분의 영육 간에 하느님의 평화와 가호가 함께 하시길 기원합니다.

더욱 편안한 나날 이루소서.

## 아내에게

이 순간에도 당신을 생각하면 가슴이 따뜻해져 오고 있소. 당신께 고마움과 사랑을 함께 보내오. 함께 한 지난 세월 동안 당신은 변함없는 연인이자 또 한 분의 어머니였소.

나의 이기심과 아집으로, 언제나 일방적인 내 행동으로 당신에게 많은 고통과 부담을 지웠음에도 당신은 그 모든 것을 감싸안아 왔소. 더구나 마누라에게 빈대붙어 산다는 걸 자랑으로 말하고 다니며 무능하고 게으를수록 오히려 더 큰소리치는 남편을 '흑싸리 껍데기라도 서방님은 서방님' 이라는 당신의 그 마음씀에 감사하오. 생각해 보면 세상에 태어나 부모님 다음으로 당신께 많은 신세를 진 것 같소. 우리의 지난 인연 동안 나의 '밥' 이었고 내 곁의 도인(道人)이었던 당신. 그 인연에 충실하려는 나의 노력이 부족했음에 대해 당신께 미안하오.

언제 또 우리의 인연을 어떻게 만들어 갈지 모르겠지만 이승에서의 남은 기간 동안 자신에게 충실한 삶을 살길 원하오. 다른 것에서 위로를 구하기보다는 당신 자신에게서 기쁨과 보람을 얻을 수 있기를 기도하겠소.

이제 좀더 밝고 가볍게 자신의 삶을 누리세요. 사랑하는 우리의 아라, 나라와 부모님과 언제나 건강한 나날 이루시기를.

결혼 전에 자주 쓰곤 했던 편지를 그 후엔 거의 쓰지 못했던 것 같소. 저 세상엔 시간이 많다고 하니 종종 편지 쓰겠소.

내가 떠난 후 혹시 당신이 아는 내 벗들 중에서 나를 찾는 연락이 오거든 미처 내가 연락 드리지 못하고 떠난 것에 미안해 하더라고 이야기 전해 주구려. 그리고 내가 남긴 자리와 흔적들도 당신이 정리해서 깨끗이 해 주면 좋겠소.

당신은 충분히 홀로 설 수 있소. 언제나 힘내구려.

## 아라, 나라에게

아빠의 모습 중에서 너희들에게 바람직하지 않게 느껴졌던 부분들이 있었을지도 모르겠다. 그러나 그런 모든 것들까지 너희들의 삶을 건강하고 풍요롭게 이루는 좋은 경험으로 가꾸어 주었으면 하는 것이 아빠의 바람이다.

사랑하는 아라, 나라야. 아빠가 그 동안 세상을 살아오면서 우리의 삶에서 가장 중요하다고 느낀 것은 물질적 부나 사회적 명예 따위가 아니라 자기 스스로 얼마나 기쁨을 느끼는가 하는 것이고 이를 위해 자기 내면의 평정심(平靜心)을 이루는 것이었다. 아빠가 너희에게 물질적으로 물려줄 것은 없지만 정신적으론 더욱 넉넉하고 풍요로울 수 있기를 원한다.

나날의 삶에 충실함으로써 몸과 마음이 충만된 자신을 이루는 것을 최고의 가치로 삼아 성실히, 그리고 늘 밝고 즐겁게 세상을 살아가기 위해 힘써라.

엄마를 가장 좋은 스승으로, 친구로 삼아 항상 의논해 간다면 삶에 그리 큰 어려움은 없을 것이다. 엄마와 할아버지, 할머니와 더욱 열심히 사랑하고 섬기며 사는 나날이 되길 바란다.

언젠가 너희들이 이룰 가정에도 건강과 기쁨이 가득하길 기도한다. 아빠의 책이나 그림 중의 하나 정도는 기념으로 지녔다가 훗날 새롭게 아이들이 태어난다면 할아버지에 대한 이야기와 함께 전해 주는 것도 좋겠지.

아라, 나라야. 아빠는 너희를 사랑한다. 늘 밝게 기쁘게 세상을 살아라.

## 벗님과 지인들께

그 동안 여러 님들께 참으로 많은 가르침과 도움을 받았습니다. 나보다 모두 뛰어난 분들을 벗님으로 만날 수 있었던 것을 지난 삶에서의 가장 큰 보람과 기쁨으로 느낍니다. 모든 님들께 한없는 고마움을 전합니다. 그리고 살아온 동안 나의 생명 유지를 위해 희생된 뭇생명들에게도 감사드립니다. 언젠가 내 자신이 이 모두를 위한 온전한 공양이 될 수 있기를 기원합니다.

## 죽음의 처리에 대하여

이제 마지막으로 몇 가지 부탁을 드리겠습니다. 이것이 이승에서 마지막으로 지는 신세가 되었으면 합니다.

내 육신의 처리와 관련하여 가능한 단순하고 부담이 되지 않는 방법으로 이루어졌으면 합니다. 장례와 관계된 일체를 아내에게 맡기고 싶습니다. 다만 다음 몇 가지를 고려할 수 있다면 더욱 좋겠습니다.

- 내 남은 육신 중에서 혹시 다른 사람에게 도움이 될 수 있는 부분이 있다면 그를 위해 쓰여지는 것도 좋겠습니다.
- 내가 떠났다는 것을 여러 사람들에게 알리지 마십시오. 보내는 자리가 너무 쓸쓸할 것 같으면 자리를 같이 해도 부담 없을 몇 사람들에게만 연락하여 함께 하도록 하세요.
- 장례는 가능한 간단하고 빠르게 치러 주었으면 합니다. 의례적인 절차나 형식은 없었으면 합니다. 제사상이 필요하다면 다른 제수는 생략하고 대신 기억될 만한

물품(평소 사용했던 물품 중 간단한 것) 한 가지와 촛불 한 개, 향 한 대를 맑은 물 한 사발과 함께 놓아 주십시오. 때가 가을이면 흰 국화 한 송이를 놓아도 좋겠지요.

- 떠나고 남은 육신의 처리가 어려움입니다. 화장을 해서 돌려보내는 것도 좋겠지만 땅에 묻는 것도 한 방법이라 싶습니다. 묻는다면 선산에 3평 정도의 땅을 구하여 평장(平葬)을 해 주십시오. 그 위에다 잔디나 나무를 심어 주세요.
- 제사를 지내는 대신 일년에 한 번쯤은 정든 사람들이 찾아와 나무 곁이나 잔디에 앉아 그리운 이야기들을 밝게 나눌 수 있으면 더욱 좋겠습니다.
- 혹시 욕심이 남아 표석(標石) 같은 것을 놓고자 고집하는 이가 있다면 깨끗이 나무를 깎아 잔디밭 모퉁이에 세우고 이렇게 적어 주십시오.

"인연을 소중히 여기고자 했던 사람, 그의 육신이 묻힌 곳."

인연에 성실하고자 하는 다짐이 다음 생을 위한 나의 서원이기 때문입니다. 아직도 놓지 못한 미련과 욕심이 많아 부질없는 이야기만 남긴 것 같습니다. 다음의 인연은 더욱 상쾌하게 이루어질 수 있도록 소망합니다.

이 세상에서 맺었던 그 모든 인연에 감사하고 그분들 모두 사랑합니다.

| 1996년 8월 |

# 돌아감에 대하여

### 늘 새롭고 풍성한 자연의 비결

창자를 비우고 뒷산에 앉아 시간의 길이를 생각한다. 봄볕이 따뜻하다. 풀과 나무와 새들과 벌레들과 땅과 하늘이, 세상의 온갖 것들이 모두 저마다의 봄을 열고 있다. 진달래와 개나리와 왕벚꽃과 산도화가 한꺼번에 피어나 온 산천이 눈부시다. 겨우내 앙상하던 저 가지 끝에서 어떻게 저토록 화려하고 풍성한 꽃잎들을 피워 낼 수 있었을까. 저렇게 작고 여린 잎새들이 어떻게 저 딱딱한 껍질을 뚫고 나올 수가 있을까. 어떻게 나무는, 풀들은 꽃 필 때와 잎 질 때를 알고 있을까.

생각해 보면 겨울은 다만 죽어 있는 계절이 아니다. 봄의 이 화려함, 새 생명으로 가득차는 이 싱그러움은 저 겨울의 쉼이 있었기 때문이다. 새 생명의 탄생을 위한 겨울의 정화의식(淨化儀式). 자연은 그가 온 정성으로 키워 내고 보살펴 오던 것들을 어느 순간 다시 제 품으로 거둬들인다. 묵은 것들을 미련 없이 다시 그 뿌리로 떨구어 빈 가지가 되게 함으로써 새로움으로 가득찬 풍요를 피워 낼 수 있는 것이리라.

이 돌아감, 이 비움. 그것이 자연이 늘 새로움으로 자신을 유지하면서 저토록 풍성할 수 있는 비결이 아닌가. 자연생태계의 기본원리인 순환과 재생이란 이처럼 돌아감과 비움에 바탕을 두고있다. 그렇다. 돌아감 없이 어찌 태어남이 있으며 비움이 없이 어찌 새롭게 채울 수가 있을까. 자연이 겨울 동안의 비움을 통해 새봄의 신명과 찬란함을 피워 내듯 이 육신의 봄맞이를 위해 창자를 비운다. 봄볕에 몸을 맡기고 자신의 존재와 그 삶을, 다시 돌아감을 생각한다. 문득 얼마 전에 그렇게 떠난 선배를 생각한다.

**어느 선배의 죽음**

나에게 있어 고향의 거의 유일한 선배라고 할 수 있던 그의 장례식은 밤이 깊어서야 대충 마무리되었다. 국회의사당 앞에서 노제를 지내고 일곱 시간을 넘게 달려 선산이 있는 고향의 마을회관에 운구행렬이 도착한 때는 이미 날이 어두워진 뒤였다. 오후까지 평온하던 날씨가 장례행렬이 도착할 무렵부터 남쪽 지역답지 않게 바람이 매섭게 몰아치는 사나운 겨울날씨로 돌변한 가운데 장의차에서 상여로 옮겨 실은 그의 육신은 어두운 밤길을 더듬어 고향마을 뒷산에 있는 어머니 무덤에 이웃하여 마련된 장지에 도착했다. 설을 며칠 앞둔 달조차 없는 캄캄한 밤, 마을에서 임시로 끌어 온 창백한 전기 불빛 아래 그의 영혼을 실었던 육신이 담긴 관이 묻힐 때 싸늘한 날씨처럼 사람들은 오열하며 떨었다. 이 땅에서 육신을 받아 이루어졌던 오십여 년의 생애는 그렇게 마감되고 그가 태어나기 이전의 세상으로 다시 돌아갔다.

사람들은 썩은 정치판이 그를 죽였다고 했다. 그는 누구보다 치열하게 자신을 살았던 사람이었다. 젊음을 바쳐 나라의 민주화를 위해 투쟁했고 이 땅의 가난한 이들, 특히 도시 빈민들과 삶을 함께 했다. 그는 가난한 이들을 뜨겁게 사랑했고 그 자신이 남보다 더 가난한 사람으로 살아왔다. 그는 참 멋있게 웃을 줄 아는 사람이었다. 빈소에 놓여 있던 영정에서도 그의 미소는 가슴으로 사랑을 나눌 줄 아는 사람만이 피워 낼 수 있는 아름다움을 간직하고 있었다. 이처럼 그는 가난한 이웃과 동료들에겐 참으로 부드러운 사람이었으나 자신에 대해선 엄격했고 자기 수행을 게을리 하지 않았으며 세상의 불의에 대해선 강직했고 한치의 타협을 몰랐다.

혁명의 기대는 포기했으나 가난한 사람들의 존엄성 실현을 위한 꿈을 포기할 수 없었던 그는 마지막 기대로 정치의 개혁을 통해 더불어 사는 따뜻한 세상을 이루고자 정치판에 뛰어 들었다. 그러나 그것은 애시당초 무망한 일이었다. 몇 사람의 열정과 의지로 개혁과 정화를 할 수 있기에는 정치판은 이미 너무 썩어 버렸고 그 속에서 계곡의 맑은 물에서만 살 수 있는 담수어가 오염되지 않고 살아갈 수 있는 길은 없었다. 그래서 그는 죽었다. 쓰러진 자리에서 그는 일어서기를 스스로 포기했음이 틀림없다.

그를 묻고 돌아오는 길, 얼어붙은 밤하늘에 무슨 놈의 별은 또 그렇게 가득하고 초롱한지.

그의 육신이 돌아온 고향 산촌마을은 적막처럼 고요했다. 별들은 저리도 많은데 젊은이들은 없다. 모두 떠나고 노인들과 빈집과 무덤들만 남아 고향을 지키고 있다. 모두들 그렇게 떠난 뒤 어쩌다 한 번씩 다녀갈 뿐, 흙 속에서 삶을 다시 새롭게 시작하기 위해 두 발로 걸어서 고향집 마당을 들어서는 이들은 거의 없고 붉던 뺨의 온기조차 사라져 버린 차디찬 육신이 되어 고향으로 돌아오는 이들이 대부분이다. 그가 태어나 태를 묻었던 고향, 그가 먹고 마시며 자랐던 고향의 흙과 물과 산천의 기운을 찾아 그 마지막 안식처를 마련하고자 하기 때문이다. 태어났으므로 반드시 다시 돌아가야 하는 이치처럼 그가 태어난 곳으로 그의 마지막을 묻고자 하는 것은 어쩌면 당연한 자연의 섭리가 아닌가 싶다. 여우조차 죽을 때면 제 고향 쪽으로 고개를 둔다 하지 않던가. 고향의 땅은 말없이 그렇게 돌아온 지친 육신을 품에 안았다. 그의 육신도 그렇게 고향의 흙으로 돌아갔다.

## 존재의 근원으로부터 뿌리뽑힌 삶

돌아감이란 무엇인가. 잎새는 그 뿌리로 돌아가고 만물은 그 본원으로 돌아간다. 태어나 살다가 마침내 죽음에 이르는 것이 한 생애라 하지만 결국 그의 육신이 돌아갈 곳은 땅이고 자연의 품이다. 인간(humanus)이란 말도 흙(humus)이라는 단어에서 유래한 것이라고 하듯, 결국 흙에서 태어나 흙으로, 그 본디 자리로 다시 돌아가는 것이 인간이란 말이다. 살아 있는 것들치고 땅에, 자연에 의지하지 않고서도 목숨을 부지해 갈 수 있는 것이 하나라도 있는가.

이 시대의 탁월한 문명비평가이자 환경운동가의 한 사람인 제레미 리프킨은 「존재의 근거를 찾아서」란 글에서 이렇게 적고 있다. "모든 살아 있는 생물체는 자신의 존재를 땅에 빚지고 있다. 삶이든 죽음이든 모든 살아 있는 존재의 근원은 땅이다. 땅은 어버이이고 양육자이며 최종적인 휴식처이다." 어찌 이것이 그만의 깨달음이겠는가. 옛사람들이 일찍이 천지부모(天地父母)라 했듯이 하늘과 땅의 은혜로 생명을 얻을 뿐 아니라 그 생명을 이어 갈 수 있는 것 아니겠는가.

오늘날 물질적 풍요와 편리함 속에서도 생존의 위기와 불안이 갈수록 심화되는 것은 이처럼 우리 생명의 근원인 흙으로부터, 그 자연으로부터 벗어나고 분리되었기 때문임은 분명하다. 문명의 진보와 물질적 풍요가 인간의 실존적 불안에 대한 해답을 제공하는 데는 실패했다는 지적처럼 결국 생명의 모태인 흙으로, 자연과 조화를 이루는 삶으로의 전환 없이는 건강도, 지속 가능한 미래도 없음은 이제 더욱 분명해지고 있는 것이다. 이른바 눈부신 현대 문명의 진보 앞에서도 생존에 대한 불안이 더욱 심화되는 것은 이처럼 존재의 근원으로부터 뿌리뽑혀 있다는 두려움 때문이다.

생각해 보면 '뿌리뽑혀 있다'는 것보다 우리를 불안하게 하는 것은 없으리라 싶다. 뿌리뽑혀 살 수 있는 존재는 아무도 없기 때문이다. 저 화려한 꽃도 뿌리로부터 잘라진 그 순간 곧바로 시들어 죽어갈 수밖에 없는 것이다. 그러므로 우리가 의식적이든 또는 무의식적이든 생명의 근거, 그 근원으로부터 차단되고 분리되어 있다는 존재의 불안에 대한 자각은 죽음에 대한 두려움으로 심화될 수밖에 없는 것이다. 이같은 두려움이 집착과 탐욕을 낳고 그 결과가 다시 자신과 다른 생명을 해치게 됨으로써 생존에 대한 불안이 더욱 가중되는 악순환이 되풀이되는 것이 아니겠는가.

세상일 중에 외면하거나 달아남으로써 해결될 수 있는 것은 하나도 없다. 존재의 불안, 그리고 죽음이라는 것도 이와 마찬가지이다. 그러므로 존재에 대한 불안을 해소하는 것도, 죽음의 두려움으로부터 벗어나는 일도 결국 우리의 존재 그 실체가 무엇인지, 죽음이란 과연 무엇인지를 맞대어 직시하지 않고서는 불가능한 일임은 분명하다. 과연 우리의 존재는 무엇인가, 우리가 생명을 유지해 간다는 것은 또 무엇인가.

『삶과 죽음에 관한 티베트의 책』을 쓴 티베트의 승려 소기얼 린

포체는 어느 대담에서 이렇게 말하고 있다. "우리가 죽음을 들여다 볼 때, 혹은 실제로 죽음이 하는 일을 받아들일 때, 그것은 우리의 삶을 섬세하게 하고, 살아 있는 시체처럼 그저 생존만 하는 하찮은 상태로부터 우리를 해방시킨다고 생각한다. 그것은 우리가 생활을 단순하게 하고 의미를 찾아내고, 진정한 우선 순위를 가려내도록 도와준다. 그렇지 않으면 우리는 하찮은 활동과 사소한 관심거리로 삶을 가득 채우고 삶의 중요한 문제들을 대면하지 않게 된다. … 사실 고통은 주로 집착에서 온다. 죽음의 임박성과 더불어 삶을 성찰한다면 우리의 삶은 순화될 수 있으며 또 만물이 무상하다는 사실을 인식하면 우리는 덜 집착하게 된다."

만물은 저마다 제때에 죽으며 바로 그것이 생명의 독특한 몫이라 하지 않던가.

### 불안과 위기에서 벗어날 수 있는 열쇠

우리는 지금까지 참 요행히도 살아왔다. 자연생태계, 지구생명계의 일부분일 수밖에 없는 우리가 스스로를 그 근원에서 분리하고 차단해 왔음에도 아직 목숨을 부지하고 있으니 말이다. 그러나 이제 이처럼 땅을 떠나도 살 수 있다는, 아니 오히려 땅과 자연에서 벗어나 이를 지배하고 통제함으로써, 철저히 자연의 생명력을 수탈함으로써만 비로소 풍요롭고 편리하게 잘살 수 있다는 그 교만함과 어리석음이 언제까지 계속될 수 없다는 것이 이미 우리의 눈앞에서 명확히 드러나고 있는 것이다. 우리는 땅을, 그 자연을 떠나서는 살 수 없는 존재일 뿐 아니라 땅과 우리 존재는 원래부터 분리될 수 없는 하나이기 때문이다. 우리 몸을 이루는 것 가운데 어느 하나 자연으로부터 받지 않은 것이 있는가. 이처럼 우리 몸은 자연의 구성물질로 이루어졌을 뿐 아니라 자연환경과의 끊임없는 교환을 통해서만 그 생명이 유지될 수 있는 것이다. 그러므로 땅을 포함한 자연은 우리가 생명을 유지하고 살아가는 터전으로서의 생존의 근거이다.

이같은 인식, 자연과 우리가 본시 한 생명이라는 자각이야말로 우리의 실존적 불안과 생존의 위기로부터 벗어날 수 있는 열쇠가 아니겠는가. 우리의 행동과 의식을 심층적으로 지배하는 근원적인 감수성이란 숲 속의, 자연 속의 존재로서의 기억이라는 말처럼 진정한 자아, 지금 살아 있다는 행복감을 느낄 수 있는 삶이란 생명과 존재의 근원인 자연과의 교섭을 통하지 않고서는 불가능한 것임은 분명하다. 그러므로 돌아간다는 것은 - 땅과 함께 하는 농부로, 자연과 조화를 이루는 삶으로 또는 죽음이란 한 의례를 통하여 생명의 근원으로 다시 돌아간다는 것은 새로운 삶과 새로운 문명과 새로운 생명을 여는 일이다.

자유로운 영혼을 지니고 땅에 뿌리내린 삶을 통해 적게 소유하되 더 많이 존재하는 삶을 살았던 사람 스코트 니어링은 그의 나이 백 세가 넘었을 때, 스스로 지금껏 살아왔던 한쪽 문을 닫고 새롭게 다른 문을 열듯 그렇게 죽음을 맞이했다. 그에게 죽음이란 종말이 아니라 옮겨 감이었으며 삶의 두 영역 사이에 있는 출입구였다. 이처럼 죽음을 자신이 지향해 오던 삶의 일부로 생각한 그는 언제 어디서 죽느냐가 중요한 것이 아니라 우리가 죽음을 맞이한다는 사실과 어떻게 맞이하느냐가 중요한 것으로 생각했다. 그래서 그는 의식을 갖고 의도한 대로, 죽음을 선택하고 그 교육에 협조하면서 죽음과 조화를 이루고자 했으며 스스로 기꺼이 그리고 편안하게 몸을 비우는 죽음으로써 자신을 완성하고자 했다(『아름다운 삶, 사랑 그리고 마무리』, 헬렌 니어링).

몇 년 전에 어쩌다 유서(遺書)를 써서 그것이 공개된 적이 있다. 지금에사 보면 자신의 죽음에 대해 약간의 사치스런 생각이 없진 않지만 아직 그 유서의 내용을 바꿀 생각은 없다. 다만 유서를 쓴 뒤의 지난 몇 해 동안 내게 남겨졌던 삶의 기간에 과연 얼마만큼 유서에서의 다짐처럼 충실하게 살아왔던가에 대해 되돌아본 것을 제외하면 삶과 죽음에 대해 별로 달라진 생각이 없기 때문이다. 그때, 나는 비록 그리 길지 않은 생애였지만 돌아보면 온 천지 누구 한 사람, 어느 것 하나에도 내가 감사하지 않을 수 없다고 썼다.

사실 산다는 것; 살아 있다는 그 자체가 먹거리의 예에서 보듯 끊임없이 다른 생명에 신세를 지는 일이 아닌가. 이렇듯 우리의 존재는 생명의 근원인 어머니 대지를 떠나서는 살 수 없고, 마찬가지로 다른 생명을 떠나서도 결코 살 수 없는 존재인 것이다. 참으로 우리는 이 한 목숨을 유지하기 위하여 얼마나 많은 신세를 지고 있는가. 천하에 남이란 없다는 묵자(墨子)의 말이 아니더라도 부모 형제, 부부 사이는 물론이거니와 이웃과 온 세상 사람들에게, 어디 그 뿐인가, 나무 한 그루, 풀 한 포기에 이르기까지 우리의 생명을 위해 신세지지 않는 것이 없다. 생각해 보면 단순히 신세지는 것이 아니라 내가 존재하는 것은 다른 생명으로 말미암은 것이 아닌가. 결국 다른 생명 없이는 이 '나'라는 존재 또한 없는 것이다.

## 이제 돌아가야 한다

이제 돌아가야 한다. 일찍이 도연명은 이렇게 노래했다. '자, 돌아가자. 고향 전원이 황폐해지려 하는데 어찌 돌아가지 않겠는가(歸去來兮 田園將蕪胡不歸)'. '어찌 마음을 대자연의 섭리에 맡기지 않겠는가(曷不委心任去留)'. 그렇다. 참으로 돌아가야 한다. 싸늘한 육신으로서가 아니라 뜨거운 피와 팔팔한 근육을 가진 젊음으로 고향에, 땅에, 자연과 함께 어울리는 삶으로 돌아가야 한다. 돌아가 젊은이 없어 외롭게 신음하는 저 빈 들녘을 다시 푸르게 채우고 무너져 내리는 농촌에, 고향에 신명과 생기를 불어넣어야 한다.

해마다 봄이면 귀거래사를 쓴다. 벌써 몇 번째인가.

돌아가리라/ 가서 한 평의 땅을/ 일구리라/ 돌아가리라 가서/ 한 평의 흙을 살려내리라

(중략)

주눅든 어깻죽지 굽혀진 허리 곧추세우며/ 곁눈질로 어긋났던 눈길 바로 잡아/ 활시위처럼 팽팽했던 마음을 놓고/ 햇살과 바람과 이슬에 흠뻑 취하며/ 다만 우리 한 사랑 한 가슴으로/ 한 포기 푸른 잎새를 가꾸리라

돌아가리라 가서/ 분별도 사량(思量)도 놓고 미련도/ 한 생각도 놓고/ 다만 한 평의 땅을 갈고
한 톨의 씨앗을 싹틔워/ 새봄을 준비하리라/ 온 천지에 가득한 봄을/ 맑고 훈훈한 한 줄기 바람을.　　　　　　　　　　(입춘의 노래 중에서)

아직도 나는 고향으로 돌아가지 못하고 있다. 오는 봄마다 맨발로 흙을 밟으며 그 포근한 가슴에 세상을 푸르게 채울 씨앗을 뿌리는 꿈을 꾸면서도, 저 외로운 빈 들녘이 부르는 소리 들으면서도. 고향으로, 그 고향의 흙 가슴으로 돌아가는 길이 그렇게 먼가. 한때 고향으로 돌아가 농부가 되었던 때가 있었다. 그것도 잠깐, 다시 뿌리뽑힌 목숨이 되어 잿빛 도시로, 결코 생명이 싹틀 수 없는 저 아

스팔트 위로 떠돌고 있다.

 그러나 이제 돌아가야 한다. 참으로 이제는 귀향의 채비를, 더 늦기 전에 땅과 함께 하는 삶을 서둘러야 한다. 그래서 적게 소유하되 더 많이 존재하는 삶을 사는 것, 그 길이 먼저 간 선배의 꿈을 새롭게 시작하는 것이 아니겠는가. 지금, 그가 그토록 꿈꾸어 오던 함께 어울리는, 단순 소박한 삶 속에서 사람다운 존엄성을 실현할 수 있는 삶이란 생명의 근원자리인 자연, 생명이 푸르게 움트는 흙이 있는 고향으로, 그 농촌으로 돌아가 상생순환의 새로운 마을공동체를 일구는 길말고 다른 무슨 대안이 있겠는가. 아직도 고향의 하늘엔 별들이 초롱하다.

| 1999년 4월 |

# 사랑하기, 존재를 꽃 피우기

　　　　　　　봄, 사랑하기 좋은 계절이다. 온 우주에 사랑의 기운이 충만하다. 모든 생명은 저마다의 봄을, 저마다의 사랑을 꽃 피우고 있다. 산천에 봄의 신명이 솟구치고 있다. 동구 밖 오랜 나무에도 연초록의 새순이 돋아 난다. 온 천지가 환희와 축복으로 가득하다.

　꽃, 모든 꽃들이 아름답다. 아름답지 않은 꽃이 있는가. 악의 꽃조차도 아름답다. 꽃은 존재의 피어남이요, 그 정화(精華)이기 때문이다. 모든 생명은 자신의 전 존재를 기울여 꽃으로 피워 내고 그 결과로 새로운 생명을 잉태한다.

　잎새보다 먼저 피어나는 꽃들이 있다. 자신의 전 존재를 그 혼신의 기운으로 맨 먼저 사랑의 꽃을 피워 낸 것이다. 저토록 눈부신 꽃 피어남, 저 화엄(華嚴)의 바다, 저 정염의 바다. 노란 장다리꽃 옆에선 어느새 벌 나비 날아오르고 온 천지에 꽃이, 생명의 신바람이, 사랑의 기운이 가득한데 나는 시방 무엇을 하고 있는가. 나는 나의 봄을 어떻게 피워 내고 있는가. 나의 꽃은 어떻게 피어나고 있는가.

바람이 불고 우수수 꽃잎이 진다. 바람도 없이 사위는 고요한데 따스한 봄볕 아래서 꽃이 진다. 꽃잎이 진 자리에 어느새 생명의 씨앗이 태어나고 애기 젖봉오리 같은 작은 씨방 속에서는 새로운 계절을 준비하고 있다. 만물은 그렇게 순환하고 봄은 이어지고 꽃들은 피어나고 환희와 축복은 계속된다.

무엇이 되고자 하는가. 깨달음이란 우리 존재의 꽃 피어남인가. 꽃을 보면, 연초록의 잎새를 보면 내 존재의 저 밑바닥에서 따스함과 애잔함이 한 기운 되어 솟아오른다. 근원을 향한 그리움인가. 우리 모두는 한때 샛노란 개나리꽃이었으며, 연분홍의 진달래였고, 배추흰나비였으며, 겨우내 앙상하던 가지를 풍성히 채우던 새싹이었으며, 봄의 정령이었고, 숲이었으며 대지의 자식이었다. 그래, 생각해보면 우리는 이미 모든 것의 모든 것이었다. 그리고 언제나 나였다. 새삼 무엇이 되고자 하는가. 나는 이미 나였으며 영원히 나일 수밖에 없는 존재이다.

봄볕이 따사롭다. 꽃 그늘에 앉아 꽃잎에, 그 향기에 취해 졸음을 즐긴다. 어느새 꽃향기가 온몸에 물들었는가. 나도 꽃이다. 나비가 내려앉는다. 온 산천에 나의 봄이 가득하다. 어디 이 봄에 꽃이 아닌 생명이, 생명이 아닌 존재가 있는가. 나밖에 또 누가 있는가. 온 산천에 무르익은 봄의 기운이 가득하다. 꽃향기의 졸림 속에서 이 계절에 혼례를 치르고 농부로 살려는 후배를 위해 한 편의 축시를 쓴다. 그래, 사랑하는 일말고 또 무슨 할 일이 있는가.

기억하라/ 오직 사랑만이/ 우리에게 허용된 전부인 것을//

잊지 마라/ 실재하는 건 다만/ 지금 이 순간뿐이라는 것을//

놓치지 마라/ 서로 맞잡은 손길/ 그대 향한 눈동자/ 가없는 그리움//

들판에 서면 늘 명심하라/ 우리 또한 한 포기 풀이었고/ 한 그루 나무였음을//

우리 또한 다시 그렇게/ 흙이 되고/ 풀이 되고 나무가 되고 바람이 되고/ 구름이 될 것임을//

오늘 그대의 사랑은/ 둘이 이렇게 손잡는 한길은/ 마침내/ 생명의 땅을 잉태하기 위한 것임을.

## 2 사람과 자연과 문화를 찾아

# 얼굴이 있는 문화, 사람이 있는 농업
··· 유럽 농업연수를 다녀와서

급히 먹는 음식의 맛을 제대로 느끼지 못하듯이 주마간산(走馬看山)격으로 언뜻 스쳐 지나면서 본 유럽(여기서는 내가 가 본 북유럽 5개국을 편의상 유럽이라 표현하기로 한다)의 농업에 대해 무어라 이야기한다는 것 자체가 주제넘다는 생각이 든다. 그러나 비록 짧은 기간이었지만 그 동안 보고, 느낀 것은 상당한 충격으로 와 닿았다. 그것은 농업 자체보다는 유럽문화에서 오는 충격이었다.

솔직히 말해 출발하기 전부터 유럽농업 자체보다는 오히려 그 문화에 대한 관심이 컸던 것은 숨길 수 없는 사실이다. 동서양으로 대별되는 양대 문명과 그 문화적 차이를 느끼고 확인할 수 있다는 것은 나에게 매우 소중한 체험일 수밖에 없기 때문이다.

그 동안 일본, 태국, 인도 등 아시아지역이긴 하지만 몇 차례의 국제회의와 연수를 통해 다른 나라의 문화와 농촌 현장을 체험할 수 있는 기회가 있었다. 그러나 그때 받은 인상에 비해 이번 느낌은 상당히 색다른 것이었다. 그것이 동·서양의 문화적 차이에 의한 충격이었을까.

평소 나의 지론은 '문화가 모든 것을 규정한다'는 주장에 가까운 것이었다. 그런 의미에서 보면 자연환경적 조건에 의해 가장 영향을 받는 농업의 본질적 차이도 결국 문화적 차이에서 비롯되는 것이리라. 문화란 삶의 총체적 표현양식에 다름이 아니라는 것이 내 생각이다. 그러므로 한국 농업과 유럽농업의 차이, 나아가 아시아 농업과 유럽농업의 차이란 – 농업이 갖는 땅과 기후, 풍토에 바탕을 둔 그 보편성에도 불구하고 – 자연 지리적 차이를 넘어서는 문화적 특성을 반영할 수밖에 없다. 극단적인 비유이긴 하지만, 이것은 식문화의 예를 들어보더라도 햄버거를 일상적으로 먹는 문화와 매끼니 쌀밥을 먹어야 하는 문화의 차이가 어쩔 수 없이 농업의 형태와 내용을 규정할 수밖에 없게 된다는 것을 의미한다.

이런 관점에서 유럽의 농업을 보되 그 문화에 유의하여 그 나라 농업의 특징과 문화적 특징의 관계를 주목해 보고자 한 것이 당초의 욕심이었다. 그러나 생각해 보면 그런 것들이 모두 부질없는 노릇이었다. 우선 그 짧은 시간에 농업과 문화의 차이를 비교해 볼 만한 기회도 없었을 뿐 아니라 유럽문화가 주는 충격이 내가 생각한 것과 다른 형태로 다가왔기 때문이다.

## 서양문화에 대한 편견과 부끄러운 우리의 현실

서양의 문화, 그 문명이란 무엇이던가. 그것은 신과 인간을 나누고 자연과 인간을 나누고 쪼갠, 이른바 이원론적 사상의 반영이 아니던가. 그 결과 산업혁명 이래 기계 중심의 서구 산업문명은 인간의 편리와 욕망 충족을 위해 유한한 자연자원을 소모·고갈시키고 자연생태계를 파괴시켜 급기야 하나밖에 없는 지구생명계를 재앙 속으로 몰아넣은 원흉이 아니었던가. 그에 반하여 우리가 자랑하는 동양사상은 얼마나 자연친화적이고 공생적 사상이던가. 천지만물, 우주 삼라만상이 곧 나의 생명이요 분신이라고 여긴 동양사상이 서양의 물질문명, 그 삭막하고 반생명적인 산업문명의 위기를 극복할 수 있다는 우월의식과 자만심이 내가 가진 서구문명 - 유럽문명과 문화에 대한 생각이었다.

그러나 나의 이러한 생각은 유럽에 도착한 다음날부터 하나씩 흔들리기 시작했다. 서구문명의 본질에 대한 문제는 아닐지라도 적어도 눈앞에 보이는 유럽의 문화형태는 생각한 것만큼 그렇게 절망적이지도 병들지도 않았고, 오히려 자신의 모순을 반성하고 생명의 질서를 찾기 위해 애쓰는 건강한 모습이었기 때문이다.

분명한 것은 우리가 가서 보고 확인한 곳의 땅과 강과 산은, 그 자연환경은 우리보다 덜 병들었을 뿐 아니라 새롭게 소생하고 있었다. 아울러 그들의 삶의 모습은 자연 도전적, 파괴적 모습이 아니라 자연생태계를 애써 가꾸고 지켜 나가는 것이었다. 가는 곳마다 보이는 곳마다 들과 언덕과 늪과 개울과 산은 잘 보존되고 인간과 자연이 서로의 친화를 위해 노력하고 있었다.

그들의 삶은 소박하고 밝고 건강했다. 아니, 적어도 당장 눈앞의 이익을 좇아 크라목숀 제초제 따위로 들판을 누렇게 태워 죽이거나 몇십 년 된 나무들을 마구 자르고 계곡을 깔아뭉개어 마구잡이로 골프장 따위를 만드는 어리석은 만행은 보이지 않았다. 도대체 우리의 산하에서, 우리의 조건에서 골프장 따위가 그 무슨 소용이고 필요란 말인가. 여기저기 시뻘겋게 파헤쳐지고 찢겨진 조국의 산하를 생각하면, 계곡마다 쓰레기로 뒤덮이고 오·폐수로 죽어가는 하천과 바다를 생각하면 가슴이 아팠다. 그리고 부끄러웠다.

그림보다 더 아름다운 알프스의 산하를 보며, 그 산자락을 오르내리며 민족의 어머니 산 지리산을 생각했다. 노고단 턱밑까지 파헤쳐 도로를 내고 포장한 것에도 성에 차지 않아, 계곡을 막는 댐 공사를 시작해 무성한 자연림과 생태계를 파괴하는가 하면, 이제 벽소령까지 다시 길을 닦아 지리산 허리마저 두 동강을 내겠다 한다. 어머니 산 어디 한 곳 성한 곳이 있던가. 신음하는 지리산이 알프스 필라투스봉에 겹쳐 왔다.

거기에도 길은 있으되, 마구잡이로 파헤쳐 만든 길이 아니고, 2차선 아스팔트로 포장되어 고속도로처럼 달리는 길이 아니었다. 작은 차 하나 겨우 지날 수 있는 길이 골짜기와 등성을 따라 나 있었다. 그 길은 흥청망청 관광놀이를 나온 사람들을 위한 길이 아니라 산을 지키고 가꾸는 사람들을 위한 산길이었다. 케이블카가 있고 세계에서 가장 가파르다는 산악 철도(톱니 철도)가 놓여 있었지만, 그것은 또한 알프스의 빼어난 풍경과 조화를 이루고 있었다. 양복 입고 삿갓을 쓴 것 같은 우리의 개발방식과는 다른 것이었다.

길은 단지 빨리 목적지에 다다르기 위한 방편인가. 길을 만들되 빨리 가도록 하는 데 주안을 두는 것이 아니라 그 길을 가는 사람들이 자연 경관을 즐길 수 있도록 하는 것을 더 중시한다는 이야기는 다름 아닌 그 나라, 그 사회의 문화적 성숙도와 건강성의 징표이다. 그러한 건강성과 성숙성은 정도의 차이는 있으나 스위스, 독일, 덴마크, 네덜란드, 프랑스 등 가는 곳마다 확인할 수 있었다.

**건강한 자기 얼굴이 있는 문화**

거기에는 얼굴이 있고 역사가 있었다. 각기 자기 나라의, 자기 고장의 얼굴이, 그 특색과 풍물이 있었다. 역사가 숨쉬고 있었다. 수백, 수천 년의 역사가 오늘의 삶 속에서 함께 어울리고 있었다. 물론 그 역사 속에는, 유럽이 자랑하는 그 수많은 문화유산 속에는 지난 시대의 엄청난 민중의 고통이, 그리고 아직도 끝나지 않은 아시아를 포함한 제3세계 민중들에 대한 압제와 그들의 희생이 있었음은 부인할 수 없다.

그러나 정작 중요한 것은 지난 역사에 대한 시비의 문제가 아니라 오늘을 사는 우리의 자세이다. 그런 점에서 볼 때 지난 역사를 되살려 함께 숨쉬며 이를 바탕으로 내일을 생각하는 문화는 우리에겐 참으로 부러운 것이 아닐 수 없다. 얼굴이 있다는 것, 지금의 우리에게 이 말보다 절실한 말은 없다. 얼굴이 있다는 것은 자기가 있다는 말이다. 그 정체성(identity)을 확신한다는 말이다.

하지만 우리에겐 얼굴이 없다. 어느새 우리는 우리다움을, 우리의 고유성을 잊어버리고 잃어버리고 있다. 사람도, 그 사람이 사는 곳도. 시골 소읍이나 서울 변두리나 외형상 무슨 차이가 있던가. 온통 시멘트로 범벅된 날림 건물에다가 어지러운 간판들, 다방·슈퍼마켓·비디오 가게·햄버거 집, 셔터와 시멘트 담장, 거리에 널린 쓰레기, 거기엔 국적도 없고 역사도 없다. 우리의 얼굴이 없는 것이다. 졸속과 눈가림과 한탕주의와 성급함과 이기심과 왜곡된 개인주의와 우리가 저질이라고 부르는 서양문화의 껍데기들 이런 것들로 온통 채워지고 있다. 허장성세와 졸속함과 경박함이, 그래서 불안함이 우리의 도처에 깔려 있다.

그러나 지금 내가 보고 있는 이곳은, 천박스럽고 저질스럽고 폭력적이고 파괴적이라고 여겼던 서양문화의 모습은, 적어도 지금 겉으로 드러나 보이는 모습은 나름대로의 건강한 자기 얼굴이 있었다. 자연과 조화를 이루려는 세심한 배려와 내일을 생각하는 노력이 있었다. 침착함과 여유, 그 안정성은 어디서 오는 것일까. 잘살기 때문일까. 그러나 그들의 삶의 모습은 화려하거나 사치스럽지 않고 질박하고 건강했다. 자연파괴적 기계문명, 대량생산과 대량소비와 대량폐기로 이어지는 물질 중심의 산업문명에 대한 해악을 깨닫고 이를 고쳐 가려는 노력들이 이루어지고 있었다.

이러한 이들의 노력은 한 때 산업문명의 꽃이라 했고 지금은 현대 생활의 필수품이라고 하는 문명의 흉기인 자동차 면허제도와 도로 교통교육을 통해서도 잘 드러나고 있다. 예를 들어, 독일의 경우 운전 면허를 취득하려면 열두 과목을 이수한 다음 현장 실습을 하는데, 실습에는 산악 코스까지 포함되어 있다. 이같은 실습을 충실히 한 후에야 시험에 응시할 수 있는데, 시험에 불합격하면 재응시할 때마다 시험료가 급증할 뿐 아니라, 다섯 번 불합격하면 의사의 정신감정까지 받아야 한다. 이처럼 엄격한 면허 발급제도를 통해 운전 면허를 가진 사람이면 적어도 자동차를 어떤 상황이든 안전하게 운행할 수 있도록 함으로써, 교통안전의 확보는 물론 건강한 도로 교통문화를 만들어 가도록 하고 있다. 이러한 문화가 철도와 도로를 건설하는 데도 적용돼 속도 중심이 아니라 그 도로를 운행하거나 이용하는 사람이 지루하지 않도록 주변 경관과 조화를 생각하면서 건설하고 있다.

또한 이같은 자동차 문제의 해악을 최소화하기 위한 사회적 장치로서 가능한 한 자동차의 사용을 억제하도록 지하철 등 대중교통 중심의 교통망 건설은 물론 자전거를 자동차에 대한 효율적인 대안으로, 오히려 자전거 중심의 교통행정을 지향하고 있다(사실상 유럽의 많은 도시에서 자전거는 가장 보편적 교통 수단이 되고 있다. 인구가 80만 명에 이르는 암스테르담의 경우 자전거가 50만 대에 이른다).

이를 위해 자전거 전용도로와 신호체계를 별도로 갖추고 있으며 자전거 도로망 지도를 펴내는 등 전국 어디든 자전거로 여행할 수 있도록 되어 있다. 뿐만 아니라 초등학교 교과과정에 자전거과목을 포함시켜 이를 기본적으로 이수해 면허를 취득하도록 하고 있다. 이같은 정책에 따라 보행자 다음으로 자전거가 도로에서 우선권을 가지는 것은 너무도 당연하다. 이에 비하여 우리의 도로행정은 어떤가.

　　이 좁은 땅에, 기름 한 방울 나지 않을 뿐 아니라 대기오염 등 공해로 숨막히는 이 땅 위의 쏟아지는 자동차 홍수 속에서 어느 거리엔들 안심하고 자전거를 타고 다닐 수 있는 곳이 있는가. 자전거야말로 미래의 유일한 대안적 교통수단이라는 합의가 유럽에서는 생활 속에서 구체적으로 실천되고 있는데 비해 우리가 그렇게 하지 못하는 이유는 무엇인가. 저들은 산업문명의 해악에 대비해 가고 있는데, 왜 우리는 저들이 이미 저질러 놓은 잘못을 그대로 답습하여 숨가쁘게 쫓아가느라고 뒤돌아보지도 못하는가. 우리의 얼굴, 우리의 건강성은 어디에 있는가. 자기 얼굴, 자기 실체가 있어야 당당할 수 있다. 남의 흉내, 그것도 잘못된 흉내내기에 급급한 모습으로 어디에서 제대로 설 수 있을 것인가. 안타깝고 답답한 일이다.

### 외형과 규모가 아닌 섬세함과 조화

　　문제는 사람이다. 오늘날 당면하고 있는 이 모든 사태 - 지구생태계와 산업문명의 위기 - 의 원인과 결과가 모두 사람에게 달려 있기 때문이다. 문화도 사람이 만들고 누리며, 농업 또한 사람들에 의해 이루어진다. 사람을 만드는 것은 그 사회이며, 사람에 의해 만들어진 사회의 구조와 제도, 정책과 관습 따위의 이 모든 것이 다시 사람을 만드는 데 기여한다. 이중에서도 사람을 만드는 데 가장 결정적인 작용을 하는 것은 교육정책, 제도의 형식과 내용이다.

따라서 유럽의 문화, 더 나아가 유럽농업의 내용을 이해하기 위해서는 먼저 유럽의 교육제도, 특히 유럽 농업교육이 어떻게 이루어지고 있는가를 파악하지 않으면 안 된다. 오늘날 이른바 유럽의 선진농업이 있기 위해서 그 농업을 이끌어 가는 농민에 대한 선진적인 교육이 있었음을 간과해서는 안 되는 것이다.

이런 점에서 볼 때 이번 유럽 농업연수에서 가장 주목해야 할 부분의 하나가 다름 아닌 유럽 농업정책 가운데서도 농민·농업교육의 체계와 내용에 대한 문제였다.

사실 농업 문제란 농민 문제이고, 따라서 농민 문제의 해결을 중심으로 하지 않는 농업 문제의 해결이란 있을 수 없는 것이다. 그럼에도 우리나라에서 지금까지 농정의 기본은 농민 중심이 아니었음은 자명한 사실이다. 농민이 중심이라 함은 단순히 경제적 측면만을 의미하지 않는다. 오히려 사회·문화적 측면이 더 중시되어야 한다. 따라서 오늘날 농민 문제의 본질은 상대적 빈곤의 경제적인 문제가 아니라 농민으로서의 자부심과 긍지를 갖지 못한다는 사실에 있다.

우리가 만난 유럽농민들은 떳떳하고 당당했다. 어느 한 사람도 자신이 농민이란 사실에 대해 부끄러워하거나 위축되어 있는 사람은 없었다. 그들에게도 어려움과 문제가 있었으나, 그들은 내일을 설계하고 있었으며 자신들이 해야 할 일을 알고 있었고 그 일에 자부심을 가지고 있었다. 유럽의 농업·농민과 우리 농업·농민의 본질적 차이는 바로 이것이다. 무엇이 이런 차이를 가져오게 했는가.

여러 원인 중에서 가장 중요한 것은 다름 아닌 농업·농민교육의 차이였음을 우리는 어렵지 않게 확인할 수 있었다. 유럽의 농민들은 자연과 관계하여 생명을 키우고 가꾸는 섬세함과, 농기계와 컴퓨터를 다루는 전문 기능과 농업을 경영하는 경영 관리인으로서의 기능을 갖춘 종합 전문 기능인이었다. 따라서 농업은 다른 할 일이 없어 아무나 하는 그런 일이 아니라 의욕과 능력과 자질을 갖춘 사람만이 할 수 있는 선망받는 전문 직업이었다. 그런 의미에서 유럽의 농업은 말 그대로 생명산업이요 종합산업이었다. 농민이 되고자 하는 의지를 갖고 어느 정도의 조건이 되면, 그를 진정한 한 사람의 농민으로 만드는 것이 농업정책의 핵심이고 국가의 책임이었다. 우리가 본 유럽의 농업·농민 교육제도와 내용은 바로 이를 위한 것이다.

각 나라별로 그 형식엔 약간의 차이가 있으나 공통적인 것은 농업정책의 제1순위가 농업교육 훈련이며, 그 내용이 한결같이 철저한 실습에 의한 학습이라는 점이었다. 독일과 스위스의 농업 마이스터(Meister, master)에 의한 도제(徒弟)양성 훈련체계, 덴마크의 녹색 카드(Green Card)제도, 네덜란드의 IPC(혁신과 훈련센터) 등 모든 농업·농민교육은 필요와 요구에 따라 실습 중심으로 철저히 실행되고 있었다. 그냥 배우는 것이 아니라 몸으로 완벽하게 익히는 교육, 실천에 의한 교육이다. 네덜란드 농업실습센터(혁신과 실습훈련센터)의 공통된 교육철학은 노작학습(勞作學習, Learning by doing)이다. 어떤 농민이든 농사를 짓다가 궁금한 점이 있거나 새로운 기술이나 연구 결과가 필요할 때는 찾아와 자기 것으로 익혀 갈 수 있는 체계, 그것이 유럽의 농업·농민교육이었다. 이런 교육의 제도와 내용이 유럽의 농민들을 당당하게 하고 자기 얼굴을 갖게 하는 것이었다.

부러운 것은 그림 같은 집과 정원, 컴퓨터로 관리되고 재배되는 유리 온실, 비옥한 토질의 넓은 토지 따위가 아니었다. 정말 부러웠던 것은 이같이 농민을 농민답을 수 있게, 건강하고 자랑스럽게 길러 내는 교육정책, 어떤 직업의 사람보다 더 당당할 수 있게 그리고 생명을 가꾸고 자연을 돌보는 사람으로서 긍지와 전문 기능을 가질 수 있도록 교육하고 훈련하는 그 체제와 내용이었다. 이런 점에 비추어 볼 때, 우리 농업에서 정책적으로 가장 시급히 개혁되어야 할 것은 바로 이같은 농업·농민의 필요에 의한 살아 있는 교육 훈련제도를 마련하고 실행하는 일이다.

사람이 없이는, 농업을 사랑하고 땅을 지켜 갈 책임 있는 사람 없이는 그 무슨 정책 지원이나 처방도 무위에 그칠 따름이다. 얼굴이 있는 문화와 함께 사람이 있는 농업을 만들어야 한다. 이제는 참 농민을 길러 내는 일을 농업정책의 최우선 과제로, 국가정책의 기본 과제로 삼아야 한다.

거듭 강조하지만 문제의 핵심은 농지 규모 등 외형적 조건이 아니다. 농업은 규모의 문제가 아니라 섬세함과 조화의 문제이다. 지금 우리에게 핵심 관건은 사람들의 생각, 농민들의 의식을 변화시키는 일이다. 생각과 가치관을 변화시켜 우리에게 알맞은 농업을 이제부터 새롭게 세워 나가야 한다. 그것이 바로 농업교육 개혁 문제이다. 따라서 농업교육을 바로 세우는 일이란 한국 농업의 새로운 모형과 철학을 정립하고 동시에 농업에 대한 행정의 지원체계 자체를 근본적으로 바꾸어야 가능하다. 농업 행정체계에 대한 근본적인 개혁이 이루어져야 한다. 지금과 같은 '행정 따로, 농민 따로, 소비자 따로'의 형식으로는 설사 우루과이라운드가 없다 하더라도 우리 농업의 회생은 불가능한 것이다.

## 생명을 되살리는 농업의 제자리 찾기

　세계가 변하고 문명관이 바뀌고 삶의 질과 가치가 바뀌고 있다. 우리의 농업도 이제 그 근본으로 다시 돌아와야 한다. 농업은 더 이상 낙후된 하나의 산업 분야일 수 없기 때문이다. 지금 위기에 처한 전체 생명을 구하고 환경과 자연생태계를 지키고 되살리는 일은 농업이 맡은 거역할 수 없는 근원적 임무이다. 이제 우리 농업은 이 일에, 이 길로 나서야 한다. 여기에 국가와 국민과 행정과 농민, 모두가 함께 나서야 한다.

　우리 농업의 살길은 바로 여기에 있다. 이 일을 위해선 집중적인 농업·농민교육의 실시, 행정지원 체계의 정비와 함께 농민 스스로의 각성과 실천이 이루어져야 한다. 새로운 농업은 안전하고 건강한 밥을 생산하는 일에서부터 구체화되어야 할 것이다. 건강한 생명의 양식을 생산하는 농업이 될 때 비로소 자연생태계와 인간의 조화로운 삶의 단초가 열릴 수 있기 때문이다.

　유럽의 농업은 이미 이 작업을 구체화하고 있다. 이제 환경보호형 농업은 각 나라의 농업에서 기본정책으로 되고 있다. 농약과 화학비료를 쓰지 않고 천적 등을 이용한 생물학적 방제법이 보편화되고 있다(국가별로 농약 사용 감축 등의 정책적 계획이 수립되어 있다. 네덜란드의 경우, 무공해 농산물 생산을 위해 2000년까지 농약 사용량의 50% 감소 계획을 추진 중이다).

　뿐만 아니라 가축의 사육에서도 더 이상 생산량 증대를 위한 인간 중심 사육방법이 아니라 가축 행동학(동물 행동학)에 따라 가축에게 가장 쾌적한 생활을 유지시켜 줌으로써 그 결과 건강하고 우수한 품질을 확보하는 노력들이 실제 농가에서도 적용되고 있는 수준이다. 결국 가축에게 유익한 것이 인간에게도 유익한 것이라는 점을 이제 구체적으로 깨닫고 있는 것이다. 이러한 일이 아직은 인간 중심적인 이기적 동기에서 이루어지고 있지만, 언젠가는 인간과 동물, 나아가 인간과 전체 생물들의 생명의 존엄성이 동일한 것임을 깨닫는 차원으로, 전 우주 만물이 공생공존(共生共存)하는 생명 대동세계로 나아갈 것이다(실제로 유럽에서 야생동물 보호운동은 매우 활발하다. 한 마리의 비둘기가 다쳐도, 도로상에서 산토끼 한 마리가 부상을 입어도 곧바로 동물 구급차로 운송, 치료해 주고 있다).

이제 장황했던 이야기를 마무리하자. 짧은 유럽 농업연수를 통한 소감이 지나치게 감상적이었다는 생각도 든다. 그리고 너무 유럽 문화와 농업을 미화한 것 같기도 하다. 그곳도 사람이 사는 곳인데, 어디든지 문제없는 곳이 있겠는가. 보이지 않는 더 큰 문제들이 도사리고 있는지도 모른다. 그리고 우리에게 더 큰 장점과 가능성이 있을 수 있다.

그러나 여기서는 비록 짧은 기간 동안이지만 유럽문화와 농업에 대해 피상적이나마 느낀 것 중에서 그 부정적 측면을 비판하고 지적하고자 함이 아니라, 그 좋은 점 – 좋게 느껴진 모습들을 우리가 겸허히 배우고자 하는 것이다. 우리가 해외연수나 여행을 하는 것은 우리와 다른 모습을 통해서 우리 자신의 모습을 되돌아보고자 함이요, 우리 자신의 모습을 솔직히 보고 그 잘못된 부분을 고쳐 가고자 함이기 때문이다.

유럽의 농업과 우리의 농업은 명백한 차별성이 있다. 사회·문화적 환경과 역사적 조건이 다르고 자연·지리적 조건 또한 다르다. 그리고 현 단계 우리 농업과는 분명 이해관계가 상반된 입장이기도 하다.

그러나 우리는 그들이 불리한 환경조건을 극복하고 사람을 길러 내는 데 주력하며 환경생태계와 조화를 이루는 농업을 만들기 위해 애쓰는 그같은 노력과 정책을, 그들의 건강함과 당당함을 한 본보기로 삼을 수 있을 것이다. 우리 농업이 갖고 있는 가능성 즉, 우리의 자연환경적 조건을 최대로 활용하여 자연보전형 생명농업으로 나아갈 때 새로운 가능성이 열릴 수 있으리라는, 우리도 우리의 문화와 얼굴과 사람이 함께 살아 있는 농촌, 농업을 만들 수 있으리라는 것이 내 소감의 결론이다.

그렇다. 그 동안 우리 자신의 모습을 찾기에 소홀했던 점을 진실로 반성한다면, 그리하여 우리 고유의 전통과 두레문화의 건강성을 다시 회복하면서 동양정신의 빛나는 예지를 오늘에 살려낸다면, 우리라고 어찌 인간과 자연이 공존하는 공생의 새로운 문명을 열어 가는 데 당당한 주역이 될 수 없을 것인가.

마지막으로 이번 연수를 하면서 농민교육과 관련하여 생각한 구체적 제안 하나를 하고자 한다. 그것은 지금 우리 농촌에 읍·면별로 폐교되는 학교가 없는 곳이 드문데, 이런 학교들을 다른 용도로 불하할 것이 아니라 농촌지역의 주민학교, 농민실습훈련센터로 만들자는 것이다. 이 센터는 기본적으로 농기계 정비·수리의 기능과 농업실습장을 갖춘 종합센터로서 상시적으로 운영될 뿐 아니라, 농한기에는 농민 계절학교로 운영되며 지역주민들의 문화·체육·복지센터의 기능을 함께 할 필요가 있다. 이러한 농민센터들이 돌아오는 농촌, 새롭게 일어서는 농촌의 근거지 역할을 할 수 있을 것이다. 이 센터의 설립은 중앙정부와 지방자치단체, 지역주민들이 나선다면 충분한 가능성이 있으리라 믿는다.

| 1995년 1월 |

# 재해 속의 연대와 협동

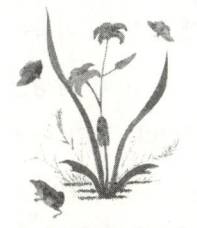
　3월 29일부터 4월 1일까지 일본 지진 참사 현장인 고베(神戶)시를 다녀왔다. 지난 1월 17일, 일본 효고현(兵庫縣) 남북지역을 강타한 대지진 참사 두 달 반 후의 시점이었다. 이번 일본 대지진의 참사는 세계에서 그 유례를 찾아보기 어려울 정도로 최악의 재난이기도 했지만, 일본이 자랑하는 현대 문명과 근대화의 상징들이 일순간에 무너졌다는 사실에서, 그리고 찬란한 도시문명의 취약성이 송두리째 드러났다는 사실에서 우리에게 많은 교훈을 주고 있다. 또한 그같은 대재난 한가운데서도 사람들이 어떻게 위기를 극복해 나가야 하는지를 가르쳐 주고 있다.
　이번 재난을 일본 언론에서는 한신 대진재(阪神 大震災)라고 부른다. 오사카(大阪)에서 고베(神戶)에 걸쳐 지진의 재난이 일어났기 때문이다. 고베는 그 재난의 중심에 있다. 사망자가 5천4백 명을 넘고 집이 무너지고 불타 버린 것이 14만 호 이상이며 집을 잃고 피난 생활을 하는 주민이 30만 명에 달하는 대재난의 대부분이 고베에서 일어났다(사망자 4천여 명, 완전히 무너지거나 반쯤 무너진 집이 8

만 7천여 호, 전부 또는 반쯤 불타 버린 집이 7천5백여 호). 관동대진재(關東大震災) 이래 최악의 지진 재난이며 일본 전후(戰後) 최대의 참사라는 대지진이 인구 1백5십만 명의 고베를 강타한 것이다. 일본 관측 사상 처음이라는 진도 7을 넘어서는 격진(激震 ; 진도 7 이상은 현재의 진도계로는 측정되지 않는다)이 직하형 지진(直下型 地震)이란 형태로 도시 한복판을 곧장 덮쳐 버린 것이다. 아직 긴 밤의 꿈이 채 깨지도 않은 신새벽에.

고베에는 몇 분의 지인들이 있다. 농민운동, 공동체운동을 통해 만난 이래 뜻을 같이하는 동지로, 형제로 인연을 맺고 있는 이들이다. 고베대학교 농학부의 야스다 시게루(保田茂) 교수, 고베 학생청년센터의 히다 유이찌(飛田 雄一) 관장 등이 그분들이다. 특히 야스다 교수는 일본 유기농운동의 주창자의 한 사람으로 우리나라의 유기농협동운동을 하는 사람들에게도 널리 알려진 이다. 고베 학생청년센터 또한 우리나라의 많은 사람들이 관계를 맺고 있는 곳이기도 하다.

처음 참사 소식을 듣고 제일 먼저 떠오른 것은 그들의 안위에 대한 걱정이었다. 전화조차 단절된 며칠 동안의 초조함은 다행히 그들이 모두 무사하다는 연락으로 안도되었다. 그러나 그 후 고작 안부와 위로를 전하는 편지 외에 고베의 재난과 그곳 형제들의 고통에 내가 참여할 수 있는 것은 없었다. 일상의 부딪힘 속에서 고베의 참사는 어쩔 수 없이 먼 곳의 일일 수밖에 없었기 때문이다. 그 사이 우리가 한 것이 있다면 지진 참사 이후 20여 일이 되어갔을 때 생협중앙회, 한살림, 가톨릭농민회 등 그 동안 야스다 교수를 비롯한 일본 효고현 유기농연구회 등과 관계해 온 몇몇 관련 단체들이 모여 약간의 위로금을 모아 한 차례 대표단을 보낸 정도이다(지난 2월 27일부터 3월

1일까지 한국의 유기농, 협동운동을 대표하여 한살림의 박재일 회장을 대표로 김영원, 이순로, 김기섭 씨가 고베를 다녀왔다).

## 와서 보라

　야스다 교수로부터 빨리 고베 지진현장을 방문해 달라는 구체적 전갈이 온 것은 이 방문단을 통해서였다. 그전에도 간접적인 연락은 있었지만 여건의 문제뿐 아니라 내가 그곳에 간다 해도 그들에게 무슨 도움이 되기보다는 오히려 폐가 될 것 같아 선뜻 갈 수가 없었다. 그런데 무조건 왔다가 가라는 것이다. 와서 지진의 현장을 직접 보라는 것이었다. 그 후에도 다시 인편과 전화를 통해 늦어도 3월 안에는 꼭 다녀가야 한다는 것이었다. 비행기표까지 보내겠다 하니 더 이상 미룰 도리가 없게 되었다.

　3월 29일, 그 동안 준비해 오던 한일 연대행사(생명공동체운동 한일 한마당)를 마치고 부산에서 오사카로 가는 비행기를 탔다. 한국과 일본과의 사이. 비행기로 불과 1시간 남짓한 이 거리를 두고 두 민족과 국가간에 아직도 청산되지 못한 지난 역사의 고통과 질곡을 생각했다. 특히 이번의 한일 연대행사의 공동선언문 작성과정을 통해 다시 한번 이같은 문제를 생각하지 않을 수 없었다. 국가와 민족의 문제. 그리고 그것을 뛰어넘어 생각과 뜻을 함께 하는, 같은 세상을 지향하는 동지와 형제의 관계에 대해서도.

　오후 1시 10분 경 일본이 자랑하는 현대 건축물의 하나인 간사이(關西) 공항에 도착했다. 첨단공법으로 건설된 신공항은 이번 재난과 무관해 보였다. 이제부터 텔레비전이나 사진이 아닌 지진 재해의 현장을 직접 보고 왜 내가 이것을 봐야 하는지 그 의미를 깨달아야 한다. 본다는 것은 무엇인가. 그것은 확인한다는 것이다. 단지 그렇게 느낀다는 것이 아니라 온몸으로 안다는 것이다. 그러므로 제대로 보는 자만이 역사를 올바르게 증언하고 기술할 수 있음은 자명하다. 히메지(姬路) 시의 야마네(山根) 형에게서 온 편지가 생각난다.

…… 엊저녁도 고베의 중심부에 갔습니다만 정말 놀라울 정도의 참상으로 그 피해 규모는 직접 보지 않고서는 이해하기 어려울 것이라고 생각합니다. 인간의 방자함에 대한 경고라고 하기에는 그 규모가 너무나 커서 마치 지옥을 방불케 합니다. 태풍, 화재, 전쟁, 우뢰 등엔 끝이라는 것이 있지만 지진에는 끝이라는 증명이 어디에도 존재하지 않는군요. 더욱 불안정한 상태가 올지도 모른다는 것에서부터 그 공포심은 끝이 없습니다. 우리들의 이 아름다운, 그 어느 것과도 바꿀 수 없는 생명의 쉼터인 지구는 우리들에게 따스함만의 지구가 아님을 가르쳐 주었습니다. 인류 전체의 문제임과 동시에 해결할 수 없는 것이기도 합니다. ……

아직도 여진(餘震)이 계속되고 자동차 등 교통망이 끊어진 상황에서 고베를 다녀온 다음 보낸 편지의 한 부분이다. 나는 지금 이 편지글처럼 그 재난의 현장을 직접 보기 위해 일본에 와 있는 것이다.

## 서민들에게 더 큰 재난

공항에는 정찬규 형이 마중 나와 있었다. 정형은 고베대학 농학부 야스다 교수 연구실에서 석사과정을 마친 젊은이다. 야스다 교수의 세심한 배려를 느낄 수 있었다. 아직 육로 쪽은 교통편이 완전히 복구되지 못해 부두에서 고속페리호 배편을 통해 고베항으로 갔다. 지진의 잔재는 고베항 페리호 부두 건물에서부터 그 모습을 드러내었다. 부두 건물과 지반은 1m 이상의 차이를 보여 주고 있었다. 지반이 아래로 내려앉은 것이다.

포트 아일랜드(Port Island). 고베시가 일본의 첨단공법을 이용하여 만든 인공섬. 그곳엔 지진의 상흔(傷痕)이 그대로 드러나 있었다. 지진이 났을 때 이 인공섬이 바다 밑으로 가라앉는다는 소문 때문에 섬 주민 전체가 대피했다고 한다. 섬과 뭍을 연결하는 다리는 끊어지고 수많은 사람들이 하루종일 걷고 걸어 빠져 나왔다는 곳. 고베에서도 가장 쾌적하고 살기 좋다던 곳이 온통 진흙 뻘밭으로 되어 버려 지금도 도로 양쪽에는 진흙더미가 밀려 있었고 시내로 연결되는 다리는 한 부분만 개통되고 있었다.

시내로 나와 중간의 한 층이 완전히 내려앉은 고베 시청사(市廳舍)를 보고 나다구(灘區)지역의 전철 JR선(線) 근처 재해현장을 둘러보았다.

재난과 고통은 어느 시대, 어느 곳에서나 대부분 약자들의 이웃이다. 이번 고베 재난에서도 가장 큰 고통을 받고 있는 이들 역시 서민 대중들이다. 붕괴되거나 불탄 것은 대부분 목조건물들이며 서민들의 집중 거주지역이다. 그들은 한순간에 자신들이 가진 모든 것들을 잃어버렸다. 무너지고 시커멓게 불타 버려 철골과 나무토막 등 잔해만 앙상히 남아 있는 곳. 한마디로 그곳은 폐허였다. 전쟁터도 이처럼 철저하게 파괴되지는 못하리라 싶었다.

지진 이후 일본 정부는 자위대를 파견하고 일본 전역에서 달려온 봉사대들이 재해현장들을 많이 정비했다는 데도 재난이 일어난 지 두 달 반이 지난 현재까지 곳곳엔 이처럼 당시의 참혹했던 흔적들이 그대로 방치되어 있었다. 지금은 도로망 등 공공시설의 복구와 정비에 손이 달려 일반 주택지구에는 미처 손길이 닿지 못하는 형편인 모양이었다. 아직도 고베의 재해지구는 복구는커녕 부서지고 불탄 건물들을 철거하기에도 급급한 상황에 있음을 느낄 수 있었다.

부서지고 무너진 자리, 시커멓게 그을린 폐허에 깨어진 그릇조각만 널린 자리 곳곳엔 시들어 버린 꽃다발과 판자쪽에 써 놓은 글귀들이 시선을 끌어당겼다. 지진 재해로 미처 빠져 나오지 못하고 무너진 집에 눌려 압사했거나 불에 타 죽은 이들에게 바치는 꽃다발이라고 한다. "사랑하는 딸들이여, 부디 편히 잠들어라. 엄마가" 두 딸의 이름과 나란히 쓴 판자 위의 글귀가 가슴을 뭉클하게 했다.

대부분 목조 이층 건물로 이루어진 주택지구에선 그나마 모습을 드러내고 있는 건물들도 겉으로 보면 그냥 단층 건물로 보일 만큼 거의 한 층이 없어져 버린 상태였다.

진도 7의 지진이란 목조가옥의 도괴(倒壞) 정도가 30% 이상인 경우를 말한다고 한다. 이번 고베 지진의 피해가 어느 정도인지를 짐작하게 하는 것이다.

### 양말 한 켤레의 소중함

고베대학 법학부 2학년에 재학중인 오미영(吳美英) 양의 경우, 세 들어 사는 집 1층에 거주하던 6명의 여학생 가운데 4명이 이번 재난으로 압사(壓死)했다. 4명 가운데 3명은 일본 학생이고 1명은 중국 유학생이었다. 특히 그 중국 학생은 오 양과는 대학 입학 전부터 알던 사이로 두 사람은 이역 땅에서 서로 단짝처럼 지내던 친구였다. 오 양은 2층에서, 중국 친구는 1층에서 살았다. 지진이 나던 날 새벽 집이 갑자기 좌우로, 상하로 흔들리다가 순식간에 무너져 내려앉았다. 한동안 정신을 잃었다가 깨어나 2층 창문을 통해 마당으로 걸어 나왔다. 그 사이에 1층이 없어져 버린 것이다.

삶과 죽음이 한순간에 결정되었다. 그 순간에 옆집에서도 두 자녀가 압사했고 노부부 중 부인도 별세했다.

생(生)과 사(死)란 무엇인가. 처음 집이 흔들릴 때 '이렇게 죽는 구나' 하다가 무너져 내린 집에서 기어 나와 '이제 살았구나' 생각했다. 그러나 살았다는 기쁨도 잠시. 가장 절실하게 다가온 것은 추위였다. 1월의 추위는 잠자다가 맨발에 잠옷차림으로 살아 나온 오 양에게 가장 당면한 생존현실이었기 때문이다. 친구의 죽음도 슬픔이라기보다는 이제 친구가 죽었구나 하는 멍한 느낌, 단순한 느낌으로 다가왔다. 앞으로 어떻게 살아가야 하나. 시린 맨발을 문지르며 '양말이라도 한 켤레 있었으면……' 하고 절실히 소원했다. 참으로 양말 한 켤레의 소중함과 따뜻한 물 한 잔의 소중함, 그 절실함을 사무치게 느꼈다고 오 양은 말했다.

오 양으로부터 이런 이야기를 듣고 나는 삶과 죽음이란 무엇인지, 가짐과 잃어버림과의 차이가 무엇인지, 그리고 과연 무엇이 실제이고 현실인지를 오 양과 내 자신에게 되묻지 않을 수 없었다.

오 양이 다시 말했다. 처음엔 삶이 참 허망하다는 생각이 들었지만 나중엔 살아났다는 것 자체가 행운이고 그것은 분명 무엇인가 살아남에 대한 의미가 있기 때문일 것이다. 그러므로 평범한 삶보다 더욱 열심히 최선을 다해 충실한 삶을 살기로 했다고. 그래서 공부도 포기하고 일시 귀국했으나 다시 공부해야겠다는 생각으로 돌아왔다. 이젠 죽은 친구의 몫까지 해야 한다고 느끼고 있었다.

많은 사람들이 처음엔 '살아 있음' 그 자체에 대해 감사하다가 차츰 시간이 지나며 다른 지역(오사카 등 지진 피해가 없는 지역)을 보니 모두 옛날 그대로 살고 있어 어떻게 살아갈 것인가 하는 현실 문제로 다시 되돌아오고 있다고 생각한다고 말했다.

오 양의 이야기를 들으며 삶과 존재 등 근본 문제에 대한 느낌과 생각이 다시 일상으로 되돌아와서 겪는 고통과 갈등 속에서 어떻게 드러나고 있는지를 느낄 수 있을 것 같았다. 죽음을 목격하고 죽음 속에서 살아온 사람의 체험과 이야기는 죽음을 외면하고 사는 우리에게 절실한 것이다. 고베에는 수많은 오 양과 그들 삶의 진지함이 있다.

### 경제대국과 찬 주먹밥

저녁엔 고베 학생청년센터에서 잤다. 센터는 모든 통상적 프로그램을 중단한 채 유학생들의 임시숙소가 되어 있었다. 지진이 일어났을 때 재해 주민들의 피난처로 개방했다가 지금은 재해를 당한 외국 유학생들에게 센터를 개방하고 있는 것이다.

야스다 교수와 히다 관장, 그리고 우리 유학생들 몇 명과 조촐한 그러나 성대한 환영파티를 열었다. 시내 술집들도 거의 대부분 피해를 입어 술집에 자리를 만든다는 것 자체가 성대한 파티인 셈이다.

다음날 야스다 교수의 안내로 시내 중심 번화가인 산노미야(三官)지역과 재일동포가 많이 살며, 이번 고베 지진에서 가장 큰 재난을 당한 나가다(長田)구의 주민 밀집지역 등을 둘러보았다. 때마침 비까지 내려 재해현장은 더욱 을씨년스러웠다. 산노미야의 거리, 지난번 두 차례의 고베 방문 때 야스다 교수 등과 함께 들리곤 했던 재일동포가 운영하던 술집은 형체를 알아볼 수 없게 무너져 있었다. 시내 중심가를 위아래로 뒤흔든 도시직하형(都市直下型) 지진은 모든 건물의 기반을 무너뜨려 버린 것이다. 무너지지 않은 건물도 그 속의 전기, 수도, 가스관 등 이른바 라이프 라인(Life Line)이 송두리째 파괴된 바람에 무용지물이 되어 다시 허물고 새로 짓지 않으면 안 되는 상태에 놓여 있었다.

　수많은 인파로 들끓던 번화가가 이제는 마치 유령의 거리처럼 되어 버렸다. 곳곳에서 무너진 건물을 철거하는 작업뿐, 사람들의 왕래도 제한되고 있었다. 이 지역의 경우 특히 술집 등에서 일하며 하루 벌어 하루 먹고사는 많은 여성 일용노동자들이 일자리를 잃어 생계에 심한 고통을 받고 있어 사회 문제가 된다고 했다. 그러나 이들의 고통은 재난의 큰 이름 속에 묻혀 외면되고 있었다.

　나가다 지구. 고베에서도 가장 피해가 컸던 곳. 7백 명이 넘게 사망하고 1만 7천 채의 가옥이 무너지고 4천 채가 넘는 가옥들이 불에 탔다. 특히 이 지역은 심한 화재로 엄청난 피해를 입었고 그 피해 주민의 다수가 재일동포들이었다. 이 지역이 이처럼 화재 피해가 많은 것은 신발공장과 가게 등이 밀집한 상가지역으로서 이날(1월 17일) 새벽에 장사를 하기 위해 가게에 나와 난로를 피우는 등 난방을 하고 있었기 때문이었다.

　일본의 자료에 의하면 고베 지진이 1월 17일 5시 46분에 일어났는데 그 7분 뒤인 5시 53분에 나가다지역에 대화재 참사가 일어난 것으로 되어 있다. 지진과 동시에 화마(火魔)가 덮친 것이다. 참으로 순식간에 집과 가게와 재산을 송두리째 불길 속에 날려 버렸다. 참사현장은 많이 치워져 있었으나 시커멓게 그을린 땅과 불탄 잔해들이 당시의 참화(慘禍)를 드러내 보이고 있었다.

　어떻게 살아갈 것인가. 어느 동포는 이렇게 말했다 한다. 할아버지께서 일본에 끌려와 맨손으로 살아오면서 쌓아 올렸듯이 나도 그렇게 맨손으로 시작하여 쌓아 올리겠다고.

　대재난의 현장에서 살아남은 사람들의 대부분은 '더 이상 잃을 것이 없다. 다시 시작하자, 할 수 있다'고 생각하며 일어서고 있었다. 그것이 살아남은 자들을 살아갈 수 있게 하는 원동력이 아닌가 싶다. 인간이란 한없이 연약하기도 하지만 동시에 또한 한없이 강인한 존재이기도 한 것이다.

나가다지역의 한 초등학교를 찾았다. 이재민(罹災民)들이 집단으로 피난생활하는 곳이다. 학교 통로에까지 종이박스, 스티로폼 따위로 조그만 공간을 만들어 놓고 노인들이 앉아 있었다. 대개 가족이 없이 혼자 사는 분들이라 했다. 교실 안엔 여러 세대가, 수십 명이 함께 지내고 있다. 하루 세 끼니 모두 주먹밥이나 빵 등이고 따뜻한 국물조차 없었다. 이같은 생활을 한 지도 두 달 반, 편안함은커녕 개인의 사생활 보장도 꿈꾸지 못할 일이다.

통로에 거주하는 할머니와 잠시 이야기를 나누었다. 지진이 나기 전엔 가족은 없었지만 아파트에서 편안하게 생활했다는 84세 할머니. 찬 주먹밥, 냉수 등으로 추위에 떨며 생활해 온 지 어느덧 3개월에 가까워 온다는 말씀. 처음엔 찬 주먹밥이었지만 무척 감사했다. 그러나 이젠 고마운 마음도 없어지고… 앞으로 살날도 얼마 남지 않았는데 이런 고통이 계속되는 것은 견디기 어렵다. 죽을 때까지라도 따뜻하게 지내고 싶은 게 솔직한 마음이다. 앞으로 살 일이 걱정스럽다며 울먹이는 할머니의 모습을 통해 세계 제일의 경제대국이라는 일본의 부(富)와 기술도 자연의 대재해 앞에서 무력해지는 모습을 보았다. 여생이 얼마 안 남은 한 할머니의 작은 소망조차 들어줄 수 없는 그 부란, 경제력이란 과연 무슨 의미를 갖는 것인가.

### 야스다 교수와 난민수용

마지막날 오전에 들린 고베대학 농학부의 난민 피난처는 여느 수용시설에 비하면 호텔 수준이었다. 냉난방이 되는 곳에서 상대적으로 편히 지낼 수 있으니 말이다. 난민 피난시설로 지정되어 있지 않은 고베대학이 이재민들을 받아들이기로 한 것은 야스다 교수의 노력 덕분임을 나중에야 알았다.

지진이 나던 날, 야스다 교수도 연구실에서 잠을 자다가 머리 위로 책장, 캐비닛 등이 무너져 내려 매우 위험했다고 한다. 본인의 말대로 운 좋게 살아난 셈으로 책상 밑에 갇혀 있다가 나중에 학생들에 의해 구출되었다. 집과도 사흘 동안이나 연락이 두절되었고 이번 지진으로 시집간 딸네와 그 시댁, 처갓집 등이 모두 집이 무너지는 재해를 당했다.

그런 속에서도 야스다 교수는 이번 재난을 계기로 새롭게 얻은 삶을 더욱 뜻 있게 쓰겠다며 난민들을 대학에 수용하자고 주장했다 한다. 대학의 다른 학부에선 이재민들을 수용하고 있지 않은데 농학부만 피난처로 제공하고 있는 것은 야스다 교수가 모두 책임진다는 조건 아래 다른 교수들의 동의를 얻어낸 까닭이다. 화재 위험 때문에 반대하는 학교당국을 설득하여 솥을 구해와 따뜻한 국물을 끓여 먹도록 한 이야기, 유기농 생산자들의 협조를 얻어 채소를 공급한 일, 스트레스의 해소와 용기를 돋구기 위해 노래자랑 행사를 가진 일, 아침 체조와 운동의 지도, 식생활 문제에 대한 강연 등을 통해 도·농연대운동, 유기농공동체운동의 필요성을 교육하는 등 참으로 헌신적으로, 열정적으로 일하고 있었다.

야스다 교수, 그는 한마디로 행동하는 지성인이다. 운동화와 잠바차림에 배낭을 메고 자전거를 타고 다니며 현장을 누비는 사람. 유기농 생산자와 도시 소비자공동체를 만들어 함께 생활과 생명을 연대하는 운동을 이끌어 가는 사람. 그는 자정이 넘은 밤에도 자전거로 한 시간 반 넘게 달려 집으로 퇴근하곤 한다. 그의 얼굴은 맑고 그의 웃음은 포근하다. 그를 보면 노자(老子)의 글귀가 떠오른다. 부드러운 것이 능히 강한 것을 이긴다(柔於制剛).

마지막 밤, 어렵사리 자리를 예약한 조그만 술집에서 밤늦도록 이야기를 나누었다. 왜 그가 날 불렀는지, 그리고 이번 지진을 통해 우리가 얻은 것은 무엇이고 배울 것은 무엇인지 등을.

야스다 교수가 이야기하는 핵심은 이번 지진을 통해 도시란 농촌에 의해 유지된다는 사실이 더욱 명확히 확인되었다는 것이다. 위기 상황 속에서 식량 자급이 얼마나 중요한 것인지, 생활현장 부근에서 자급해야 할 필요성을 많은 사람들이 체감하게 되었다는 것이다. 위기의 상황 속에선 외국이나 다른 먼 곳에서 가져올 시간과 여유가 없을 뿐 아니라 그들에게 결코 생명을 위탁할 수 없기 때문이다. 돈도 소용없는 상황, 그 위기와 고난의 상황에서 살아날 수 있는 것은 결국 연대와 협동뿐이라는 점을 누누이 강조했다.

농촌을 살리는 것이 곧 도시를 살리는 것이다. 이를 통해서도 유기농공동체운동의 중요성과 필요성을 재확인했다. 지진으로 마실 물과 식량이 모두 없을 때 생산자들이 물탱크를 싣고 주먹밥을 만들어 달려왔다. 농촌, 농민 생산자가 도시 소비자를 살려낸 것이다. 도시를 지탱하는 바탕, 그것은 농촌이다. 농업의 근본, 그 중요성을 다시 확인해야 한다.

우리가 너무 쉽게 잊어버리고 있는 생존의 근본은 물과 식량, 연료와 의복, 그리고 주택 등이다. 이것의 소중함, 절박함을 깨달아야 한다. 생명을 소중히 여긴다면 생명을 유지해 주는 근본조건들을 또한 소중히 여겨야 하는 까닭이다.

이번 지진 참사의 한가운데서도 고베 시민들이 보여 준 놀랄 만한 침착성과 연대성은 어디서 연유하는가. 그것은 우리에게 놀라움과 신기함, 궁금함으로 다가왔다. 우리들이 이런 재난을 당했다면 과연 어떻게 되었을까. 십중팔구 아수라장일 것이라는 게 대다수 사람들의 생각이지 싶다.

지금 야스다 교수는 우리에게 비친 그 놀라움의 정체를 '연대와 협동'이란 말로 이야기하고 있는 것이다. 지진이 났을 때, 정부의 구호물품이 도착하지도 않았고 각 가정에 비축한 식량 등이 하나도 없음에도 사재기 등이 없었던 데는 코프 고베(Coop-Kobe) 생협의 역할이 매우 컸다.

코프 고베 생협은 조합원이 1백만 명에 달할 정도로 큰 생활협동조합으로서 지진으로 다른 가게들이 모두 문을 열지 않았을 때 고베 내 150개 점포 모두 문을 열어 보유한 물건을 종전 가격으로 판매했다.

그리고 생협 회장은 지진 직후 아직 통화가 가능했을 때 생협중앙회에 연락하여 전국의 생협에서 물품과 지원품을 보내도록 했다. 정부에서 미처 대응하지 못하고 있을 때 전국 각지의 생협에서 물건과 봉사자들이 고베 부근에 속속 도착하여 교통망이 끊긴 상황에서도 자전거 등에 물건을 싣고 고베까지 운반하여 시민들에게 공급하였다. 이같은 협동조합의 노력 때문에 고베 생협과 경쟁관계인 다이에(ダイエ, 일본 최대의 유통회사로 세계 5위 이내의 유통업체)에서도 어쩔 수 없이 가게를 열고 가격도 동일하게 적용하게 되었다.

이것은 협동운동의 매우 중요한 성과가 아닐 수 없다. 이는 다른 측면에서 보면 150만 고베 시민의 절반 이상이 생활협동조합의 조합원으로서 평소 그같은 훈련을 해 온 결과라고도 생각된다.

**인간이 만든 것은 무너지고 신이 만든 것은 꽃이 핀다**

고베 대지진에서 빼놓을 수 없는 교훈 하나는 인간의 문명, 도시화 문명, 그 편리함의 정체, 그 취약성과 허상의 문제이다. 도시를 가로지르던 고가철도(高架鐵道)와 일본이 그토록 자랑하던 신간셴(新幹線), 그리고 고속도로, 지하철, 항만시설 등도 아직 대부분 복구되지 않았다. 600m 이상 옆으로 벌렁 뒤집힌 한신(阪神)고속도로, 무너져 내린 구조물들, 전기, 수도, 가스관 등이 잘라져 무용지물이 된 고층건물들 - 현대 문명, 근대화의 상징들이 일순간 대자연의 힘 앞에 주저앉고 말았다. 이른바 라이프 라인에 의존한 생존의 취약성이 어떤 것인지를 이번 고베의 참상은 여지없이 보여 주고 있다.

도시, 그것은 겉보기엔 화려하나 생명이 없는 조화(造花)와 같다. 자연에 대한 경외와 인간의 무지와 교만함에 대한 반성 없이는 언제 또다시 이같은 재앙이 되풀이될지 모른다.

우리가 자연재해라고 부르는 것은 어쩌면 살아 있는 지구 - 가이아(Gaia)의 꿈틀거리는 생명의 표출일지도 모른다. 그것은 또한 한편으론 지구가, 대자연이 살아 있는 생명이라는 사실을 망각한 인간들에 대한 경고일지도 모른다. 신이 만든 것과 인간이 만든 것의 차이는 무엇인가. 인간이 만든 문명과 신이 만든 자연. 숙소로 돌아오는 늦은 밤, 신사(神祠)의 입구에 서 있던 아름드리 돌기둥은 두 쪽으로 잘라져 무너졌는데 그 옆의 벚꽃나무는 꽃망울을 준비하고 있었다. 신이 만든 봄은 폐허의 고베에도 꽃을 피우고 있는 것이다.

**연대와 협동의 새로운 고베를 위하여**

일물(一物)의 소중함을 깨닫고 물질의 낭비, 쓰고 버리는 삶의 풍요로움과 편리함의 허구와 한계를 자각해야 한다. 지진 참상 이후 고베 시민들의 삶의 모습에서 소비절약의 정신이 높아지고 평소 불필요한 것들을 지나치게 많이 소유해 왔다는 성찰과 문명의 취약성에 대한 이해, 그리고 연대와 협동에 대한 인식 등이 높아지고 있는 것은 참으로 값비싼 대가로 얻은 교훈이다. 그러나 이같은 인식과 실천이 과연 언제까지 계속될 수 있을 것인가.

고베 재난에서 배운 뼈아픈 체험을 잊지 않고 살려 나가기 위해 지금 '인간의 연대와 협동을 생각하는 새로운 고베 건설'을 테마로 하는 시민모임이 조용히 태동되고 있다. 야스다 교수 등을 중심으로 고베 학생청년센터에서 준비하고 있는 모임이 그것이다.

야스다 교수가 꼭 오라고 한 것은, 그리고 빨리 오라고 했던 것은 이런 모든 것들을 느끼고 깨우치게 하기 위한 것임은 말할 필요도 없다. 헤어지면서 야스다 교수는 내가 보고 느낀 것, 그것을 나에게 귀중한 선물로 준다고 말했다. 나를 빨리 오도록 한 이유는 그 재난의 모습이 다 사라지기 전에 생생한 현장을 보여 주기 위해서라는 것도.

4월 1일 오후. 우리는 그 어느 때보다 아쉬운 작별을 나누었다. 비록 짧은 기간이었지만 고난의 현장을 함께 본 동지로, 형제로서의 느낌 때문일까.

4월 2일, 야스다 교수로부터 편지가 왔다. 편지에서 그는 다시 한번 나에게 이 경험을 잊지 말 것을 당부했다.

…… 기억하시겠지만, 이번의 고베 대지진은 세계에서도 그 예를 볼 수 없는 도시직하형의 대지진이었습니다. 가옥이 많이 파괴되었을 뿐만 아니라, 각지에서 화재도 발생하였으며, 물 공급이 단절된 상황에서는 소화활동도 거의 이루어지지 못해 매우

많은 피해자를 내어 지옥을 방불케 했습니다. 내 자신도 운 좋게 살아남았구나 생각할 정도로, 정말 긴박한 위기였습니다.

자연의 힘 앞에서 인간의 존재란 진실로 작은 것이라는 사실을, 인간의 운명이란 대지의 안정이 있어야 비로소 있을 수 있다는 사실을 절감했습니다. 이와 같은 경험을 가능한 많은 사람들에게 정확히 보여 알리지 않으면 안 될 것입니다. 어느 땅에서도, 대지의 흔들림은 돌연히 일어날 수 있기 때문입니다. 아니 대지의 흔들림뿐만 아니라 자연의 맹위는 그 형태를 변화시키면서 언제든지 우리들을 덮쳐올 것이며, 인위의 재해도 또한 돌연히 닥쳐올 것이기 때문입니다.

위기에 대비하면서 살아갈 필요가 있습니다. 그리고 위기에 접해서 마지막 생명의 의지처는 연대와 협동밖에 없다는 사실을 꼭 배워 둬야 할 것입니다. 이것이 바쁘신 줄 압니다만 재해의 한가운데로 아우님을 모셔 온 의미이기도 합니다.

이 경험을 한국 땅에서 살려갈 수 있었으면 매우 고맙겠습니다. ……

| 1995년 5월 |

# 생태마을과 삶과 몸을 찾아

여행, 우리가 어딘 가로 떠나는 것은 결국 자기로 돌아오기 위해서이다. 잊고 있었던 자신을, 우리를 새롭게 만나기 위한 교육이다.

이 시대의 탁월한 녹색운동가이자 평화운동가, 교육자이며 구도자이기도 한 사티쉬 쿠마르의 자전적 수행기에 이런 일화가 소개되어 있다. 그가 젊었을 때 그의 동료와 함께 '핵으로부터 해방과 평화'라는 화두를 들고 무일푼으로 고국 인도로부터 파키스탄, 이란 등을 거쳐 유럽, 미국에 이르는 삼만 리의 먼길을 두 발로만 걸어서 간 평화의 긴 순례를 마치고 돌아왔을 때, 그의 스승인 비노바는 이렇게 말했다. "정말 훌륭한 일을 해냈다. 하지만 평화를 구하기 위해서 굳이 그렇게 먼 곳까지 갈 필요는 없다. 평화는 바로 자네 안에 있으니까. … 우주의 중심은 바로 이곳이다. 그러니 세계를 모두 돌기 위해서는 어느 곳도 갈 필요가 없다. 바로 이곳이 세계니까.…"

## 문화적 충격에 대한 기억

우리는 새 천년의 준비라는 깃발을 들고 유럽연수를 떠났다. 유럽의 환경정책과 새로운 천년을 준비하는 것을 보고 배움으로써 우리의 새 천년을 준비한다는 명분을 내세우고.

　이제 연수를 마치고 온 지도 어느새 몇 개월이 지났다. 이번 연수를 통해 내가 보고 느끼고 배우고자 한 것은 무엇이었던가. 아무리 강렬했던 느낌이라도 시간이 지나면 희미해지기 마련이다. 따라서 나는 이번 연수를 통해 무엇을 보고 느꼈는가를 말하기보다는 무엇을 보려고 했는가, 왜 그랬는가를 생각나는 대로 이야기하는 것으로 연수 소감을 대신할까 한다.

　사실 연수라는 이름으로 이루어지는 짧은 일정의 외국 방문이 대개 그렇듯이 주마간산 격으로 스쳐 지나면서 무엇을 보고 배운다는 것은 처음부터 한계가 있을 수밖에 없는 일이다. 더구나 문화적 차이에다 의사소통마저 충실치 못한 상태에서 낯선 문물을 보고 느낀다는 것이 대부분 자신의 선입관에 치우친 일방적 이해나 해석이기 십상인 까닭이다. 그럼에도 이번 연수에서 내 나름의 욕심을 가졌던 것은 첫 번째 유럽연수 때(94년) 받았던 문화적 충격 때문이었다.

　그때의 느낌을 충격이라고 표현할 만큼 유럽문화와의 첫 만남은 유럽문화에 대한 내 나름의 생각이 많은 부분에서 일방적 편견이었음을 자각하게 해 준 것이었다. 그 동안 주로 아시아지역이긴 했으나 연수다, 회의 참석이다 해서 몇 차례 외국을 다녀올 기회가 있었는데. 유럽연수에서 느낀 것은 인도 등 아시아 여러 나라의 방문에서 받았던 것과는 다른 의미에서 큰 파장으로 내게 부딪혀 온 것이었다.

　그 동안 나는 산업혁명 이래 기계 중심의 반자연적인 서구문명이 저질러 온 해악과 폐해에 대해 절망과 분노를 느끼고 있었고 그 문명의 발상지이며 그런 문명을 구가하고 있는 서양사람들에 대한 일종의 멸시와 더불어 동양문화인(?)으로서의 자부와 막연한 우월감 같은 것을 가지고 있었던 것이 사실이었다. 비록 그러한 감정이 현실을 지배하고 있는 서양문화와 그 문명의 힘에 대한 열등감으로 인한 왜곡된 표현일 수 있다고 할지라도 그것에 대해 나름대로의 이유를 내세울 수 있는 것이었다.

이를테면 인간과 자연을 분리하고 자연을 지배·통제하는 것을 생산력 발전과 역사적 진보라고 인식하는 이원론적인 서양의 세계관과 그 문명양식이 오늘날 환경생태계의 파괴와 지구적 재앙의 원인이라면 이에 대한 해결방안은 당연히 자연과 인간이 분리될 수 없는 하나이며 자연의 이치(법도)를 중심으로 자연과 조화공생하는 문명과 그 삶의 양식, 곧 동양적 자연관과 가치체계에 바탕을 둔 문명양식의 회복만이 그 대안일 수밖에 없을 것이기 때문이다.

그런데 문제는 저들의 경우, 자신들이 저질러 온 해악과 잘못에 대한 나름의 인식과 자각을 통해 그 대안을 찾기 위한 고민과 노력이 구체적으로 이루어지고 있음에 비해 정작 우리의 경우, 저들이 이미 그 잘못을 깨닫고 폐기했거나 고쳐 나가고 있는 것조차 그 잘못된 시행착오마저 그대로 답습하기에 급급하다는 사실이다.

구체적인 예로서 저들은 이미 원자력 발전소의 폐해를 절감하고 이를 폐쇄하거나 건설을 중단하고 풍력이나 태양열 등 자연친화적인 대안에너지 실현을 구체화하고 있음에 비하여 우리는 오히려 더 많은 원자력 발전소 건립을 강행한다거나, 저들은 자연생태계를 살리기 위해 에너지의 절약과 자원의 재생 등의 노력에 애쓰고 있음에 비해 우리는 당장의 편리와 눈앞의 개발 이익에만 급급하여 함부로 쓰고 버리며 환경을 오염시키고 자연생태계를 파괴하는 행위를 무차별적으로 자행하고 있는 것이다.

적어도 저들은 가치의 우선 순위와 지키고 아껴야 할 것에 대한 사회적 합의가 이루어지고 있는 것이다. 저들은 볼품없는 조그만 개펄과 늪지조차 국립공원으로 보호 관리하며, 생명같이 지켜 오던 제방 둑을 허물어 다시 습지로, 자연상태로 되돌리고 있음에 비하여 우리는 어떻게 하고 있는가. 지금 우리의 눈앞에서 벌어지고 있는 작태들을 보라. 천혜의 비경이자 생태계의 보고인 동강에 댐을 막아 수장(水葬)시키려 하며 세계적인 보존가치를 지닌 서해안의 개펄들을 개발의 논리로 마구잡이 간척하여 바다와 함께 죽이고 있는 것이다.

이런 사실을 바라보고 우리의 모습을 떠올렸을 때, 그리고 이제는 그 동안 우리가 자랑과 우월의 근거로 내세우던 동양적 사상과 그 정신마저 오히려 서양의 해석과 이론을 통해 역수입해야 하는 지경에까지 이르고 있는 현실을 생각할 때, 우리 자신에 대한 분노와 부끄러움을 느끼지 않을 수 없었다. 그것은 저들은 저들 나름의 문화, 그 얼굴이 있고 그 얼굴을 가꾸어 가고 있는데 비해 우리에겐 우리다운 얼굴이 없어져 버렸다는 사실에 대한 아픈 자각 때문이었다. 생각해 보면 얼굴이 없다는 것만큼 부끄럽고 두려운 것도 없는 일이다. 얼굴이 없다는 것은 자기다움, 곧 자기의 정체성이 없다는 말이기 때문이다.

지금 우리의 얼굴은 어디 있는가. 어느새 우리는 우리다움을, 우리의 고유성을 잊어버리고 잃어버리고 있다. 사람도, 그 사람이 사는 방식도. 입는 옷, 사는 집, 우리의 마을, 우리의 입맛과 그 풍속까지. 그 대신 우리가 저질이라고 부르던 서양문화의 왜곡된 껍데기들이, 그 국적불명의 쓰레기들이 우리의 삶과 문화를, 이 강토를 뒤

덮고 있는 것이다.

## 생태마을과 대안사회의 꿈

1차 유럽연수에서 이러한 문화적 충격을 경험한 나는 이번 연수에선 인간과 자연이 조화를 이룬 생태적 삶의 모습을 더욱 구체적으로 보고 느끼고 싶었다. 아직 개발되지 않는, 이른바 산업화의 마수가 채 뻗지 않은 곳의 삶과 문화형태를 보고 배우는 것도 중요하지만 우리처럼 이미 걷잡을 수 없을 정도로 훼손되어 버린 상황 속에서 어떻게 다시 인간과 자연이 조화공존할 수 있는 삶과 그 문명을 회복할 수 있는지는 매우 중요한 문제이기 때문이다. 그런 점에서 산업문명의 발상지인 유럽에서 새로운 대안으로서의 생태문명을 회복하고 있는 실험을 주의 깊게 관찰하고 배울 필요가 있는 것이다. 이번 연수가 새로운 천년의 준비라는 거창한 명분을 내건 것도 결국 유럽이 어떻게 생태적 대안을 준비하고 있는가를 살펴보기 위한 것이다.

이런 점에서 나의 이번 유럽연수에서의 주된 관심은 인간과 자연이 서로 조화공생하는 생태적 삶과 그 문화를 살피는 일, 그 중에서도 특히, 생태마을 방문과 체험이었다. 그것이 연수단 일원으로서 내가 할 일이었으며 동시에 개인적인 주된 관심이었다. 인간과 자연이 함께 어울려 사는 생태공동체 - 생태마을(Eco-village)은 산업문명의 위기 속에서 인간과 자연이 조화를 이루는 대안적 사회와 삶의 형태로 매우 주목할 필요가 있기 때문이다.

"다음 시대는 생태주의 시대가 될 것이다. 그렇지 않으면 존재하지 않을 것"이라는 조너선 포릿의 지적처럼 이제 반자연적인 산업문명의 위기, 그 막다른 한계 속에서 인류가 계속해서 살아남기 위해서는 생태주의를 그 내용으로 하지 않을 수 없다. 이른바 새 천년은 생태가치, 생명가치를 중심으로 인간과 자연이 함께 상생조화하는 문명과 그 삶으로 나아갈 수밖에 없는 것이다.

따라서 생태마을이 어떻게 준비되고 있는가 또는 그 속에서 삶이 어떻게 이루어지고 있는가 하는 것은 중요한 의미를 지닌다. 그런 점에서 생태마을 만들기 또는 생태마을 공동체운동은 삶의 질을 더욱 풍요롭게 하기 위한 현실적 대안일 뿐 아니라 새 천년의 문명과 그 사회를 위한 구체적 실험이며 준비라 할 수 있다. 이는 국내에서 전국귀농운동본부 등을 중심으로 최근 추진하고 있는 두레공동체 회복을 통한 우리 식의 생태마을 만들기에도 좋은 본보기가 될 수 있을 것이기 때문이다.

생태마을이란 무엇인가. 현재 우리가 생각하는 생태마을이란 생태문화와 그 대안문명을 염원하는 사람들의 삶터이며, 유기순환의 농사를 통해 자연과 공존하면서 식량과 기본생계를 해결하는 생산현장으로서의 일터이고, 흙 속에서 생명을 가꾸고 기르는 마음과 사람과 자연이 서로 협력하는 상생순환의 원리를 익히고 배우는 생태학교, 귀농학교로서의 배움터이다. 동시에 마을 구성원 상호간에, 나아가 도시와 농촌, 생산자와 소비자, 그리고 노인에서 어린애에 이르기까지 하나되어 서로 어울리며 함께 나누는 문화마당으로서의 나눔터라 할 수 있다. 다시 말하면 생태마을이란 자연친화적인 삶과 문명을 추구하는 사람들이 주축이 되어 자연생태계와 조화를 꾀하는 유기순환의 농법을 중심으로, 마을일과 농사일을 포함한 생활상의 일들을 상부상조에 의해 협동으로 이루어가며, 자원과 에너지를 절약하고, 자립을 추구하며, 지역의 역사와 문화의 특성을 주체적으로 실현하는 사회적 단위로서의 마을공동체라 할 수 있다.

생태적 삶이 없이 생태사회란 있을 수 없다고 한다면, 생태적 삶의 현장으로서의 생태마을의 내용은 새로운 문명과 그 사회의 실현을 위해 우리가 구체적으로 고민하고 준비해야 할 과제일 수밖에 없다.

그러나 이러한 나의 기대와 욕심은 연수단의 한계와 현지 사정으로 거의 이루어지지 못했다. 사실 그것은 이번 연수단의 짜여진 일정으로 보면 처음부터 무리한 바램이었다. 연수단의 주된 일정은 유럽의 환경정책, 특히 지금 유럽을 휩쓸고 있는 중도좌파의 기치 아래 연정형태로 참여하고 있는 녹색당의 정책 파악과 유럽의 주요 환경단체들의 방문으로 짜여져 있고 그 나머지도 국립공원으로 지정 보호되고 있는 개펄 등 생태현장 방문·답사였기 때문이다.

그나마 이런 사정 속에서도 어렵게 시간을 내어 생태마을이라고 찾아간 곳조차 사전에 정보를 충분히 파악하지 못해서 기대했던 곳이 아니었다. 그래서 생태마을 현장 방문에 대한 기대와 욕심은 이쯤으로 접어둘 수밖에 없었다. 비록 아쉽기는 했지만 한편으로 생각하면 생태마을은 누가 이루어 놓은 꿈이 아니라 지금부터 우리가 이루어 가야 할 오래된 꿈으로 우리 나름의 고민과 모색 속에서 새롭게 복원되고 재창조되어야 할 생태사회의 기본단위일 수밖에 없는 것이다.

## 일상적 삶의 생태적 의미

이곳에서 보고 느끼는 것 또는 배운다는 것이 어차피 우리에겐 참고일 수밖에 없다면 좀더 다양한 삶의 모습, 특히 사람들의 일상적 삶과 그 문화가 갖는 생태적 의미를 찾아보고 느껴 본다는 것 또한 이번 연수의 중요한 의미일 수 있다.

여행—그것이 어떤 이름과 구실로 이루어지는 것이든 간에 길을 떠났을 때, 특히 낯선 곳에서의 나의 주된 관심은 문화적 부분이다. 여기서 내가 '문화'라고 했을 때 그것은 미술관이나 화랑에 들러 유명 화가의 그림을 감상하거나 오페라를 관람하고 오케스트라 연주 따위를 듣는 것과 같은 문화적 취향을 의미하는 것이 아니다. 사실 나는 그런 고급적 취향을 누릴 만한 주제도 못 될 뿐 아니라 그 분야에 대해선 숫제 무지한 사람이기도 하다. 내가 문화라고 이야기하는 것은 굳이 말하면 '생활문화'라고 이름할 수 있는 것이고 더 정확히는 그 지역 그 사회를 살아가는 사람들의 삶의 모습이라 할 수 있다. 문화란 삶의 총체적 표현이라는 것이 내가 생각하는 관점이기 때문이다. 이를테면 삶을 떠나서 문화라는 것이 있을 수 없는 것과 같이 문화를 통하지 않고서는 그 시대의 삶을 제대로 이해할 수 없다는 생각인 셈이다.

그런 점에서 나는 사람들이 살아가는 모습, 그 중에서도 특히 밥 먹고 똥 싸고 일하고 사랑하며 새끼치고 살아가는 구체적인 일상적 삶의 형태에 대해 남다른 관심을 갖고 있다. 사람들이 무엇을 먹고 입으며 어떤 일을 하고 어떻게 서로 사랑하고 관계하며 살고 있는가, 그리고 이런 것들이 어떻게 표현되고 있는가 하는 것이야말로 인류의 보편적 삶의 내용인 까닭에 이를 서로 대비해 볼 수 있다면 그 문화적 특징과 차이를 이해할 수 있을 것이기 때문이다.

생각해 보면 삶의 일상성이야말로 존재의 진솔한 드러남이며 문화의 실체가 아닐 수 없다. 일상성을 떠나 삶이 존재할 수 없는 것이며 그 일상의 삶 속에서 인간의 생존과 존재 의미가 구현되는 것이기 때문이다. 따라서 삶의 일상적 행위, 그 중에서도 특히 이 물질 우주에서 육신을 지탱하고 살아가기 위한 먹고 싸고 하는 기본적 생명행위가 어떻게 이루어지고 그것이 어떻게 사회적으로 평가되며 표현되는가 하는 것은 매우 중요한 의미를 갖는다. 다시 말하면 인간의 생명유지를 위한 이러한 기본적 행위가 어떻게 이루어지는가, 그것이 갖은 생태적 의미와 가치가 어떻게 실현되는가에 따라 그 사회의 생태적 척도가 규정될 수 있다는 것이다.

사실 인간의 모든 행위와 그 행위규범인 체제나 제도 그리고 외적 표현으로서의 문화나 문명이라는 것도 결국 먹고 싸고 하는 이 기본적인 생명활동을 바탕으로 하지 않는 한 성립될 수 없는 것이다. 그런 것들은 결국 어떤 식으로 먹고 싸고 하는가 하는 방법론과 그것에 어떤 의미와 가치를 부여하는가 하는 의미론의 범주를 크게 벗어날 수 없는 것이기 때문이다. 그렇다면 우리가 인류의 지속적 생존을 위해 새로운 천년의 화두로 추구하는 생태적 사회와 그 문명이란 결국, 먹고 싸고 하는 이 기본적 생명활동이 얼마만큼 생태적으로 이루어지는가, 그 의미가 얼마만큼 생태적 가치로 평가되는가에 달려 있다고도 할 수 있는 것이다.

자연생태계를 떠나 별도로 존재하는 인간생태계는 있을 수 없다. 본질적으로 인간이란 자연생태계의 한 부분일 수밖에 없기 때문이다. 마찬가지로 인간생태계와 분리된 자연생태계 또한 없는 것이다. 그런 까닭에 인간생태계가 병든 만큼 자연생태계 또한 병들지 않을 수 없는 것이고 그렇게 하여 병든 자연생태계가 치유되지 않는 한 인간생태계 또한 치유될 수 없는 것이다. 결국 오늘날 인류가 직면하고 있는 생존 위기, 그 재앙은 이처럼 우리가 자연과 분리되어서는 결코 존재할 수 없다는 사실에 대한 망각과 무지에서 비롯된 것이라 할 수 있다.

따라서 기본적으로, 먹고 싸고 하는 인간의 생태적 행위를 어떻게 자연생태계의 원리에 충실히 따라 하느냐에 의해 인간의 지속적 생존과 파괴된 자연생태계의 회복 여부가 결정될 수 있는 것이다. 다시 말하면 생명유지를 위한 밥 먹고 똥 싸는 이같은 일상의 행위가 우리 자신의 개체생명뿐 아니라 지구생명계 전체에 어떤 영향을 미치는가, 그리고 우리는 지금 이 행위를 어떻게 하고 있으며 그것이 얼마나 자연생태 원리에 충실하게 이루어지고 있는가 곧 그 삶이 얼마만큼 생태적인가를 살펴보고 그 대안을 찾지 않는 한 인류의 지속적 생존을 위한 생태사회와 그 문명은 없다고 해도 좋을 것이다.

이를테면 밥을 어떻게 마련하는가 하는 생산양식에서의 문제에서부터 밥을 어떻게 알고 어떻게 먹는가 하는 식사법에 이르기까지 이 밥 먹는 한 가지 행위 속에도 모든 생태 문제가 다 포함되어 있다는 것이다. 이는 『작은 행성을 위한 식사』에서 프란시스 무어 라페가 육식 중심의 식사가 어떻게 지구생태계를 해치고 있는지를 지적하고, 먹는 것이 사람의 성격을 결정할 뿐 아니라 사회와 시대의 변화까지 규정하는 것의 보기로서 마빈 해리스가 '패스트푸드점의 성업은 인간이 달에 간 것만큼 사회적 의미를 갖는다'고 주장하고 있는 것처럼 우리의 육신, 그리고 나아가 생각하는 이 존재까지도 밥에 의해 이루어진 것이기 때문이다.

따라서 우리의 밥상이 얼마나 생태적인 것인가에 따라 우리의 삶과 존재 그리고 우리가 사는 사회의 생태적인 정도가 결정될 수 있음은 당연한 것이다. 이처럼 밥의 이치와 밥 먹는 행위 속에서 생태적 가치와 의미를 확인할 수 있듯이 마찬가지로 싸는 것 속에, 밥이 똥으로 된 그 속에 또한 생태적 의미와 가치를, 그 사회와 문화의 생태적인 정도를 확인할 수 있는 것이다.

똥이 어떻게 인식되고 취급되는가, 어떻게 처리되는가 하는 것은 다른 면에서 볼 때 밥이 갖는 생태적 척도보다 더욱 분명한 의미를 갖는 것이라 할 수 있다. 이는 생태적인 것의 여부가 대부분 생산과정보다 그 폐기과정이 어떻게 이루어지느냐, 곧 쓰레기로, 오염원으로 되느냐, 아니면 또 다른 자원으로 다시 재생순환되느냐의 여부에 의해 결정되기 때문이다. 이런 의미에서 볼 때, 생태적 삶의 여부는 한마디로 밥과 똥의 분리 정도와 똥과 자연의 순환 정도에 달려 있다고도 할 수 있다. 본질적으로 밥과 똥을 하나로 보는가, 똥을 또 다른 밥으로 보는가 아닌가의 문제인 것이다.

　이른바 공업화 중심의 산업문명에서 문명화의 척도는 그것이 얼마나 자연생태계와 분리 차단되어 있는가에 의해 가늠된다. 이 사실은 똥의 처리에서 극명하게 나타나고 있다. 똥의 처리를 편리하게 하되 철저히 그 흔적을 남기지 않도록 하는 것, 똥의 자연과의 순환을 철저히 차단하는 것이 그것이다.

　그런 점에서 뒷간의 개념이 별도로 없는(?) 인도의 촌락이나, 뒷간이 있더라도 똥 무더기를 그냥 쌓아 두는 우리네 전통 뒷간은 말 그대로 미개한 것임에 비하여 스위치 하나로 동이물을 쏟아 말끔히 흔적조차 없애는 안방의 수세식 양변기 시스템이 가장 문명화된 양식인 것이다. 그런데 생태적 관점에서 보면 이러한 수세식 처리방식이야말로 가장 반생태적인 것이 아닐 수 없다. 이것은 똥을 자연으로 순환시켜 또 다른 생명의 양식(밥)으로의 재생을 철저하게 차단할 뿐 아니라 똥을 폐기물로 버리는 그 교육에서 엄청난 자원의 낭비와 환경생태계의 오염을 낳는 방식이기 때문이다. 따라서 똥의 처리에서 생태지수란 똥의 순환지수에 다름 아닌 것이다. (이번 연수에서 핀란드 국립공원의 화장실에서 똥의 미생물 발효처리 시스템을 본 것과 환경단체가 운영하는 에코 숍에서 자연과 순환되는 전통적인 화장실을 만드는 것을 소개한 책을 볼 수 있었던 것은 생태사회의 전망을 더욱 밝게 해 주는 것이었다.)

### 생태현장으로서의 몸

우리의 몸은 자연과 분리될 수 없는 하나이다. 우리의 몸을 구성하는 모든 물질은 자연으로부터 온 것이고 끊임없이 자연과의 관계를 통해 새롭게 이루어지는 것이기 때문이다. 생명활동은 몸을 중심으로 이루어지는 것이며 이 몸을 떠나서는 물질적인 생명 또한 없다. 생명의 기본행위인 먹고 싸고 하는 일들이 모두 자연생태계와 직접적인 연관을 지닌 것은 그 행위의 실체인 몸이 자연을 반영한 것일 뿐 아니라 그 자체로 살아 있는 생태계이기 때문이다. 그런 의미에서 보면 몸이란 살아 있는 생태계로서 물질로 드러난 우리의 자아이며 나의 존재와 지구생태계 사이를 직접적으로 연결하는 통로다. 다시 말하면 이 몸은 '나'라는 존재의 현재적 표현인 것이다. 이 몸이 없으면 '현재의 나' 또한 없기 때문이다. 그러므로 몸은 단순히 '나'라는 주체가 깃들어 있는 소유물이 아니라 내가 존재하는 구체적 실체인 것이다.

모든 것은 관계를 통해서만 존재한다. 이 관계를 이루는 통로가 곧 몸이다. 우리는 몸을 통해서 비로소 세계와 관계한다. 우리가 몸을 통해서 세계의 실제를 느끼고 인식함으로써 비로소 세계가 우리에게 존재하는 것처럼, 우리는 몸을 통하여 생태계와 끊임없이 교류하며 지구생명계와 한 끈으로 이어 가고 있는 것이다. 그렇다면 어머니 지구, 생명의 모태로서의 지구생명계와 하나로 이어져 있는 몸의 생태계야말로 생태적 삶과 그 문명을 열어 가는 데 있어서 가장 중요한 열쇠가 아닐 수 없다.

이처럼 우리의 몸과 지구생태계가 하나로 연결되어 있음을 자각할 때, 인간에 의해 유린되고 있는 지구생태계의 고통은 곧바로 내 몸의 고통일 수밖에 없으며 마찬가지로 내 몸의 고통은 그대로 지구생태계의 고통으로 연결될 수 있는 것이다. 그런 까닭에 생태적 감수성이란 지구생명계의 고통이 그대로 자신의 육체적 고통으로 전달되는 감수성에 다름 아닌 것이다. 우리가 몸의 느낌에, 몸의 말에 충실해야 하는 이유가 여기에 있다.

우리가 진정한 행복감을 누리기 위해서는 우리의 내면을 지배하고 있는 자연적 존재로서의 기억인 근원적인 감수성을 회복하는 일이라고 했을 때, 이러한 감수성이란 어머니 대지의 자식으로서 숲 속을 뛰놀던 벌거벗은 생명체로서 가졌던 그 생태적 감수성을 회복하는 일이다. 이처럼 내 몸과 내가 몸담고 있는 지구생명계를 하나로 보고 내 몸을 돌보듯 지구생태계를 돌보는 것, 이것이 생태적 삶과 그 문명을 사는 몸의 원리라 할 수 있다. 그러므로 파괴된 지구생태계를 치유하고 복원하는 일도 우선적으로 우리 자신의 생태계인 몸을 잘 돌봄으로써 그 몸의 감성을 살아 있게 일깨우고 몸의 욕구와 생태계 욕구를 하나로 일치시키는 것에서부터 시작해야 할 것이다.

그것은 몸의 진정한 욕구에 충실하기이며 생명의 기본활동으로서 밥을 제대로 먹고 똥을 제대로 싸는 일이라 할 수 있다. 이러한 행위를 충실히 하는 것, 그 행위 속에서 존재의 의미와 기쁨을 확인하는 것, 이것이 곧 몸의 욕구에 충실함으로써 지구생태계에 충실하는 것이라 할 수 있는 것이다. 몸의 욕구에 충실하기는 생태적 감성을 회복하는 것일 뿐 아니라, 몸의 진정한 욕구가 정신과 영혼의 욕구와 균형을 잡히게 만들기 때문이다.

이런 점에서 특히 중요하게 인식해야 할 것은 생명의 기본행위로서의 씹하기 - 제대로 씹하기이다. 우리가 몸을 가지는 존재라는 것은 다른 말로 성적(性的) 존재라는 말이다. 밥을 통해, 똥이 다시 밥이 되는 이치를 통해 자연생태계와 교류하며 하나가 되는 것처럼 몸을 가진 존재로서의 성적 행위란 몸을 통하여, 몸으로써 존재를 나누고 음양의 기운을, 자연과의 교감을 나누는 것이며 신성, 그 근원성의 축제에 동참하는 일이다. 이처럼 몸을 통해 존재를 드러내고 근원성과 일치하는 행위로서의 씹하기는 지극히 당연하고 멋진 일일뿐만 아니라 신성의 거룩한 표현이기도 한 것이다.

'… 건강한 사회에선 몸을 있는 그대로 드러내는 것은 수치스러운 것이 아니라 완전히 자연스럽고 그 자체로 경이로우며 지극히 당연한 것으로 여겨지고 또 그렇게 다뤄져야 한다. 성적 기능들 또한 완전히 자연스럽고 그 자체로 경이로우며 또 그렇게 다루어진다. … 몇몇 사회에서는 부모들이 자신의 자식들 앞에서 완전히 드러내 놓고 짝짓기를 한다. 사실 아이들에게 성적인 사랑 표현의 아름다움과 경이와 순수한 기쁨과 완전한 자연성을 느끼게 하는데 있어서 무엇이 이보다 더 나을 수 있겠느냐. 이런 사회에선 강간처럼 욕정으로 인한 범죄란 게 없고 매춘은 있을 수 없는 일로 웃음거리가 되며 성적 제한이나 성기능 장애 같은 것은 들어본 적도 없다는 사실에 주목하라. …' (『신과 나눈 이야기』 중에서)

그렇다. 몸을 가진 존재로서, 성적 존재로서 우리는 그 본분에 충실할 필요가 있는 것이다. 몸의 욕구에 충실하기, 그것은 성을 직시하는 것에서부터 시작되어야 한다. 성을, 성의 욕구를 기쁨으로 받아들여라. 외면하거나 회피하지 말고 호기심을 충족시켜라. 그리하여 충실히 경험하라. 신의 은총을 충분히 즐겨라. 다가가서 본질을 느껴라. 그리하여 더 이상 호기심이 아니라 건강한 삶의 표현, 충실한 존재의 드러남이 되게 하라. 성, 그 씹하기를 통해 자신의 존재를 온전히 드러내고 근원으로서의 지구와 하나됨을 이루어라. 존재가 거룩할 때 성 또한 거룩하다.

밥이 신성하다면 밥 먹고 똥 싸는 일도 신성하다. 고급 레스토랑에서 품위 있고 우아하게 식사하는 일과 변기에 쭈그리고 앉아 얼굴에 핏줄을 세우고 똥 싸는 일 또한 그 본질에서 같다. 그대 몸에 뿌린 값비싼 그 향수와 뒷간에 똥 쌀 때 풍기는 냄새 또한 같다. 그대 존재의 고상함이란 고급 레스토랑에 의해 결정되는 것이 아니라 그대 존재 자체를 그대가 어떻게 믿고 사느냐, 믿고 행위하느냐에 있다. 그러므로 존재의 신성한 표현으로서의 성은 어떤 형태로든 정당하고 신성하다. 자유의지로 이루어지는 어떤 형태의 성도 정당하고 신성한 것이다. 성은 인간의 어떠한 사회적 행위보다 평화적인 것이다. 성에 충실하기 위해서는 먼저 성에 솔직해져야 한다. 맑은 눈으로 성을 직시하고 안을 수 있어야 한다. 성에 솔직해질 때 비로소 성으로부터, 성의 집착과 억압으로부터 자유로울 수 있는 것이다.

지금 우리의 몸은, 우리의 성은 얼마나 자유로운가. 우리의 몸은 가림 없이 당당한가. 독일 공중목욕탕에서 부모와 자식이, 늙은이와 젊은이가, 남자와 여자가 알몸으로 당당한 모습을 보이는 데서, 가림 없는 육체의 자유로움에서 그 아름다움을 본다. 생태적 삶의 건강성과 그 사회의 가능성을 본다. 알몸의 만남 속에서 모든 존재는 아름답고 신성하다.

동서로 나뉜 독일이 하나로 합하여 새로운 독일의 꿈을 설계하는 현장, 그 베를린의 한복판에서 섹스박물관에 들러 인간의 성적 상상력과 몸의 욕구를 본다. 섹스왕국의 여왕, 베아테 로터먼트 여사가 62년에 건립한 섹스박물관엔 전세계에서 수집한 5,000여 점의 섹스 관련 용품들이 모여 있다. 동서고금, 인간의 욕망, 그 몸의 욕구는 하나이다. 살아 있음의 표현이고 갈구이다. 그 박물관에서 조지 그로츠의 춘화첩 한 권을 산다. 그림을 통해 사회 정치적 비평을 추구하던 그가 포르노 그래피를 통해 무엇을 이야기하고자 하는가. 몸이 생태적 자유를 회복할 때 그 몸의 근원으로서의 지구생태계 또한 그 생명력을 회복할 수 있다.

### 다시 내면으로, 우리 자신에게 충실하기

오랜만에 인사동을 보았다. 사람을 만나기 위한 약속으로 들린 게 아니라 인사동을 만나기 위해, 우리의 풍물, 그 얼굴을 보기 위해 들렀다. 비오던 날 함부르크의 주말 벼룩시장을 허겁지겁 헤매던 그런 조급함이 아닌 너그러운 발걸음으로 우리의 거리를 본다. 거리의 좌판에서 조그만 불상을 산다. 다시 우리의 산하, 우리의 거리를 본다. 우리의 얼굴은 어떤 것인가. 저 이방인은 이 땅, 이 거리에서 무엇을 보고 느끼는가.

우리는 우리의 것들 - 우리 자신의 몸, 우리의 삶과 문화, 우리의 산하에 대해 너무 무지하거나 무관심했던 것이 아닌가. 암스텔담의 밤거리에서 호기심에 빛나던 눈동자로, 그 깨어 있는 관심으로 이 땅 이 삶을 다시 보아야 한다. 눈을 뜨고 귀 기울이고 새롭게 보고 새롭게 듣고 새롭게 느껴야 한다. 이 땅을 보고 그 소리를 듣고 그 맛을 느껴야 한다. 이제 우리의 얼굴을 되찾아야 한다. 남의 흉내내기에 급급한 모습이 아니라 오래된, 그러나 늘 새로운 우리의 얼굴 그 참모습을.

생태적 삶, 새 천년을 위한 생태적 대안은 지금 내가 밥 먹고 똥 싸며 씹하는 여기, 바로 이 자리에서 이루어져야 하는 것이다. 이 몸뚱아리를 떠나면 이 생명이 없듯이 이곳 이 땅을 떠나면 우리의 내일 또한 없는 것이다.

　이것은 새로운 여행이다. 그렇다. 우리는 머물러 있으되 언제나 떠나는 존재가 아닌가. 지구 반 바퀴를 돌아 내가 다시 깨닫는 것은 내 가까운 것부터 관심 갖기, 그래서 사랑하기이다. 이번 여행에서, 새 천년을 위한 유럽연수를 통해 얻은 것은 이것이다. 이 몸, 이 땅을 사랑하기. 몸의 사랑을, 그 몸의 일상적 삶의 충실과 그 사랑을 통해 마침내 이 땅과 하나로 살기. 저 동강의 신음과 새만금의 개펄의 고통을 한 몸으로 느끼기.

　또 있다. 함께 동행했던 이들이 이 땅의 새 천년을 위한 여정에서의 도반이 되어 돌아온 것이 그것이다. 세상에 대해 덜 집착하면서 더 깊게 사랑할 수 있음을 믿게 된 것, 이 또한 큰 기쁨이 아니겠는가.

| 1999년 6월 |

# 3 살아남기

# 살아남기, 자연에 의지하기

사태가 심상치 않다. 지금 우리가 당면하고 있는 위기는 단순히 일자리의 축소, 실질소득의 감소 등에 따른 경제적 고통 차원의 문제가 아니라 우리의 생존 자체를 근본적으로 위협하는 문제이기 때문이다.

환경오염으로 인한 지구생태계, 생명계에 대한 재난이 위험 수위를 넘어선 것이 비단 어제오늘의 일이 아니지만, 특히 최근 들어 더욱 심화되고 있는 세계 전역에 걸친 홍수, 태풍, 가뭄 등 대규모 기상이변으로 인한 재해와 겹쳐 이제 인류 생존 자체가 치명적으로 위협받고 있는 것이다. 지금 우리는 백 년 또는 수백 년 만에 한 번 올까말까하는 이변이 오히려 일상화된 상황 속에서 살아가고 있는 셈이다.

**계절의 실종과 생존 위기**

지난해에 이어 올해도 이 땅에서 봄이 없어졌다. 한 계절이 실종된 것이다. 얼음이 풀리고 새싹이 돋으며 잠깐 봄인 듯 싶다가 어느새 여름 날씨로 되어 버렸다. 이처럼 사계절이 뚜렷하던 이 지역이 오월에 코스모스가 피고 아열대성 기후로 바뀌고 있는 것은 지구 온난화 때문이라는데, 이는 인간의 산업활동에 의해 생겨난 온실효과 때문임이 이제 과학적으로도 입증되고 있다. 연구에 따르면 지난 1,000년 간 지구 표면의 온도 중에서 20세기의 온도가 가장 높았으며 지구온난화의 절반 정도가 70년대 후반에 발생했고 그 가운데서도 지난해(1998년)가 가장 더운 해였다는 사실도 밝혀졌다. 이런 사실들을 미루어 보건대 아마도 올 여름은 더욱 무더운 계절이 될 것 같다. 산업문명 그 자체를 바꾸지 않고서는 지구온난화가 더욱 심화될 수밖에 없기 때문이다.

문제는 단지 온난화뿐 아니다. 지금 지구촌에 사는 모든 사람들, 대도시뿐 아니라 북극의 오지에 사는 사람들까지 체내에 PCB, DDT, 다이옥신과 같은 유독성 화합물을 비롯한 미량의 잔류 화학물질을 가지고 있는 것으로 밝혀졌다. 그리고 이제 그 독성물질은 어머니들의 임신과 수유(모유에 포함된 환경호르몬 물질인 다이옥신의 농도가 기준치의 26배나 되는 것으로 밝혀짐. 99년:일본 후생성)를 통해 화학적 유산을 다음 세대로 물려주고 있는 상황으로까지 되었다. 우리가 물질적 편리와 풍요를 위해 사용했던 그 유독성 화학물질들이 다시 우리 몸 속으로 돌아와(유독물질의 90%는 음식을 통해 다시 섭취) 그것이 대물림되고 있는 것이다. 결국 인간이 버린 쓰레기의 최종 종착역은 인간이다. 되갚음인 것이다. 세상에 공짜가 없는 것이 거스를 수 없는 우주 대자연의 법칙이 아니던가. 쓰고 버리는 삶과 그 문명의 필연적인 대가로 새로운 원죄가 시작된 것이다.

광범위한 인공적 화학물질들이 호르몬 등 성적 발달과 생식 문제들에 어떻게 작용하는지는 테오 콜본과 그의 동료들에 의해 저술된 『도둑 맞은 미래』에서 잘 규명하고 있다. 이같은 인공적 화학물질들은 정자수 감소, 불임, 생식기 기형 및 호르몬이 유발하는 유방암, 전립선암과 같은 각종 암뿐 아니라 신경학적 이상도 일으킨다는 것이다.

복합오염시대, 온통 유전자 독극물의 천지에서 안전할 수 있는 사람은 이제 아무도 없다. 독극물에 오염되면 수정이 잘 안 될 뿐 아니라 유산, 사산, 기형아 등의 출산 확률이 높아질 수밖에 없는 것이다. 이처럼 우리 생활 속에 만연한 이런 화학물질은 생리적 독성을 일으키는 것 이외에 특수독성으로서 돌연변이를 일으키는 변이원성, 발암성, 최기형성(催奇形性) 물질이 있는 것으로, 발암물질과 돌연변이를 일으키는 변이원성 사이에는 90% 이상의 강한 상관관계가 있음이 드러나고 있다.

어디 그뿐인가. 현대인의 정신적 불안과 인간성의 파괴라는 사회 윤리적 문제조차 환경오염과 무관하지 않다는 것이 입증되었다. 대기가 오염되면, 오염된 대기 속의 납, 망간 등 중금속이 뇌에 침투하여 뇌의 신경교 세포기능을 차단, 교란하여 살인, 성범죄 등 폭력적이고 반사회적인 범죄를 유발하는 주요한 원인이 된다고 한다. 이같은 원인으로 대기가 오염된 지역은 그렇지 않은 지역에 비해 그 범죄 발생 비율이 3배 이상 높다는 것이 밝혀진 바 있다.

우리의 서울 하늘에선 지난 95년 10월 이후 더 이상 무지개가 뜨지 않고 산성 비, 산성 눈, 산성 안개에 이어 이제 이 지상에서 가장 맑고 순수한 것으로 상징되던 아침 이슬마저 산성 이슬이 되어 맺히고 있으며, 수도권 대기 속에는 인간이 알고 있는 것 중에서 가장 독성이 강한 화학물질이며 인간의 종족 번식에 치명적인 영향을 끼치는 다이옥신이라는 환경 호르몬 물질까지 검출되고 있는 것이다.

30년 전에 이미 레이첼 카슨은 인공 살충제 등 인간이 만든 화학물질로 인한 시급한 위험들을 경고했다. 이제 그 경고대로 재앙이 우리 앞에 현실로 드러나고 있는 것이다. 레이첼 카슨의 마지막 경고는 이렇다.

"동물실험에 의해 그 효과가 축적된다고 증명된 매우 유독한 화학물질들에 우리들 대부분은 노출되어 있다. 이제는 그 위험은 출생 때나 출생 이전부터 시작되고 있기 때문에 우리가 삶의 방식을 고치지 않는 한 현재 살고 있는 사람들의 일생을 통해 지속될 것이다. 이전에는 이런 경험을 한 적이 없으므로 그 결과가 어떻게 나타날지는 아무도 알 수가 없다."

우리의 경우 최근 10년 사이에 정신질환이 3배 이상 늘어났고 이로 인한 사망자는 10배 이상 증가했으며, 전 국민의 20%가 불안, 우울, 정신분열, 약물중독 등의 정신질환을 앓고 있다는 통계가 있다. 급기야 이제는 초등학생 1년 생의 8%가 정신질환을 앓고 있는 것으로까지 나타나고 있다.

**전면화된 재앙**

지금 우리들 대부분은 거의 웃지 않는다. 웃을 줄 아는 동물이라던 우리 인간들이 갈수록 웃음을 잃어 가고 있는 것이다. 특히 문명화할수록, 도시화할수록 갈수록 웃음은 사라졌다. 지난 40년 전에 비해 웃는 회수는 3분의 1 이하로 줄어들었다. 어린이들이 하루에 평균 400번 이상 웃는데 비해 성인들은 15번도 채 웃지 않는다고 한다. 웃음이 가장 좋은 보약이라는데도 왜 우리는 갈수록 웃음을 잃어 가고 있는가. 생명의 건강성과 활력이, 삶의 의미와 보람이 사라진 자리, 우리에게 남겨진 것은 무엇인가.

우리는 지금 불안하다. 우리의 삶, 일상생활 자체가 온통 불안으로 가득차 있다. 독일의 사회학자 울리히 벡은 이제 우리는 '배고프다' 라고 외치는 사회에서부터 '두렵다' 라고 외치는 사회가 되었다고 지적한다. '위험' 이라는 것이 현대 사회의 중요한 핵심적 요인으로 되어 버림에 따라 우리 사회는 이제 산업사회에서 위험사회로 이행되었다는 것이다. 그러나 지금 우리 사회는 단지 위험한 사회만이 아니다. 우리가 처한 위기는 더 근원적이기 때문이다. 우리가 느끼는 불안, 그 두려움은 생존 자체에 대한 근원적인 문제인 것이다.

지난해 가을, 코넬대학은 『일상생활이 우리를 죽이고 있다』는 충격적인 보고서에서 전 세계 사망인구의 40%가 환경오염 또는 환경과 관련된 질병으로 죽었다고 발표했다. 이 보고서는 또 최근 엘니뇨 등 이상기후가 이같은 수치를 더욱 높일 것이며, 사람이 넘치는 도시생태계에서는 잊혀졌던 질병들이 다시 발생하고 새로운 질병까지 만연하게 될 것이라고 지적하고 있다. 특히 온난화 등으로 야기되는 기상이변은 보도 듣도 못한 새로운 질병을 발생시키고 있다고 경고하면서, 매년 공기 오염물질이 40~50억 명의 건강에 악영향을 끼치고 있으며 수백만 명이 환경재해자가 될 것이고 특히 주거지역의 오염으로 인해 필사적으로 먹거리를 찾아 나서는 수많은 난민들이 발생할 것으로 전망하고 있다. 이제 우리가 처한 위기 상황은 단순한 징후가 아니라 절박한 생존의 현실이 되고 있는 것이다.

그 동안 우리는 물질적 풍요와 삶의 편리를 문명의 진보와 행복의 기준으로 삼아 왔다. 그러나 이를 위해 자연을 약탈, 파괴하고 생명을 상품화하고 존재가치를 수단으로 삼아 온 결과 지금 우리는 생존 그 자체를 우려하지 않을 수 없는 상황에까지 이르게 된 것이다.

이같은 재난 가운데서 가장 우려스런 사태가 곧 식량 부족으로 인한 재앙이다. 식량대란은 이미 시작되고 있다. 바로 휴전선 너머에서 수백만의 사람들이(미국의 존스 홉킨스 대학의 연구에 의하면 지난 3년 간 식량 부족으로 인한 아사자 수는 최소한 210만 명 이상을 넘어설 것으로 추산하고 있다. 이는 북한 전체 주민의 10%에 달하는 숫자이다) 굶어 죽어갔고, 지금 식량 위기로 인한 재앙은 지구촌 전체에서 더욱 심화되어 이제 식량 자급도가 30%에도 채 못 미치는 우리의 목숨줄을 구체적으로 위협하고 있다. 이미 세계 어장의 60%가 고갈 상태에 직면하고 있으며 양쯔강 유역의 홍수는 더 이상 우리의 목숨줄과 무관하지 않다.

사태가 이렇게 될 수밖에 없으리라는 예측은 이미 오래 전부터 있어 왔지만 막상 이처럼 재앙이 눈앞에 덮쳐 오는 모습을 보면 두려움이 앞서지 않을 수 없다. 지구 온난화, 사막화, 기상이변 등 재앙의 근본원인이 모두 우리 인간들이 저질러 온 어리석은 탐욕에서 비롯되었기 때문이다. 결국 자업자득인가.

이 세상, 이 "지구는 우리의 생존을 위해서는 풍요로운 곳이지만 인간의 탐욕을 위해선 궁핍한 곳"이란 경구가 아니더라도, 삶의 진정한 요구에 의해서가 아니라 인간의 탐욕에 바탕을 둔 편리와 풍요와 쾌락을 위해 환경을 파괴하고 자연을 착취하는 생산양식, 이른바 반자연적인 산업문명과 쓰고 버리는 식의 파괴적인 소비생활이 언제까지 지속될 수 있을 것이라는 생각은 애시당초 환상일 수밖에 없는 것이다. 그럼에도 우리는 줄곧 이 한 길을 달려왔고 이제 막다른 벼랑 끝에 떨어지는 상황이 되었다. 어쩌면 죽음의 벼랑에서 떨어져 내리고 있는 이 순간에도 우리들 대부분은 아직도 잘 달리고 있다고, 이 길을 계속 달려가야 한다고 믿고 있는지도 모른다. 작금의 IMF 사태에 대한 진단과 처방에서 보듯 여전히 우리는 오로지 물질적인 경제성장을 위한 경쟁력과 효율성 강화의 논리에만 하나같이 매달려 있기 때문이다. 우리가 당면하고 있는 경제적 난국이라는 것도 결국 그 본질이 자연의 원리와 법칙에 반하는 잘못된 생산양식과 탐욕적인 소비생활 방식에서 비롯된 것이 자명함에도 말이다.

IMF 위기라는 것이 우리나라만의 고통이 아니듯 이른바 아시아적 경제의 위기라는 것 또한 아시아만의 경제적 위기가 아님은 입증되고 있다. 세계 경제공황이 이미 시작되었다는 주장뿐 아니라 공업화 중심의 산업문명과 자본주의 자체의 종말에 대한 예측까지 분분한 상황 속에서 분명한 것은, 지구 천연자원의 30%가 불과 지난 25년 사이에 고갈되었다는 지적에서 보듯이 물질에너지의 한계가 드러났고 이제 더 이상 무한성장 신화의 허구성이 지속될 수 없다는 사실이다.

## 문명의 종말과 혼돈

한 세기가, 한 문명이, 그리고 인류 천년의 역사가 저물고 있다. 새로운 세기, 새로운 천년과 그 문명은 무엇인가. 갈수록 재앙은 심화되고 혼돈 속의 어둠은 짙어 가는데 아직 새 길은 뚜렷하지 않다. 모두가 불안하다. 이제 어디로 어떻게 갈 것인가. 인류문명사적 전환기, 지금의 산업문명이 그 자체의 한계로 종언을 고할 수밖에 없다면 새로운 문명은 무엇인가.

이와 관련하여 지구생태학자이며 문명사가이기도 한 토머스 베리는 보다 근본적인 진단을 하고 있다. 그는 현대가 문명사적 전환을 넘어서서 지구 차원의 지질학적이고 생태학적인 대이변의 전환기에 처해 있다고 주장하고 있다. 지구생태계는 6천5백만 년 전에 시작된 신생대의 시기가 끝나가는 단계에 도달했다는 것이다. 그가 신생대가 끝나간다고 주장하는 이유는 현대 산업문명이 지구의 생태계를 근본적 차원으로부터 변화시켰기 때문인데, 현대 산업문명은 인간사회의 구조와 기능만을 몹쓸 쪽으로 변화시킨 게 아니라 지구의 화학적 성질과 생태계와 지형, 심지어는 지리적 구조까지 변화시켰으며, 더 나아가 지구 표면에 해당되는 오존층까지 변화시켰다는 것이다.

그의 말대로 우리가 살고 있는 지구를 우리가 황폐하게 만들고 있다는 사실은 지구 위에서 수천만 년 또는 수십억 년 동안 발전해 온 역사를 우리 스스로 거부하는 일로서 이는 46억 년의 지구의 역사에서 그 유례를 찾을 수 없는 매우 위태로운 짓임이 분명하다. 때문에 지금 지구상에서 일어나는 변화는 예전의 인류의 역사에서는 찾아볼 수 없는, 역사적 변화나 문화적 변화를 능가하는 근본적인 변화인 것이다. 지구의 지각 형성과 생명의 발생, 그리고 인류의 출현 이후 이처럼 중대한 변화가 일어난 적은 없었기 때문이다.

그러므로 지금 인류가 직면하고 있는 변화는 단순히 하나의 역사적 전환기나 문명사적 전환기가 아니라 지구의 지질학적, 생태적 전환기라는 것이다. 그는 신생대가 끝난다는 근거로서 생물의 멸종 현상을 들고 있다. 베리에 의하면 고생대가 끝날 무렵인 2억 2천만 년 전과 중생대가 끝날 무렵인 6천5백만 년 전에도 대규모의 멸종이 있었고 최근에 다시 지구 차원의 대규모 멸종이 일어나고 있다는 것이다.

생물의 멸종 문제는 그 동안 국제자연보전연맹, 세계환경보전연맹, 세계자연보호기금 등에서 구체적인 근거를 제시하면서 그 위험성을 줄곧 경고해 왔다. 이와 관련하여 최근 세계 식물학자 단체인 '국제식물총회(IBC)'는 현재와 같은 속도로 자연환경 훼손이 계속될 경우 100년 뒤에는 조류, 포유류, 식물 등 동식물의 3분의 2가 멸종될 것이며, 21세기 중반에 이르면 열대우림 지대의 95%가 파괴될 것으로 전망하고 있다. 식물의 경우 지구상의 30만 종 중 이미 5만 종이 멸종 위기에 놓여 있으며 앞으로 25년 동안만 현재와 같은 추세로 계속된다면 21세기말에는 20만 종이 지구상에서 사라질 것이라는 예측이다. 식물이 멸종되면 필연적으로 동물의 멸종이 뒤따르게 될 것인데, 이같은 사태로 지상의 동물도 향후 100년 간 3분의 2가량 멸종될 것이라는 경고인 것이다.

지금 하루에도 무려 100여 종이 넘게 생명체들이 이 지상에서 사라지고 있는데 이같은 대규모 멸종현상은 인간의 생존과 결코 무관할 수 없다. 이 지상에서 어떤 종이 사라져 간다는 것은 단순히 다양성의 파괴만을 의미하는 것이 아니다. 그것은 한 생명, 지구에 사는 하나의 공동체인 그 생명의 순환고리가 끊어지고 차단되었음을 의미한다. 저 창밖의 나무가 없어지면 우리 또한 존재할 수 없는 것이기 때문이다.

수십 년 간 멸종 문제를 연구해 온 폴 에얼리히는 대규모의 동식물 멸종으로 인해 인류는 끔찍스러운 핵전쟁의 참화와 비슷한 결과를 초래할 것이라고 우려한다. 그는 핵폭발 이후 핵겨울에 뒤따르리라 예상되는 상황과 마찬가지로 연속적인 멸종 이후에는 이 지상에 전면적인 기아와 전염병이 번져 갈 것으로 예상하고 있다.

이는 지구생태학자인 제임스 러브록의 경고와도 동일하다. 지구가 그 자체로 살아 있는 행성이라고 인식하고 이에 따른 가이아(Gaia)학설을 주창하고 있는 러브록에 따르면 열대림의 70~80% 이상이 일단 파괴되면 그 나머지로는 기후를 더 이상 지탱할 수 없게 되고 그 결과 지구 전체 생태계가 붕괴될 수밖에 없다는 것이다.

지금과 같은 속도로 간다면 금세기 안에 열대 숲의 65%가 제거되어 버릴 것이며, 그렇게 된 뒤에는 순식간에 숲이 사라져 버려 그 지역에 사는 수십 억의 가난한 사람들은 사막 속에 방치될 것인데, 이것은 그 규모에서 어떤 핵전쟁보다 더 심각한 위협이라는 것이다. 그는 또한 온실효과로 인한 지구온난화 등 임박한 재난에 덧붙여서 지구는 다음 수십 년 동안 중요한 변환기를 겪을 것이며, 우리는 지금 임박한 주요 기후변화의 초입에 들어서고 있는데, 이 변화는 빙하시대부터 지금까지 있어 온 것보다 두 배 혹은 여섯 배나 큰 변화가 될지 모른다고 경고하고 있다.

사실 이같은 경고와 지적이 아니더라도 생각해 보면 인류가 그토록 추구해 왔던 물질적 발전과 진보라는 것이 얼마나 취약한 것인지, 그리고 지금 인류가 새로운 대안으로 내세우고 있는 이른바 정보화사회 또는 그 문명이라는 것의 정체가 어떤 것인지를 쉽게 알 수가 있다.

95년, 한신 대진재(大震災)로 불렸던 저 고베(新戶)의 지진의 경우, 불과 한 순간에, 일본이 자랑하던, 아니 현대 문명이 자랑하던 첨단 전자 시스템의 눈부신 기술과 물질문명의 편리함과 풍요로움은 참으로 눈 깜박할 순간에 무용지물이 되고 말았다. 전기, 수도, 가스 등 이른바 현대 문명사회, 도시문명의 첨단생활을 유지해 주던 목숨줄인 라이프 라인(Life line)은 한 호흡도 안 되는 찰나에 끝장나고 그 문명을 건설했던 인간들은 추위와 암흑과 배고픔과 목마름 속에서 생존의 불안으로 떨어야 했다. 참으로 우리는 모래성을 쌓아 놓고 그것이 결코 무너질 리 없다고 주술처럼 되뇌어 왔는지 모른다.

지금 정보화만이 새로운 대안이라 믿고 그것에 인류의 내일을 위탁하려는 사람들이 있다. 과연 인터넷의 사이버공간에서 제공되는 가상현실을 통해 오늘 우리가 당면한 생존 위기와 삶의 불안을 해결할 수 있을까. 그것은 기본적으로 환상이다. 연구에 따르면 가상공간에서 무제한적 만남을 선물하는 것으로 선전된 그 인터넷이 실제로는 인간에게 외로움과 우울증을 오히려 더해 주는 것으로 나타났다. 미국의 카네기 멜렌대 연구팀에 의하면 일주일에 인터넷을 1시간 사용할 경우 이로 인해 우울증의 강도가 평균 1% 올라가고 사귀는 사람들의 수(평균 66명)는 2.7명 줄어들며, 고독감 지수는 0.4% 높아지는 것으로 분석되고 있다. 전자우편으로 유지되는 얄팍한 가상공간 관계는 사람의 심리적 안정감과 행복감 형성에 필요한 상호 의지와 따뜻한 정을 주지 못하기 때문이다.

이처럼 정보화의 한계는 처음부터 본질적일 수밖에 없는 것이다. 그것은 정보화란 현대 과학의 산물로서 현대 산업문명과 동일한 세계관에 바탕하고 있기 때문이다. 속도경쟁, 자연과의 단절, 관계의 단절에 바탕한 이러한 정보화 문명을 통해서 인류의 당면한 생존 위기를 극복할 수 없다. 정보화를 통한 편리함과 풍요로움이란 삶을 위한 하나의 방편일 뿐 그 자체가 목적일 수는 없는 것이기 때문이다.

## 살아남기

이 위기의 시대, 어떻게 살아갈 것인가. 아직도 우리는 '지속 가능한 개발'이 목표인가. 미래 세대의 욕구를 충족시킬 수 있는 능력을 손상치 않고 현재의 필요를 충족시킬 수 있는 개발양식이라는 것이 과연 가능한 것일까. 생각해 보면 이것 또한 관념적인 개념에 불과하다. 그렇다면 이른바 이를 보완한 개념으로 제시된 '환경적으로 건전하고 지속 가능한 개발'(ESSD, 92년 : 리우 환경회의)은 새로운 대안이 될 수 있는가. 불행히도 지금 일어나고 있는 재난으로 보건대 전혀 그럴 것 같지 않다. 이제 더 이상 지속 가능한 개발이 아니라 인류의 당면과제는 어떻게 '지속 가능한 생존'을 이루어 갈 것인가의 문제임이 분명하기 때문이다.

한 천년이 마감되는 20세기의 후반에 들어 인류가 자신들이 저지르고 있는 행위의 의미를 자각하면서 제기한 화두가 '지속 가능한 개발'이었다면 이제 새 천년의 화두는 '지속 가능한 생존'일 수밖에 없는 것이다. 이처럼 지금의 위기는 한마디로 우리 인간을 포함한 지구 전 생명계의 위기이며 그런 점에서 지금을 생명 위기의 시대라고 할 수 있다. 따라서 '생명 위기 속에서의 생명 살림'이란 이 시대를 사는 모든 개인의 삶과 사회집단의 운동에서 최우선적인 과제와 목표가 아닐 수 없다. 생명 살림, 그것은 가치관과 운동 목표에 대한 근본적인 관점을 요구하는 일이다.

지금 우리에게 가장 절실한 것이 무엇이냐고 묻는다. 종말론적인 위기 앞에서 살아남기, 이 혼돈과 재앙에서, 무너져 내리는 이 위기 앞에서 살아남는 것, 그것이 대답이다. 그렇다. 생명의 위기 속에서 살아남는 것보다 더 시급하고 중요한 것이 있는가. 문제는 과연 어떻게 살아남을 수 있는가에 있다. 어디로 갈 것인가. 살아남기 위해서는 지금 이대로가 아닌 새로운 길, 새로운 생각, 그 가치관과 새로운 삶의 방식을 찾아야 한다.

이를 위해서는 무엇보다 먼저 우리의 삶과 문명에 대한 반성적 성찰이 필요하다. 일상적으로 길들여진 마취에서 깨어나 사태의 절박성을 바로 보아야 한다. 위기에서 살아남을 수 있는 길은 무엇인가. 이를 위해서는 먼저 도시문명, 현대 문명의 편리함과 풍요로움의 정체를 꿰뚫어 보아야 한다.

자본주의사회는 현란한 광고와 미디어 등을 통해 이른바 상품이 갖는 사회적 권위와 여유에 대한 욕망을 조작해 내고 그 욕망에 따라 상품은 생산되고 소비된다. 상품이 생산됨에 따라 소비하는 것이 아니라 소비가 생산을 규정하고 있는 것이다. 곧 필요에 따라 소비하는 것이 아니라 사회가 만들어 내는 욕망에 따라 소비되는 것이다. 욕망은 계속 만들어지고 그 결과 끝없는 욕망의 추구는 결국 공허함만 남기게 될 뿐이라고 장 보드리야르는 지적하고 있다.

그렇다. 우리는 산업문명, 끊임없이 소비를 강제하는 그 사회구조 속에서 진정한 쓸모가 무엇인지를 잊어버렸다. 무엇이 정말로 소중한 것인지, 생존을 위해서, 우리 자신의 존재를 위해서 정말 필요한 것이 무엇인지 알아채는 그 분별지(分別智)조차 상실해 버린 것이다. 결국 소비사회에서 우리가 누리는 풍요와 편리란 자연생태계뿐 아니라 우리 자신마저 쓰고 버리는 또 다른 소비 대상으로 만들어 버림으로써 자신의 존재 자체를 상실케 하는 것이다.

누군가 지적했듯이 비록 물질적으로 풍요롭다고 한들 인간다운 삶이 무너지고 있다면 무슨 의미가 있으며 편리한 삶이 이루어졌다고 한들 생명이 위협당하고 있다면 무슨 소용인가. 사람을 위한 경제성장이 오히려 사람의 생명을 위협하는 사태 앞에서 지금 우리가 누리는 물질적 풍요와 편리와 화려함이란 과연 무엇인가를 되묻지 않을 수 없는 상황에 처해 있는 것이다.

이제 어떻게 할 것인가. 어떻게 하는 것이 닥쳐오는 이 재앙에서 살아남는 길인가. 환경재난과 기아의 시대를 사는 길, 그 길은 하나뿐이다. 지금 우리의 삶과 문명이 생명의 근원이자 모태인 자연생태계를 파괴·약탈하고 소모·고갈시키며 죽이는 방식에 바탕을 두었다면 이제는 자연과 더불어 조화를 이루며 살아가는 길뿐이다. 우리의 불안, 존재 저 깊은 곳에서부터의 두려움은 우리가 생명의 근원으로부터 뿌리뽑힌 존재라는 자각 때문이다. 지금의 위기가 자연을 거스르는 문명과 그 삶의 방식이 초래한 것이라면 모든 생명의 근원인 자연의 이치에 따라 사는 삶의 지혜를 찾아 자연의 풍요에 동참하는 길이 생존을 위한 대안이자 건강하고 바른 삶의 길인 까닭이다.

생각해 보자. 이 지구상에 살고 있는 생명 중에서 인간을 제외한 어떤 생명체가 자연을 거스르면서 자기 생존을 유지해 가는지를. 자연 속의 생명체들은 모두 자연에 의지함으로써 자기 생존에 필요한 모든 자원을 스스로 마련해서 살아가고 있다.

우리 모두를 고통스럽게 만들었던 IMF 위기라는 것도 한마디로 비자립적인 삶, 그 살림살이의 위기라면, 우리 스스로 자립적인 삶을 꾸려가지 못하는 한 당면한 경제적 위기로부터도 결코 벗어날 수 없다. 결국 건강한 삶, 자립적인 삶이란 자연적인 삶이며 그것은 자연을 의지처로 삼아 우주 자연의 법칙에 따라 사는 삶이다. 자연이 자신을 유지하면서 그 속에 깃든 모든 생명을 기르고 먹여 살리며 풍요를 누리는 원리를 배우고 따르는 것, 그것이 자립적이고 지속가능한 생존을 위한 유일한 방안임은 이제 분명해졌다. 그렇다면 어떻게 사는 것이 자연의 원리에 따르는 삶인가.

## 자연에 의지하기

인류가 밝고 새로운 미래를 창조하기 위해선 자연을 경쟁적 관계가 아니라 친화적이고 협동적인 관계로 이해해야 하며, 그러기 위해선 무엇보다 우선 자연의 방식을 더욱 철저히 이해하고 이를 따라야 한다고 빅터 사우버거는 지적하고 있다. 그는 진정으로 자유로운 사람만이 대지를 기반으로 살아갈 수 있으며 대지의 질서를 어기는 자는 어머니 대지 위에서 살아갈 자격이 없다고 설파한다. 자연에 맡겨라(爲自然). 인위(人爲)가 그 한계를 넘어 재앙으로 치닫는 사태에서 천지자연이 어떻게 뭇생명을 길러 내는지 그 법칙을 배우고 따르는 삶의 지혜가 참으로 절실하지 않을 수 없다.

진정한 행복이란 무엇인가. 우리가 참으로 행복감을 느낄 수 있으려면 자연과의 조화 속에서 자립적인 인간으로 사는 것뿐이다. 진정한 자아, 자부심을 느낄 수 있는 삶이란 자립적인 삶, 평정한 마음, 그리고 지금 살아 있다는 행복감이라고 한다. 우리의 삶이 자립적이고 행복해지기 위해서는 자연과 함께 하는 삶의 풍요로움이 전제되어야 한다. 자연과의 교감이 없으면 행복하게 사는 것 자체가 불가능하기 때문이다.

자연을, 흙을 의지처로 삼는 삶이란 자연과의 조화 속에서 만물의 어머니인 자연이, 그 땅이 주는 풍요로움에 동참함으로써 우리의 삶을 풍요롭고 넉넉하게 일구어 가는 일이다. 옛 조상의 삶, 인디언의 삶의 지혜가 그 한 본보기일 것이다. 땅을 토대로 한 간소하고 올바른 살림살이와 그 단순 소박함 속에서 자연이 주는 풍요로움을 실현해 내는 것만이 지금 여기서 살아 있다는 행복감을 느낄 수 있는 길임과 동시에 우리가 살아남을 수 있는 길이며 새로운 미래를 열어 갈 수 있는 길이라 할 것이다.

지금 우리가 농촌으로 돌아가자고 하는 것은 고향이 농촌이기 때문이 아니라 우리 모두의 삶의 근거, 우리 존재의 뿌리 그 근원자리가 농촌이고 흙이기 때문이다. 농업이야말로 인간이 자연을 이해하고 그 원리와 질서에 따라 지속적인 삶을 실현할 수 있는 유일한 방안이기 때문이다. 인류의 불행은 산업화를 통해 농업을 포기한데서 비롯되었다는 경구처럼 자연을 약탈하는 데 그 기반을 둔 도시산업문명에 대한 유일한 대안이 인간과 자연이 공존하는 순환공생의 농(農)적 문명이기 때문이다.

이처럼 농촌, 농업생태계는 인간과 자연이 공생할 수 있는 마지막 보루이다. 땅이 죽으면, 농촌·농업이 죽으면 그 어떤 미래도 없는 것이다. 지금 우리의 병든 심신을 치유하고 그 삶과 사회를 치유하는 유일한 길은 땅의 치유력을 다시 회복하는 길뿐이다. 그러므로 농촌으로 돌아가는 삶이란 농업을 통해서 우리에게 멀어진 땅과 자연으로 다시 다가섬으로써 자연이 준 본원적인 생명의 건강성을 회복하는 일이며 자립적이고 지속적인 삶과 문명을 실현하는 일이라 할 것이다.

생명의 소중함을 체험하고 자연의 신비를 이해하는 데는 직접 몸으로 그렇게 사는 방법이 최선이다. 그러므로 우리의 아이들이 생명이 움터 자랄 수 없는 아스팔트 시멘트를 벗어나, 자연 속에서 뛰놀며 생명을 기르고 가꾸고 돌보면서 생명의 소중함을 깨치고 더불어 함께 살아가는 이치와 지혜를 익히는 일은 아이들의 생명력과 감성을 회복시키는 일이며, 그 아이들이 이루어 갈 새로운 내일의 문명을 준비하는 일이다.

### 공멸에서 상생으로

불행히도 우리에게 선택의 기회는 많지 않다. 설혹 닥쳐오고 있는 이 재앙을 피할 길이 없다 할지라도 지금은 과연 어떻게 사는 것이 건강하게 사는 길이며 제대로 사는 것인지를 우리 스스로에게 물어야 할 때이다. 그리고 시간이 허용되는 동안만이라도 자연과 조화를 이루는 삶의 건강성과 풍요로움을 누려야 할 때이다. 삶을 바꾸지 않는 한 인류의 미래는 없다. 지금은 우선 살아남아야 한다. 혼돈과 환란이 임박한 이 재앙 속에서 살아남는 것이 유일한 대안인 것이다.

살아남기, 그래서 새로운 삶과 그 문명을 열어 가기, 모두 함께 죽어가는 공멸의 생존 위기에서 더불어 함께 사는 공생의 상부상조로, 죽임의 문명에서 살림의 문명으로 나아가기 위해서는 먼저 깨어 있어야 하고 우리의 삶의 방식을 새롭게 바꾸어야 한다. 지금은 어느 때보다 깨어 있음이 절실할 때다. 우리 자신과 우리 주변에서 시방 무슨 일이 벌어지고 있는가. 지금 우리가 직면한 위기, 그 위험이 무엇인지를 알아채지 못하면, 인간은 미래를 예견하고 예방할 수 있는 능력을 잃어버리고 그래서 마침내 지구를 파괴함으로써 자멸하고 말 것이라고 했던 알버트 슈바이처의 경고대로 우리 또한 열탕 속의 개구리처럼 죽어갈 수밖에 없는 것이다.

이제 물질문명의 풍요로움, 쓰고 버리는 삶의 편리함, 도시문명의 화려함의 정체와 그 대가가 무엇인지를 알아야 한다. 그리고 동시에 우리 내면에 또아리 틀고 있는 저 야만성 또한 직시해야 한다. 물신숭배에 세뇌되고 중독된 우리의 탐욕과 그 두려움을 바로 보아야 한다. 그래서 근본에서 다시 생각해야 한다. 이대로는 안 된다. 무엇이 살길인가. 참으로 중요한 것이, 소중한 것이 무엇인가. 무엇이 근본인가를 묻고 또 물어야 한다. 이같은 자신의 존재와 그 삶을 위한 반성적 성찰을 통해서 거듭남, 그 정화의식(淨化儀式)이 이루어져야 한다.

거듭나기, 그것은 우리는 우주 대생명의 한 부분이며 본질적으로 우리 모두가 한 생명이라는 자각, 어머니 자연에 의지할 때 우리는 무한히 풍요롭다는 자각, 그런 깨어 있는 통찰력에서 온다. 존재하는 모든 것은 하나의 본성, 거룩한 신성의 드러남이며 우리 모두는 한 생명계, 그 생명나무의 여러 잎새와 꽃이라는 인식, 그런 영성의 회복에서 온다. 생태맹(生態盲)을 극복한 자리에서 상생의 삶과 그 문명을 열어 갈 생태적 인간과 생태공동체가 태어나는 것이다.

생태맹의 극복과 생태적 인간의 탄생이란 농심(農心)의 회복, 모성의 회복과 다른 말이 아니다. 그것은 기르고 돌보는 마음이며 아끼고 섬기는 마음이며 한 생명, 한 물건을 차마 함부로 하지 못하는 마음이고 그런 마음으로 사는 사람으로의 거듭남이다. 이를 통해 우리는 새로운 삶의 존재방식을 찾아내야 한다. 그것이 자연을 읽는 지혜이고 자연을 따라 사는 삶이다.

자연이 자신을 유지해 가는 원리는 상생(相生)과 순환(循環)에 있다. 상생이란 자연 속의 모든 존재물들이 서로가 서로를 살리는 관계 곧, 서로에게 충실한 생명의 밥이 되는 관계이며, 순환이란 밥이 똥이 되고 똥이 다시 밥이 되는 관계라 할 수 있다.

이같은 상생·순환의 원리를 통해서 자연이 자신을 유지하면서도 풍요로운 것은 알뜰함(嗇)과 검소함(儉)에 있다. '아낌'과 '검소함'이야말로 모든 풍요의 근본이며 자연과 더불어 사는 삶의 지혜인 것이다. 아무리 하찮은 물건이라도 버리지 않는 것, 모든 사물이 자기와 하나임을 깨닫고 제 몸을 돌보듯 아끼는 것, 그래서 모든 것들이 제각기 다 자기 존재의 소임이 있음을 알고 불필요한 소비, 그 욕망을 줄이는 것, 이러한 알뜰하고 검소한 삶의 방식이 자족적이며 자립적인 삶의 건강성과 풍요로움을 이루는 도리인 것이다. 자연생태계에 불필요한 낭비가 없고 쓰레기가 없는 것은 이처럼 한 물건이라도 버리지 않는 그 알뜰함과 아낌에 있는 것이다.

생각해 보면 물질적 풍요와 편리에 바탕을 둔 쓰고 버리는 삶이 얼마나 우리 자신의 심신을 황폐화시키고 자연생태계를 파괴해 왔던가. 지금 우리는 얼마나 값비싼 대가를 치르고 있는가.

이제 다시 새롭게 시작하자. 모든 것이 무너진 자리에서 새로운 싹이 돋아 난다. 나무의 가지 끝을 얼어붙게 하는 한겨울의 삭풍 속에서 저 새봄의 찬란한 축제가 시작된다. 종말론적 위기 속에서 살아남기 그것은 근본으로, 다시 생명의 근원자리로 돌아가는 일이다. 그래서 단순 소박한 삶 속에서 자연과 이웃과 함께 어울려 살며 땅에 기반한 작은 마을들, 그 생태적인 공동체마을들을 하나씩 이루어 가는 것이 새 천년의 화두인 '지속 가능한 생존'을 위한 일이다. 그런 점에서 이 시대, 귀농을 통한 삶의 전환은 자연에 의지하여 자립적인 삶을 이루기 위한 구체적인 실천이자 재앙을 대비하는 현실적 대안이기도 하다.

| 1999년 9월 |

# 지금 왜 귀농인가

… 흙에 뿌리내린 자립적인 삶을 위하여

귀농에 대한 관심이 높아지고 있다. 더구나 최근 IMF 위기로 인한 대규모의 실업 사태와 관련하여 이번 기회에 농촌으로 돌아가 농사를 짓겠다는 사람들도 갈수록 늘어나고 있다. 이처럼 귀농을 원하거나 계획하는 사람 중에는 농촌에 연고가 있거나 농사 경험이 있는 사람보다는 오히려 아무 연고나 경험이 없는 사람이 더욱 많이 늘어나고 있으며 또한 그들 대부분이 30대를 전후한 젊은 세대들이라는 특성을 갖고 있다.

물론 귀농에 대한 관심이나 실제 귀농한 인구는 IMF 사태 이전부터 늘어나고 있었고 이는 세계적인 추세이기도 하다. 유럽이나 미국 등 이른바 산업화의 이행 정도가 심화된 나라에서부터 이같은 경향이 구체화되고 있는데 가까운 일본의 경우, 93년을 기점으로 귀농자들이 현저히 증가하고 있고 우리나라는 96년부터 이러한 귀농현상이 구체화되고 있음을 볼 수 있다(귀농자, 95년 992명에서 96년 2,060명으로 급증. 정부통계).

그러면 지금 왜 농촌으로, 농업으로 돌아가고자 하는가. 귀농이 도시적 삶의 부적응과 경쟁사회에서의 탈락으로 인한 도피인가. 아니면 새로운 삶을 위한 전환인가. 지금 귀농이 갖는 시대적 의미는 무엇인가. 어떻게 하는 것이 올바른 귀농인가.

**삶과 문명의 새로운 구조조정을 위하여**

지금 우리가 당면한 이 위기는 단지 경제 위기에만 국한되지 않는 산업사회와 물질문명에 기반한 삶 전체의 위기임이 자명하다. 따라서 지금은 단순한 경제 중심의 산업의 구조조정을 넘어서 삶과 문명에 대한 전면적인 구조조정을 단행해야 할 시기이다. 지금이야말로 건강한 삶, 주체적이고 자립적인 삶과 그 존재를 실현하기 위한 절호의 기회인 것이다.

귀농이란 무엇인가. 귀농이란 도시에서 농촌으로 옮겨 가거나, 다른 직종에서 농업으로 직업을 바꾸는 일에 불과한 것인가. 우리가 농촌, 농업으로 돌아간다 함은 단순히 거주지와 직업을 바꾸는 일이 아니라 우리가 살아가는 방식과 생산양식을 새롭게 바꾼다는 말이다. 그러므로 귀농이란 삶의 가치관에 대한 근본적인 전환이며 새로운 삶의 시작으로서 곧 우리의 지난 삶을 새롭게 구조조정하는 일이라 할 수 있다.

지금 우리는 왜 농촌, 농업으로 돌아가지 않으면 안 되는가. 우리가 농촌으로, 흙으로 돌아가지 않으면 안 되는 가장 큰 이유는 무엇보다 먼저 우리 자신이 살아남기 위해서이다. 귀농이야말로 당면한 생존 위기 속에서 건강히 살아남을 수 있는 유일한 대안이기 때문이다.

오늘날 도시 중심의 반자연적인 구조와 그 속의 대립 경쟁적인, 분열되고 파편화한 삶이 갖는 불안과 위기가 얼마나 심각한 정도인지 그리고 그 토대인 도시문명, 산업문명의 위기와 한계가 얼마나 위태로운 지경에 이르고 있는지는 이제 분명하게 드러나고 있다. 한 잔의 물조차 안심하고 마실 수 없고 대기의 오염물질이 폭력성을 부추겨 범죄를 유발하는(『공기오염과 범죄 유발관계』, 로저 매스터스) 환경생태계의 위기 속에서, 그리고 이제는 생명의 존엄성이 철저히 유린된 채 한낱 상품으로만 취급되는 물질중심주의의 생명경시 풍조 속에서 우리가 그토록 선망하고 추구해 온 현대 도시문명의 물질적 풍요로움과 편리함, 그 화려함이란 과연 어떤 의미가 있는지를 되묻지 않을 수 없게 된 것이다.

문명의 진보, 물질적 풍요와 그 편리함이 인간의 실존적 불안에 대한 해답 제공에 실패했다는 지적처럼 결국 자연생태계의 파괴와 유한한 자원의 소모·고갈에 바탕을 둔 생산양식과 쓰고 버리는 소모적이고 파괴적인 삶의 방식이 초래한 이같은 위기는 이제 그 속에 사는 개인의 삶과 존재의 위기를 넘어 전 인류, 전 생명계, 지구 전체의 재앙으로 전면화되고 있는 것이다.

그러므로 우리가 농촌, 농업으로 돌아가는 것은 이같은 현대 도시문명의 위기와 한계 그리고 이에 따른 심각한 환경생태계의 위기로 인한 재앙으로부터 살아남아 건강한 삶을 도모하며 나아가 그 대안문명을 실현하기 위해서이다. 그러나 지금 우리에게 귀농이 더욱 시급한 이유는 바로 지금, 우리의 눈앞에 다가와 있는 우리의 생명줄인 식량 위기에서 살아남고 이에 대처하기 위해서이다.

## 식량 위기 시대의 생존을 위하여

이제 식량 위기는 결코 다른 나라의 이야기나 훗날의 걱정이 아니라 지금 바로 우리에게 닥쳐와 있는 가장 절박한 생존 문제이다.

식량 위기는 환경생태계의 위기와 더불어 인류의 생존을 위협하는 가장 치명적인 재앙인 것이다. 이미 세계적인 식량 위기는 급격한 경작면적의 감소, 토양생산력의 상실, 농업생태계의 파괴, 식문화의 변화, 인구증가 등으로 갈수록 심화되어 왔는데 이제 지구온난화 등의 기상재난으로 인해 더욱 심각한 상태로 치닫고 있다. 엘니뇨현상과 같은 기상이변은 최근 들어 해마다 연 6% 이상 증가되고 있는데 이로 인한 식량생산의 피해는 참으로 심각하게 나타나고 있다.

문제는 이처럼 심화되고 있는 세계 식량 위기 속에서 식량 자급도가 25%( 그나마 주식인 쌀을 제외하면 5%에 불과)에도 못 미치는 자급도 세계 최악의 국가인 우리나라의 경우 이에 대한 대비책이 거의 전무하다는데 우리 생존의 절박성이 놓여 있는 것이다.

IMF 사태가 단순히 외화 부족이라는 차원을 넘어 민족생존의 위기로 심화되는 원인은 이처럼 외국돈으로 식량을 사 오지 않는 한 우리 목숨줄을 당장 부지할 수 없다는 그 치명적인 약점 때문이다. 그 비극이 바로 휴전선 너머에서 지금도 굶주림으로 죽어가는 북녘 동포들의 참상을 통해서 생생히 입증되고 있다. 이제 북녘동포들의 비극은 휴전선 너머의 불행이 아니라 바로 내일 우리의 비극이고 참상인 것이다.

이제 어떻게 할 것인가. 그 대안은 무엇인가. 그것은 결국 이 땅에서 식량의 자급도를 높이는 길뿐이다. 세계적인 식량 위기 상황에서 그리고 갈수록 위기가 심화될 수밖에 없는 조건 속에서 설혹 식량을 살 수 있는 외환이 충분하다고 하더라도 그것만으로는 결코 안정적인 국민의 생존을 보장할 수 없기 때문이다. 그러므로 이같은 식량 위기 속에서 농촌으로 돌아간다는 것은 곧 기아의 시대에서 자신의 생존을 도모하는 일임과 동시에 식량생산을 통해 식량 자급도를 높임으로서 절박한 민족생존의 위기 해소에 기여하는 일이기도 한 것이다.

## 흙과 함께 하는 자립적인 삶을 위하여

우리의 농촌에서 어린아이의 웃음소리가 들리지 않은 지는 이미 오래된 일이다. 농사를 지을 젊은이들이 거의 떠나고 이제 영농 후계 인력은 10% 정도에 불과한데 그나마 남아 있는 그 소수의 젊은 이들조차 농민으로서의 자부심은커녕 일의 보람과 가치를 상실한 채 실의와 좌절 속에서 고통받고 있다. 농촌마을의 심장인 학교는 폐교(91년~95년까지 5년 동안 농촌지역의 1,257개 학교가 폐교)되고 빈집과 묵은 땅과 노인들만 늘어가는 속에서 마을공동체 또한 거의 대부분 해체되었다.

"생명은 먹거리에 의해 유지되고 먹거리는 농업에 의해 유지된다. 생명의 모임인 사회에 문제가 있다면 그 원점인 먹거리와 농업에 문제가 응축되어 있는 것이다"라는 일본의 어느 유기농 직거래 운동가의 지적처럼 결국 농업, 농사가 바로 서지 못하기 때문에 세상과 사람들이 잘못되고 있는 것이다. 미국의 문명비평가인 루이스 멈포드도 사회가 건전하게 유지되려면 인구의 70~80%가 농사를 짓고 그 나머지의 20~30%가 농업을 토대로 한 비농업적인 일에 종사해야 한다고 주장하고 있다. 이 시대의 현자로 일컬어지던 인도의 P. R. 사카르 또한 새로운 대안사회의 모형을 제시하는 가운데, 균형 잡힌 사회의 배분을 위해서는 농업경제에 30%, 농산물 가공, 농기계 등 농업관련 부분에 25%로, 적어도 인구의 절반 이상이 농업과 관련되어야 한다고 주장한 바 있다.

이같은 주장들은 모두 우리의 생명의 근거가 농업 곧 흙과 자연에 있는 것이며, 땅과 자연과 조화를 이루는 자립적인 삶과 그 문명체계만이 생존 위기와 그 문명에 대한 대안임을 명백히 적시(摘示)하는 것이다.

따라서 농촌으로 돌아가 농촌에 활력을 불어넣어 분해되고 파괴된 마을공동체를 새로 일으켜 세우며 생산력 수탈과 착취에 기반한 파괴적인 농업생산으로 죽어가는 땅을 다시 살려내어 농업을 건강하게 회복하면서 그 속에서 자립적인 삶의 건강성을 실현하는 것 그것이 귀농의 이유이자 목적이다.

## 사랑과 조화로 이루는 삶의 기쁨을 위하여

사람들은 누구나 여러가지 방식으로 자기를 실현하고 그 속에서 살아가는 기쁨을 누리고자 한다. 그러면 과연 정말로 사람답고 풍요로운 삶이란 무엇인가. 월터 리프먼은 사람이 정신적으로 품위있는 생활을 하는 전제조건으로 농업을 통한 삶을 든 바 있다. 그것은 농업문화, 농업이 중심이 되어 있는 삶에서만 사람은 사계절의 리듬에 순응하여 삶을 꾸려가면서 자신보다 더 큰 근원적인 존재를 느끼고 무한한 우주 앞에 경건한 태도를 지킬 수 있기 때문이라는 것이다.

날마다 자연과 만나며 발아래 흙을 느끼는, 그리하여 땅과 그 위에 있는 모든 것들과 조화를 이루는 삶을 온몸으로 즐기며 살았던 스코트 니어링은 농촌, 농업을 통해 이루는 기쁨과 보람을 이렇게 들고 있다. "생명을 돌보고 가꾸는 기쁨, 손으로 만들고 이루는 성취감, 땀흘림을 통한 육신의 상쾌함, 노동을 통해 이루는 만족감, 자연과 함께 하는, 뭇생명과 함께 공명하는 기쁨"이라고.

그렇다. 귀농이란 결코 세상에서 달아나거나 사회에 관심을 덜 가지려는 것이 아닌 생계와 건강과 삶의 가치와 품위를 유지하기 위해 지금 우리가 선택할 수 있는 유일한 길이다. 생명의 근원인 자연과 더욱 가까운 삶을 통하여 생계를 유지하면서 동시에 생명가치와 신비를 배우고 자연의 운행에 동참하는 삶의 기쁨을 즐기고 노래할 수 있는 유일한 길이 곧 농촌, 농업과 함께 하는 삶인 것이다.

어디 그뿐인가. 우리가 참으로 부부간의 조화와 사랑이 실현되는 삶을 원한다면 귀농이 또한 그 구체적 대안이다. 농업이야말로 일상생활 속에서 부부의 이상적인 조화가 자연히 이루어지는 직업이기 때문이다. 농민은 도시 부부처럼 각자 다른 직장에 나가 밤에만 겨우 만날 수 있는 그런 기형적인 반쪽의 삶이 아니라 언제나 부부 두 사람이 힘을 합쳐 함께 땅을 경작할 수 있는 삶을 누릴 수 있다. 부부가 서로 돕고 배려해 주고 그래서 서로에 대한 사랑과 고마움으로 생명을 기르고 가꿀 때 농사와 삶이 더불어 풍요로울 수 있는 것이다.

뿐만 아니라 지금 저 잿빛 불임의 도시에서 입시를 위한 한낱 경쟁의 도구로 시들어 가는 우리의 아이들에게 생기와 활력을 불어넣고 생명의 소중함과 풍요로움을 맛보게 하며 더불어 함께 사는 건강한 삶을 배우도록 하기 위해서는 농촌으로 돌아가지 않으면 안된다. 농업은 그 자체로 생명교육을 담당하기 때문이다. 우리의 아이들이 생명을 키우는 농업을 통해서 도시생활로 인해 멀어졌던 땅으로 다시 돌아가 온몸으로 생명을 만남으로써 살아 있는 지혜와 심성을 키워 갈 수 있기 때문이다.

우리나라 대안학교운동이나 일본의 농업초등학교 만들기 운동 등이 모두 농촌·농업을 기반으로 하는 이유가 여기에 있다. 그러므로 젊은이들이 농촌으로 돌아가 생태적인 마을 두레공동체를 복원하면서 그 공동체의 중심에 흙에 기반한 작은 학교를 만들어 가는 것,

이것이 곧 대안교육의 핵심이기도 하다.

### 생명가치 중심의 풍요로운 삶을 위하여

귀농은 불안과 위기의 시대에 건강한 삶과 문명을 위한 가장 분명한 대안이다. 그러나 농촌, 농업으로 돌아가는 것만으로 그것이 그냥 실현되는 것은 아니다. 귀농이 건강한 삶을 실현하는 것이 되려면 먼저 땅에 굳건히 뿌리박는 튼튼한 귀농이 이루어져야 한다. 농촌에, 농업에 굳건히 뿌리박기, 이를 위한 전제는 무엇인가. 그것은 직업으로서의 귀농, 생계를 위한 돈벌이 수단으로서의 귀농이 아니라 흙과 함께 하는 삶 자체가 목적인 귀농이어야 한다.

지금 농촌, 농업을 상품생산 위주의 경제가치 중심으로 본다면 그 경쟁력과 효용성을 상실한 지 이미 오래라는 것은 분명한 사실이다. 공업화 중심의 산업사회에서 농업은 애초부터 그 경쟁력을 상실할 수밖에 없는 것이고 더구나 농업의 전면 개방이 강제되고 있는 세계무역기구(WTO)체제 아래에서 우리나라의 농업경쟁력은 사실상 거의 대부분 사라져 버렸기 때문이다. 그런데다가 이제 IMF 사태까지 겹쳐 그나마 경쟁력 확보라는 명분 아래 어렵게 버텨 오던 상업농, 기업농 등 자본집약적이고 규모의 효율성을 내세우던 농업 생산방식마저 이제 사실상 회복이 불가능할 정도로 붕괴되고 있는 것이다. 다시 말하면 이같은 조건 속에서 돈벌이 중심의 이른바 상업농적인 귀농이란 그것이 바람직한 것인지의 여부를 떠나 현실적으로도 그 한계가 명확하다는 사실이다.

따라서 지금의 귀농이 건강한 삶을 실현하고 땅에 튼튼히 뿌리내리기 위해서는 화폐소득이 목적인 경제가치 중심이 아니라 흙과 함께 하는 건강한 삶 그 자체가 목적이 되는 생명가치, 생태가치 중심이 되지 않으면 안 되는 것이다. 바로 이점이 건강한 귀농을 위한 전제로서 귀농의 성패를 좌우하는 가장 중요한 요소인 것이다. 이는 곧 올바른 귀농을 위해선 먼저 우리의 가치관과 그 생활방식을 새롭게 바꾸어야 한다는 말이다. 이 시대, 귀농이 단지 거주지나 직업을 바꾸는 일이 아닌 이유가 여기에 있다.

이제 다시 한번 우리 자신에게 진정 원하는 삶이 무엇인지를 물어야 한다. 우리가 그토록 매달려 왔던 돈이, 물질이 과연 삶의 전부인가 하고. 경제가치 중심에서 생명가치, 생태가치 중심으로 우리의 가치관을 바꾸지 않는 한, 물질적 풍요와 편리함의 추구 속에서 쓰고 버리는 식의 파괴적인 삶의 양식을 단순하고 검소한 삶으로 바꾸지 않는 한 튼튼한 귀농도, 새로운 대안문명도 불가능한 것임을 분명히 인식해야 한다. 욕심을 버리면 삶이 단순하고, 삶이 단순하면 세상이 풍요롭다는 말처럼 지금까지 우리가 매달려 왔던 삶의 방식을 버릴 때 그 속에서 더 큰 풍요로움이 열리는 것이다.

한 생명의 거룩함을 자각하면서 한 물건, 한 자원을 소중히 여기며 아끼고 나누는 삶 그것이 인간과 자연이 함께 상생순환할 수 있는 생태적으로 건전한 삶임은 분명하다. 검소하고 스스로 만족하며 자립하는 삶을 실현하는 것이 우리가 추구하는 삶의 내용이라면 이것은 흙 속에서 생명을 가꾸고 돌보며 생태계와 조화를 이루는 삶을 통해 충분히 가능한 것이다. 그러므로 귀농을 통해서 우리가 맨 먼저 해야 할 일은 농사일 그 자체를 좋아하고 즐기는 일이 되어야 한다. 소득은 그 결과로 얻어지는 당연한 보상이다. 귀농의 성패는 바로 이처럼 농촌, 농업의 삶에 대한 의미와 가치를 얼마만큼 찾아내느냐, 농사일 그 자체를 얼마만큼 좋아하고 즐길 수 있는가의 여부에 달려 있다.

### 농촌으로 돌아가기 — 제2의 브나로드운동을 위하여

물실호기(勿失好機), 이제서야 때가 왔다. IMF 사태는 다른 한편에선 참으로 다행스럽게도 지금 우리에게 지난 삶을 되돌아보게 하고 자립적 삶의 중요성을, 그 동안 대량이농의 시대에 외면하고 잊고 있었던 이 땅의 농촌, 농업의 중요성을 새롭게 일깨워 주고 있다. 이른바 근대화 개발정책이 시작된 60년대 이후 이제사 이 땅의 농촌, 농업을 회생시킬 수 있는 최초의 기회, 그 절호의 기회가 온 것이다. 절대로 이 기회를 놓쳐서는 안 된다. 농촌, 농업을 살리는 일에 우리 자신은 물론 우리 민족의 생존이 달려 있기 때문이다.

IMF 사태가 위기의 실체가 아님을 바로 보아야 한다. 그것은 위기의 한 징후에 불과할 뿐이다. IMF 이후, 나아가 석유문명 이후 우리의 삶과 그 문명을 대비해야 한다. 이 땅에서의 자립적인 삶의 실현 없이는, 자연생태계와 상생순환하는 생태문명의 구현 없이는 지속 가능한 삶도, 건강한 민족 생존도 한갓 공염불일 수밖에 없는 것이다. 모든 산업이 다 없어져도 생명의 먹거리인 농업은 유지되어야 한다는 경구를 절실히 받아들이지 않으면 안 되는 것은 농촌, 농업이 곧 우리의 밥상이요, 목숨줄이기 때문이고 우리의 처지가 지금 그만큼 급박하기 때문이다.

지금, 아직도 멈출 줄 모르는 저 도도한 이농의 물결(80년대 연평균 40여 만 명의 이농, 90년대에도 매년 5만 가구 이상의 이농)을 거슬러 모두 외면하던 그 농촌으로, 버림받은 그 땅으로 돌아가는 사람들이 있다. 새로운 삶과 그 문명을 꿈꾸며 농촌으로 뛰어드는 젊은이들이 늘어나고 있다. 대장정, 이제 생명의 근원자리를 찾아가는 순례의 길, 그 장정이 시작되고 있다. 귀농은 생명의 근원자리인 흙으로, 잃어버린 고향으로 돌아가는 귀향이다. 돌아가 뿌리뽑혀 시들어 가던 지난 삶을 청산하고 제 자리 제 땅을 만나 삶의 뿌리를 굳건히 내리는 일이다.

이제 이 대열에, 이 장정에 모두 함께 나서야 한다. 특히 이 시대를 고뇌하는 젊은이들, 건강한 삶과 생태적 세계와 그 문명을 염원하는 모든 젊은이들은 이 대열에 앞장서야 한다. 농촌, 농업은 경쟁사회에서 탈락한 사람들의 도피처나 다른 할 일이 없어 어쩔 수 없이 선택하는 일이 아니다. 그것은 용기와 의지, 젊음의 힘과 열정을 필요로 하는, 삶을 새롭게 개척하는 일이다. 자립적이고 주체적인 삶을 위한 멋진 도전이다.

농촌을 살리기 위해서는, 생명가치에 입각하여 농촌과 농업을 활성화하기 위해서는 농촌·농업의 중요성을 인식하고 애정을 가진 도시 젊은이들이 먼저 농촌으로 돌아가야 한다. 젊음의 열정과 지성을 흙에 묻어 새로운 문명의 싹을 틔우기 위한 제2의 브나로드운동이 출범되어야 한다. 우리 농촌, 농업의 회생 여부가, 우리 아이들의 건강한 삶과 우리 민족의 자립적 생존 여부가, 농촌·농업의 가치와 중요성을 새롭게 자각하는 젊은 귀농자들의 손에 달려 있다.

가자. 가서 그 젊음의 열정으로 묵은 땅을 다시 일구고 죽어가는 땅을 살리며 자연이 허용하는 범위 안에서 우주 대자연의 운행에 따라 건강한 먹거리와 필요를 생산하면서 생태마을을 만들고 두레공동체를 복원하여 도시와 농촌이, 인간과 자연이 함께 어울려 사는 삶과 문명을 일구어 내자. 이것이 기아 시대와 환경재난 시대를 대비하는 길이며 농촌을 살리고 우리 모두를 살리는 길이다.

귀농, 그것은 자립적 삶과 그 문명을 여는 열쇠이자 생명의 본성을 깨치기 위한 이 시대의 화두이다. 저기 저 빈 들녘에서 생명의 땅이 그대 젊음을 부르고 있다. 가서 씨를 뿌리자.

# 생태 위기의 대안으로서의 농(農)
··· 생태적 농업관의 회복을 위해

　　　　　　　　　환경생태계와 식량의 위기는 인류가 지속적으로 생존하는 데 가장 절박한 문제임이 더욱 명확해졌다. 갈수록 더 심화되고 있는 전 지구적 차원의 생태계의 위기는 이제 단순한 위기 차원을 넘어 인류의 생존 자체를 직접적으로 위협하고 있기 때문이다.

　"제초제가 풀을 죽이는 것은 그것이 영양분을 흡수할 수 있는 식물의 능력 이상으로 그 식물이 빠르게 성장하도록 하는 호르몬이 있기 때문이다. 문자 그대로 이것은 죽음에 이르는 성장이다. 그런데 산업사회 역시 이같은 죽음에 이르는 성장을 계속하고 있는 것"이라는 폴 호큰의 진단처럼 우리는 이미 성장의 한계를 넘어섰다. 경제활동으로 인한 인간의 소비가 이미 자연적 소득을 넘어섰으며 그것은 자연적 자본을 와해시킴과 동시에 진정한 부의 창조를 위한 잠재력마저 파괴하고 있기 때문이라는 윌리암 리스의 지적과도 맥을 같이 하는 것이다.

　이러한 생태 위기가 인류의 목숨줄인 식량의 위기로 직결되는 것은 당연한 일이다. 식량 위기는 환경생태 위기의 구체적이고도 직접적인 산물이다. 도시화, 산업화에 따른 경지 감소, 인구의 폭발적 증가, 화학농·약탈농으로 인한 토양생산력의 상실과 농업생태계의 파괴, 물 자원의 고갈, 그리고 지구온난화 등 기상이변에 따른 재해의 급증은 반자연적인 산업문명으로 인한 생태계 위기가 필연적으로 식량 위기로 심화될 수밖에 없는 것임을 구체적으로 입증하고 있다.

그렇다면 이같은 환경생태계 위기, 식량 위기 등 인류의 생존 위기에 대한 대안은 무엇인가. 분명한 것은 인류의 문명과 삶의 양식에 대한 근본적인 변화 없이는 더 이상 지속적인 생존 자체가 불가능한 상황이 도래했다는 사실이다. 그것은 지금까지 인간과 자연을 별개로 인식하고 자연에 대한 지배와 통제를 확대하는 것이 문명의 진보이며 생산력의 발전이라는 사고방식과 그에 따른 생활양식의 근본적인 전환을 요구한다. 그런 점에서 "다음 세기는 생태주의의 시대가 될 것이다. 그렇지 않으면 인류는 존재하지 않게 될 것이다"라고 한 조너선 포릿의 명쾌한 지적처럼 21세기는 생태적 가치, 생명가치와 그 문명을 중심으로 한 시대가 될 수밖에 없는 것이다.

이처럼 다음 세기를 생태주의의 시대라 하고 산업문명의 대안을 생태문명이라고 할 때 자연과 조화를 이루는 지속 가능한 생태문명과 그 삶의 내용은 무엇이 되어야 할 것인가.

### 생태 위기의 대안으로서의 농의 가치와 의미

새로운 대안문명으로서 생태문명과 그 사회를 위한 전제는 '지속 가능성'에 있다. 자연을 파괴하고 고갈시키며 오염과 낭비를 구조화하는 산업문명과 그 체제로는 더 이상 지속적인 생존이 불가능하다면 그 대안은 지속 가능성을 전제로 할 수밖에 없는 것이다. 따라서 생태문명이란 곧 '지속 가능성'을 바탕으로 한 '인간과 자연의 조화'와 자연적 '생태순환 시스템의 회복'을 그 주요 내용으로 하는 것이라 볼 수 있다. 달리 말하면 지속 가능한 발전이란 기본적으로 모든 경제활동이 자연환경의 수용 능력 안에서 이루어져야 함을 의미한다. 그렇다면 자연환경의 수용 범위 안에서 인간과 자연이 조화하면서 생태순환 시스템의 회복을 통하여 지속적인 생산과 생활을 실천할 수 있는 구체적 방안은 어떤 것인가.

그것은 일찌기 빅터 샤우버거가 "진정으로 자유로운 사람만이 대지를 기반으로 살아갈 수 있다. 대지의 질서를 어기는 자는 대지 위에서 살아갈 자격이 없다. 인간의 탐욕으로 파괴된 대지에서는 진화된 생명체가 살아갈 자리가 없기 마련이어서 인간은 자신의 기반을 상실하게 된다. 뿌리를 잃은 생명체는 죽을 수밖에 없다. 지금 욕심을 버리고서 다시 처음부터 새롭게 출발하지 않는다면 더 이상 진화와 발전을 도모하는 것은 사실상 불가능하고 멸망으로 치닫게 될 것이다"고 경고한 것처럼, 무엇보다 먼저 대지의 질서, 곧 자연의 원리를 철저하게 이해하고 이에 따르는 삶의 방식을 기본으로 삼는 일이다. 바로 이런 점에서 생태 위기의 대안으로서, 새로운 문명의 근거로서 농업과 농적(農的) 문명의 가치와 의미를 새롭게 확인할 필요가 있는 것이다.

과연 농적 생산과 생활양식이 생태적 대안이 될 수 있는가. 결론부터 말하면 농촌, 농업적 생산과 생활양식의 회복이야말로 산업 문명의 한계로 인한 생태 위기에 대한 유일한 실천적 대안이라는 사실이다. 자연과 조화되면서 자연이 허용하는 범위 안에서 생태순환 시스템을 통해 지속적인 생산과 생활을 실천할 수 있는 문명과 그 삶의 양식이 농적 생산과 그 생활양식 이외에는 없기 때문이다. 농촌, 농업생태계는 인간과 자연이 공생할 수 있는 마지막 보루인 것이다. 그런 점에서 농촌·농업은 인류생존의 터전이자 새로운 문명을 잉태하고 있는 어머니인 것이다.

여기서 우리가 유념해야 할 것은 농적 문명이 산업문명의 위기에 대한 생태적 대안이기는 하나 현재 이루어지고 있는 농업적 생산양식이 바로 그 대안이라는 것은 아니라는 사실이다. 생태적 대안으로서의 농적 문명이란 인간과 자연이 공생조화하는 유기순환적인 생산양식과 생활방식을 의미하는 것이지 이미 산업문명체제에 편입되어 공업화된 농업생산형태를 의미하는 것은 결코 아닌 까닭이다. 지금의 관행화된 농업형태는 자연과 조화를 이루는 지속 가능한 생산이 아니라 오히려 환경생태계를 파괴하는 가해자가 되고 있기 때문이다.

이런 점에서 농업에 근거한 문명이 생태적 대안이 되기 위해서는 환경가해자로서의 공업적 농업관의 폐해와 한계를 직시하고 땅을 살리고 생명을 가꾸며 자연과 조화를 이루는 유기순환적인 농업 본래의 모습과 그 가치관을 회복하지 않으면 안 되는 것이다.

## 공업적 농업관의 폐해와 한계

현대 산업문명의 위기와 현대 농업 생산양식의 위기는 그 드러난 모습과 내용이 동일하다. 그것은 생산력 중심의 공업적 세계관을 바탕으로 자연의 생태순환 시스템의 파괴 위에 성립되고 있을 뿐 아니라 이제 이런 형태로는 더 이상 지속될 수 없는 한계 상황에 이르고 있기 때문이다. 화학비료와 제초제, 농약 등 화학물질의 사용을 기본전제로 하고 단작화, 집약화, 기계화를 통해 대량생산을 그 목적으로 하는 현대 농업은 그것이 곧 반생태적 산업문명의 농업적 표현에 다름이 아닌 것이다.

그러므로 현대 산업문명의 위기는 필연적으로 현대 농업 곧 공업적 농업의 위기로 귀결될 수밖에 없다. 이러한 공업적 농업 생산양식은 자연의 일부로서 인간과 자연과의 유기적 협력관계를 통하여 지속적인 생산을 유지해 오던 농업 본래의 형태를 정면으로 거스르고 생명의 근원이자 그 모태(母胎)인 땅과 자연을 한갓 대량생산을 위한 대상과 수단으로 전락시켜 땅이 갖고 있는 생명력을 철저히 고갈시키고 이를 통해 자연의 생태순환 시스템을 체계적으로 파괴하는 특징을 갖고 있는 것이다.

현대 농법이 자랑하는 높은 생산력과 효율성의 실체란 무엇인가. 그것은 한마디로 생산되는 에너지보다 투입되는 에너지가 훨씬 더 많은 에너지 과소비, 에너지 비효율의 체제에 근거하고 있는 것이다. 엔트로피 증가를 극대화하는 이런 현대 농법의 한계는 예를 들어 미국의 현대화된 관개농지에서 재배된 시금치 생산의 경우에 비해 그 이웃한 멕시코 등 제3세계의 소농에 의한 윤작과 휴경을 토대로 이루어지는 농업 생산양식이 무려 50배 이상 에너지 효율성을 가진다는 것에서도 명확히 드러나고 있다. 이는 '지난 50년 간 이루어진 헥타르당 생산량의 증가는 값비싼 대가를 치른 것이었다. 즉 이산화탄소와 그 밖의 다른 온실가스가 대기중으로 방출된 문제는 언급하지 않더라도, 토양침식, 지표수 오염, 토양의 염화(鹽化), 유기적 다양성의 감소가 진행되었기 때문이다' 라는 지적과 같은 것이다.

이처럼 자연을 인간과 분리하고 대상화하며 대량생산을 위한 수단으로 지배·착취하는 현대 농업의 생산양식은 그 이면에 인간의 무한한 탐욕을 충족시키기 위한 이원론적, 기계론적, 지배론적 세계관이 뿌리하고 있는 것이다. 이러한 공업적 농업관에 의해 생명의 근원인 땅은 생산을 위한 대상으로, 농업은 상품생산의 방편으로, 농민은 땅과 자연을 약탈하여 상품을 생산하는 수탈자가 될 수밖에 없는 것이다.

그 결과 이제 땅은 생명력을 잃고 죽어가고 있으며 농촌·농업생태계는 파괴되어 농업 자체의 지속성이 심각히 위협받고 있다. 농업의 집약화, 농약, 제초제, 화학비료의 과잉투입 등 화학물질에 의존한 농사법, 무분별한 경작권 확대, 집약적 축산 확대 등으로 인한 공업적 생산양식이 환경오염과 생태계 파괴의 주요한 범인이 되고 있는 것이다.

땅 위에 사는 모든 생명체는 어머니 대지의 생산력에 의해 그 생명을 이어 간다. 어머니 대지를 벗어나 살 수 있는 생명체는 없다. 그런데 지금 그 어머니인 땅이 병들어 죽어가고 있다. 생명의 근원자리가 죽어가고 있는 것이다. 땅은 단순한 물질이나 소유의 대상이 아닌 것이며 더욱이 상품생산을 위한 공장일 수는 없다. 그럼에도 지금 땅이 어떻게 취급되고 있는가.

열린 마음으로 땅이 그 자체로 살아 숨쉬는 하나의 유기체임을 보고 느낄 수 있었던 알라 쿠드리아 쇼바는 땅을 온통 절이고 있는 화학비료와 땅의 표피를 짓누르는 농기계, 그리고 농부들의 애정 잃은 거친 말, 이런 것들 때문에 지금 땅이 괴로워하며 몸을 뒤틀고 있음을 증언하고 있다. 이처럼 땅의 고통과 신음을 느낄 수 있었던 사람이 어디 그녀뿐이었겠는가. 일찍이 해월(海月) 선생은 나막신을 벗어 들었고, 인디언과 우리 조상 모두 땅이 살아 있는 신령한 생명체임을 몸으로 느끼고 살아왔다. 그런데 이제 농업이 단순한 하나의 산업으로 전락한 지금 땅에 대한 존경과 경외심은 사라지고 한낱 생산을 위한 대상이나 수단으로 취급하고 있는 것이다.

"오늘날 농업에서는 어머니와도 같은 대지를 창녀처럼 취급하여 무참히 폭행을 저지르고 있다. 일년 내내 하루도 빠짐없이 대지의 표피를 벗겨 놓고는 그 위로 독약 같은 화학비료를 마구 뿌려대고 있다. … 지금의 땅, 지금의 농토는 더 이상 자연이 아니며 생명도, 생명력도 존재하지 않는 불모지에 불과하다." 자연을 철저히 이해하여 자연에 따라 살 것을 일깨웠던 사람, 빅터 샤우버거의 탄식이 있은 지 수십 년이 지난 뒤에도 자신의 생존의 근거를 박탈하고 죽음으로 몰아넣는 인간의 탐욕과 무지는 아직도 계속되고 있다. 땅이 죽으면, 농촌·농업이 죽으면 우리에게 그 어떤 미래도 없음이 자명함에도 불구하고.

### 농심의 회복과 생태적 인간

농업적 생산양식에서 가장 중요한 점은 자연인 땅을 어떻게 인식하고 어떻게 관계 맺는가이다. 농업이란 땅을 기반으로 한 인간의 생산행위이므로 땅과 인간의 관계가 핵심이 되기 때문이다. 이런 점에서 볼 때 생태농업 실현의 핵심과제는 당연히 땅과 인간의 관계를 새롭게 회복하는 일이 아닐 수 없다.

그것은 땅이 단순히 농업적 생산수단이나 대상 또는 물질적 소유물이 아니라 그 자체로 살아 있는 거룩한 생명이며 생산력의 원천으로서 모든 생명 양육의 모태라는 사실을 인식하는 것에서부터 이루어져야 한다. 이는 모든 생명체들이 땅에 의지하여 먹고 입고 번식하며 살아가는 자명한 이치에 대한 자각을 바탕으로 우리 또한 땅의 자식임을 겸허하게 깨달으며 대지를 어머니로 공경하고 신뢰하는 자세를 회복하는 일이다. 그것은 우리의 건강과 풍요와 지속적인 생존이 더 이상 어머니 땅에 대한 일방적 지배와 착취와 거역으로써가 아니라, 대지의 자식으로서 자연의 이치와 질서를 존중하여 이에 따른 조화와 협력을 통해서만 비로소 실현될 수 있다는 확고한 믿음을 갖는 일이다.

땅을 죽이고 약탈하며 농업생태계를 파괴함으로써 단지 농산물이란 상품을 만들어 내는 생산수단으로 전락한 병든 농민이 아니라, 대지의 자식으로서 겸손함을 잃지 않고 자연의 신비를 경외하며 자연의 순리에 따라서 감사와 공경으로 자연의 풍요에 동참하여 생명을 돌보고 기르는 자, 생명의 양육자로서의 농부로 거듭나는 일이다.

이는 땅에서 생명을 가꾸고 기르는 농부의 마음을 회복하는 일이다. 결국 농심의 회복이 관건인 것이다. 땅의 사람으로서 자연의 이치에 순응하며 그 신성함을 경외하고 살아 있는 모든 것들을 공경하고 한 물건도 함부로 하지 못하는 마음, 맨발로 땅을 밟으며 생명을 가꾸고 기르는 그 자체를 기뻐하고 정성으로 일하며 노력한 만큼의 풍요를 위해 기도하고 주어진 결실에 감사하며 이웃과 뭇생명과 함께 나눌 줄 아는 마음, 그 농심이 곧 땅을 살리고 생태계를 살리고 세상을 살리는 근본자리인 것이다.

그러므로 이러한 농심의 회복이야말로 생태 위기에 대한 대안으로서 생태적 농업의 실현을 통해 농적 문명을 열어 가는 핵심이며 관건이라고 할 수 있다. 대지의 철학자 루이스 멈포드가 말하는 '자연의 가치와 균형을 이룬 인간가치의 부활'이란 바로 이같은 농심의 회복을 통해서만 가능한 것이다.

새로운 사회는 새로운 인간을 필요로 한다. 따라서 생태적 사회를 위해선 먼저 생태적 인간의 탄생이 이루어져야 하는 것이다. 이렇게 볼 때 농심의 회복이란 생태적 인간의 기본조건이며 그런 점에서 자연과 조화를 이루면서 땅을 살리는 생태농업을 실천하는 농민이야말로 생태적 인간의 탄생이라 할 수 있다.

땅의 사람인 농부를 다른 말로 색부(嗇夫)라고도 한다. 이는 아끼는 사람이란 말이다. 하늘을 섬기고 사람을 다스리는 데 아낌보다 더한 것이 없다는 말처럼 그 아낌의 삶을 사는 사람이 곧 농부인 것이다. 자연에 쓰레기가 없는 것은 아무리 하찮은 것이라도 스스로 버리는 것이 없기 때문이며, 자연의 법도를 사는 성인도 이와 같아 한 물건이라도 버릴 것이 없다는 말처럼 땅의 사람인 농부 또한 그 검소함과 알뜰함에서 따를 자가 없다.

이런 삶의 양식 - 버림이 없고 낭비가 없고 오염이 없고 모든 것이 재생순환되는 생산과 생활양식이 생태적 문명과 그 사회의 지속가능성과 그 풍요를 이루는 근본이라 할 수 있다.

이제 그 한계에 이른 산업문명과 환경생태계의 위기로 인해 지금까지의 공급 위주 사고방식과 대량소비 생활방식의 전환이 불가피한 상황에서, 자연을 배려하는 생산과 소비방식이란 절약과 검소를 바탕으로 한 단순 소박한 삶과 재생순환적인 생산양식뿐이다.

## 땅과 노동 그리고 생명의 기술

농심을 회복한 농부의 삶이 생태적 인간의 핵심이라면 생태 위기의 대안으로서 생태농업의 구체적인 내용은 무엇인가.

농업은 인간이 자연인 땅과 관계하여 생명을 기르고 가꾸면서 인간의 생존에 필요한 먹거리와 원료를 마련하는 일이다. 그래서 농업은 처음부터 끝까지 생명을 바탕으로 생명의 원리에 따라 이루어지는 생명산업이다. 시멘트, 아스팔트나 오염된 땅에선 생명이 움터 자랄 수 없듯이 우선 땅이 살아 있어야 한다. 그 살아 있는 땅에 씨앗을 묻고 싹틔우며 기르는 생명의 양육을 통해 확대 재생산된 생명들을 다시 인간과 다른 생명의 양식으로 마련하는 이 모든 교육과 그 결과가 전부 생명에 바탕을 두고 있는 것처럼 생명을 떠나서는 결코 성립될 수 없는 게 농업의 본질이다.

이에 반하여 공업적 생산양식이란 살아 있는 자연을 파괴하고 죽이는 가공과정을 통하여 엄청난 자원과 에너지의 낭비와 생태계의 오염과 파괴를 가져올 뿐 아니라 그 결과 또한 인간의 욕망과 편리를 위해 한때 쓰여지다 결국 쓰레기로 폐기되는 것으로서 철저한 파괴와 오염과 낭비에 뿌리를 두고 있는 것이라 할 수 있다.

이처럼 농업적 생산양식이 '살림'을 바탕으로 생명의 확대 양육을 통하여 자연의 풍요로움에 동참함으로써 지속성을 실현하는 것임에 비하여 공업적 생산양식과 그 체계란 본질적으로 '죽임'을 바탕으로 유한한 자원과 에너지의 가공을 통해 낭비와 오염을 구조화함으로써 지속성을 불가능하게 하여 필연적으로 붕괴될 수밖에 없는 한정된 양식인 것으로, 농업과 공업은 그 과정에서 결과에 이르기까지 본질적인 차이를 갖고 있음은 분명한 것이다.

따라서 공업화 사회로 표현되는 산업문명의 한계에 대한 생태적 대안으로서 농적 문명과 그 사회의 토대인 생태농업이란 철저히 생명의 원리에 바탕을 둔 것일 수밖에 없는 것이다. 그러므로 생태농업에서 인간의 노동행위와 생산을 위한 기술 역시 공업적 생산과는 전혀 다른 내용과 의미를 지니지 않을 수 없다.

농업에서의 노동이란 기본적으로 자연의 생산력을 돕는 산파로서의 행위와 생명을 돌보고 기르는 양육자로서 행위, 그리고 나아가 자신과 세상을 함께 먹여 살리는 생명 제공자로서의 행위를 동시에 수행하는 일이라 할 수 있다. 생명의 일꾼으로서 농부의 노동행위는 바로 자식을 정성껏 돌보는 어머니의 일과 다를 바 없는 것이어서 생명에 대한 사랑과 섬세한 손길과 정성 그리고 기다림을 필요로 한다.

농사일이란 혼자 할 수 있는 일이 아니다. 두레나 품앗이로 이웃과 함께, 땅과 함께 그리고 온 우주 삼라만상과 함께 짓는 일이다. 농촌이 우리의 뿌리이며 그 문화가 우리 존재, 그 정체성의 근거인 것은 이처럼 사람과 사람이, 사람과 자연이 함께 어울려 살아온 삶의 터전이기 때문이다. 씨앗 한 알 속에 온 우주가 들어 있다는 것은 그 한 톨의 생명이 영글기까지 온 우주의 협동이 있었다는 말이다. 이처럼 농업에서의 노동이란 생명의 근원인 자연과 우주와 협동하는 일이며, 자연의 이치와 생명의 신비를 찬양하는 일이며, 춤추는 일이며 그리하여 일과 놀이가, 명상과 노동이, 삶터와 일터가 하나되어 자신의 존재를 온전하게 실현하는 일이며, 세상을 풍요롭게 창조하는 일이며 또한 함께 사는 일인 것이다.

농사란 무릇 하늘과 땅이 짓는 것이라고 했다. 그러므로 생태적 농법도 당연히 자연과 우주의 원리에 맞추는 것이 핵심이 되지 않을 수 없다. 태양과 달과 별자리의 운행에 맞춰 땅을 갈고 씨 뿌리며 거두는 바이오다이내믹 농법(루돌프 슈타이너), 눈 속에서도 장미꽃을 피우고 비료 없이도 한 아름이 넘는 채소들을 생산해 내는 농사(펀드혼 공동체), 자연과 작물과의 대화를 통해 생기를 잃은 땅에서 풍성한 수확을 거두는 일(만물에 말 걸기), 가축의 입장에 서서 생각하는 축산법(야마기시즘 농법), 자연의 소리로 만든 음악을 통해 생육을 촉진해 내며 질병을 치유하는 농사(자연음악) 등 다양한 생명의 농사법들도 역시 하늘과 땅은 물론 나무 한 그루, 풀 한 포기, 벌레 한 마리에 이르기까지 자연의 모든 것들을 의식 있는 신령한 존재로 여기고 섬김으로써 가능한 일들이다.

따라서 새로운 문명, 새로운 사회란 바로 이처럼 자연과 우주의 대생명력과 하나되는 생태농업의 이치 속에서만 지속성과 풍요로움을 실현할 수 있을 것이다.

기술이란 노동을 목적에 맞게 효율적으로 실현하기 위한 방법이다. 인간인 농부가 자연인 땅과 관계하여 작물을 키우고 가꾸는 방법을 농법 또는 농사기술이라 할 때 생태농업에서 요구되는 기술 또한 당연히 생태적 기술, 생명의 기술임은 자명하다.

여기서 굳이 농사방법으로서의 기술을 이야기하는 것은 생태농업에 적용되는 기술이 곧 생태사회를 이루는 기술의 근간이 되기 때문이다. 사실 오늘 이처럼 자연이 황폐화되고 생태계가 파괴된 것은 이같은 물리적 황폐화와 대규모의 파괴를 가능케 한 인간의 기술이 있었기 때문이다.

생태기술이란 자연의 원리를 배우고 이에 따르는 기술이다. 그래서 생태순환 시스템을 따르는 생태기술은 지금처럼 파괴된 체계를 새롭게 복원하는 기술이고 동시에 인간과 자연의 유기적 협력을 이루어 내는 기술이자 관계의 조화를 이루어 내는 기술이다. 따라서 생태기술은 인간의 편리와 욕망을 위한 기술이 아니라 생태적 안정성과 균형을 위한 기술이며, 생산자체를 목적으로 한 기술이 아니라 생명력이 충실한 양육을 위한 기술 곧 접촉과 교섭의 기술, 돌봄과 보살핌 그 사랑의 기술이다. 다시 말하면 지금처럼 땅의 생명력을 박탈하고 농업생태계를 파괴하며 농산물을 오염시켜 자신과 세상을 병들게 하는 생산성 중심의 반생태적 기술, 그 농법이 아니어야 한다는 것이다.

이런 점에서 생태농업과 그 사회를 위한 적정기술을 마련하는 것이 시급하다. 슈마허의 중간기술이나 루이스 멈포드가 말하는 마음과 손의 충분한 활용에 바탕을 둔 공예기술 등이 생태기술의 중요한 예가 될 것이다.

생태농업에서는 이러한 기술 문제와 함께 그 기술의 구체적 표현으로서 기계 문제 또한 같은 관점에서 살펴보아야 한다. 두말할 것도 없이 생태농업에서 요구되는 기계란 생산성의 효율 중심이 아니라 생태적 안정과 균형을 유지하는 데 중심을 두지 않으면 안 된다. 토양생태계를 고려하지 않는 기계의 사용이나 에너지 과소비와 환경오염을 고려하지 않는 효율성 중심의 거대 기계 등은 전면 재조정해야 한다.

"어디를 둘러보아도 대지와 생명을 유기적으로 이어 주는 교각(橋脚)인 땅속 모세관 체계는 철저하게 붕괴되었다. 이 모든 것이 인간의 무지막지한 기계문명에 의해 저질러졌다"는 지적처럼 특히 생명의 땅에 대한 기계 사용의 문제는 매우 신중한 고려가 필요하다. 따라서 생태농업에서의 기계는 생태적 기술을 실현하는 도구로서, 노동에 대한 사랑이 실현될 수 있는 도구로서의 기계가 되어야 함은 물론이다.

## 유기순환적 농의 시대로

21세기가 농업이 중심이 되는 사회가 될 수밖에 없다는 것은 새로운 세기가 생태사회로 되지 않으면 더 이상 존재할 수 없다는 것과 같은 말이다. 생태사회의 중심을 농업적 사회와 그 문명이라고 거듭 강조하는 이유는 생태적인 농업적 생산과 이에 바탕을 둔 삶의 양식만이 인간과 자연의 조화와 균형을 유지하면서 지속적인 생존이 가능한 유일한 형태이기 때문이다.

인류의 문명사를 보면 산업문명의 극히 짧은 기간을 제외하면 그 대부분이 농업적 생산양식에 의해 그 문명을 이루어 왔다. 곧 인류의 문명사, 그 흥망사는 땅의 생명력에 의해 좌우되어 온 것이다. 우리 모두는 땅에 의해 생명을 유지해 갈 수밖에 없는 존재인 까닭이다.

생태 위기 속에서 그 대안으로서 농촌·농업의 가치와 중요성을 새롭게 인식해야 한다. 되풀이하지만 농업이야말로, 농적 문명과 그 양식이야말로 자연과의 조화를 통해 건강과 생명, 지속적 안정과 풍요를 실현해 낼 수 있는 유일한 생태적 대안이기 때문이다. 그러므로 이제 우리 또한 자연생태계 속의 일원이며 대지의 자식이라는 존재 본연의 모습을 깨닫고 농심을 회복함으로써 생태농업을 실현하여 생태사회와 문명을 일구어 가야 한다. 더 이상 경제가치, 물질가치가 절대적 가치가 아니라 생태가치, 생명가치가 중심가치로 존중되며 생태적 안정과 균형 속에서 물질과 정신의 통합이 이루어지는 문명과 그 삶이 우리의 새로운 전망이어야 한다. 그런 전망을 명확히 갖는다면 현재의 산업문명의 위기는 우리의 새로운 각성을 위한 절실한 교훈이자 새로운 생태문명과 그 사회를 열어 가는 인류문명사의 진화의 기회가 될 것임에 틀림없다.

겨울의 얼음장 아래서 신록의 새봄이 태어나듯 대지의 자식으로 농심을 회복한 자리에서 새 문명이 이미 시작되고 있다. 인간과 자연이 조화공생하는 유기순환의 농적 문명과 그 사회가.

| 1999년 3월 |

# 누가 환경생태농업을 담당할 것인가

우리의 농업이 생태적인 농업으로, 이른바 '환경농업'으로 가지 않을 수 없는 것은 이제 필연적인 결론이다. 지구촌 차원의 환경생태 위기와 기상이변, 식량 위기와 성장의 한계 등으로 인류의 생존을 위한 '지속 가능성'의 화두를 농업에서 실현할 수 있는 길은 환경친화적인 농업밖에 없기 때문이다. 이미 세계농업의 기본방향도 생태농업으로 나아가고 있을 뿐 아니라 특히 우리의 경우 근대화정책을 통한 무리한 압축적 경제성장에 따른 부작용과 폐해는 농촌·농업의 붕괴 등 여러 사회 문제들과 함께 우리의 환경생태계에 심각한 위기 상황을 초래하고 있기 때문이다.

## 생태농업은 필연적 대안이다

이에 따라 정부도 지난해 환경농업법의 제정에 이어 올해를 '환경농업의 원년'으로 선포하고 있다. 비록 아직도 농정을 담당하는 관료들조차 그 실현 가능성을 회의하는 경향이 없진 않지만 환경친화적인 농업으로 가야 한다는 것은 거스를 수 없는 대세가 되었다.

이제 문제는 과연 어떻게 환경농업을 실현할 것인가에 달려 있다.

환경농업에 대해 회의하는 사람들도 대부분 그 필요와 원칙에 대해서라기보다 그 실현 가능성에 대해 우려한다. 더구나 경쟁력과 효율성이 모든 가치의 기준이자 덕목으로 강제되고 있는 작금의 우리 사회에서 경제가치 중심의 생산성 논리가 아닌 환경가치, 생태가치를 중심으로 하는 농업으로의 정책 전환은 현실성이 결여된 것으로 생각될 수도 있는 것이다.

그러나 오히려 그럴수록 우리의 농업은 친환경농업, 생태농업으로 가지 않으면 안 되고 또 이를 성공시키지 않으면 안 되는 것은 그것이 단순히 농업정책의 성공 여부를 떠나 생산자 농민은 물론, 이 민족의 생존과 직결된 문제일 뿐 아니라 그밖에 다른 대안이 없기 때문이다. 그만큼 그 동안의 농정의 실패와 관행적 생산양식의 한계로 인해 오늘의 농촌·농업현실이 절박한 데다 지구촌 차원의 환경생태계 위기에 따른 인류의 지속적 생존 문제가 엄중한 상황 속에 놓여 있는 것이다.

## 생태농업은 가치 중심의 농업이다

그렇다면 이같은 위중한 상황 속에서 환경·생태농업을 어떻게 성공적으로 실현해 나갈 것인가. 이를 위해선 먼저 두 가지 문제가 선행되어야 한다. 그것은 우선 환경농·생태농의 필요성과 이 농업이 기존의 관행농업과 어떻게 다른가 하는 차별성을 분명히 인식하는 일이고, 그 다음으로 이 농업을 담당해 나갈 주체를 더욱 확실하게 세우는 일이다.

왜 생태농인가, 왜 환경친화적인 농업으로 가지 않으면 안 되는가의 문제는 이미 그 동안 여러 차례 강조했을 뿐 아니라 이제 그 필요성에 대해선 대부분 공감하고 있는 것이기 때문에 굳이 되풀이 할 필요가 없다.

다만 환경생태계 위기가 심화될수록, 그리고 반자연적인 산업문명의 한계에 대한 새로운 대안문명의 요구가 구체화될수록 농업이 갖는 경제산업으로서의 비중보다 오히려 환경생태계 보존과 관련한 사회공익적 기능이 더 중시될 것이고 새로운 사회와 그 문명을 위한 바탕으로서의 역할이 강조될 수밖에 없을 것임을 재인식할 필요가 있다. (우리 농업의 경우, 논농사를 예를 들면 105만 정보에서 생산되는 쌀의 시장가치, 경제가치가 9조 원 정도로 평가되는데 비해, 시장가격에 반영되지 않는 토양유실 방지, 홍수조절, 지하수 함양 등의 공익적 가치가 20조 원에 이르며 대기 정화, 산림·농업의 생태계 보존, 녹색자원의 공급, 도시과밀화 비용, 식량 안보 등의 가치까지 포함하면 90조 원을 넘어서는 것으로 추정하고 있다. 98년:농진청)

환경·생태농업에 대한 인식에서 더 중요한 문제는 이러한 농업이 지금까지의 관행농과 어떤 본질적인 차이를 갖는가 하는 점이다. 지금 우리가 관행농업이라고 하는, 이른바 근대화된 농업의 주요 특징은 한마디로 공업적 생산양식에 있다. 기업농·상업농 등으로 대표되는 이러한 농업의 생산방식은 철저히 대량생산과 효율성 추구, 곧 경제가치를 중심으로 한 생산성 향상에 바탕을 두고 있는 것이다. 따라서 이같은 공업적 생산양식에서는 농업생산의 근본요소인 땅(흙)을 살아 있는 생명의 터전, 그 모태로서가 아니라 생산을 위한 공장이나 또는 고정된 설비로, 그래서 인간과 자연이 협력하여 길러 내는 농작물이나 가축을 인간의 생명을 유지시켜 주는 귀중한 생명으로서가 아니라 시장에서 판매할 상품으로, 그리고 생산자 농민을 자연과 협력하여 생명을 가꾸고 돌보는 생명의 담당자, 양육자로서가 아니라 상품생산을 위한 일꾼이나 도구로 전락시키고 있다.

이처럼 농업의 목적을 단순히 경제가치 획득을 위한 생산성과 효율성에 따른 상품생산에 두는 한 화학비료, 농약과 제초제, 성장 촉진제와 항생제, 그리고 비닐과 석유에 의존한 반자연적이고 반생명적인 약탈농법, 화학농법으로 될 수밖에 없는 것이다. 다시 말하면 공업적 생산양식에 의한 농업은 필연적으로 땅을 죽이고 농업생태계를 파괴하여 지속적인 생산 자체를 불가능하게 할 뿐 아니라, 이 과정에서 생산자 자신의 건강을 해치는 것은 물론 농심까지 병들게 하고 농산물과 밥상을 오염시켜 소비자의 건강과 생명을 위협하며 나아가 세상을 병들게 하는 것이다.

이에 반하여 환경농업, 생태농업이란 자연과 조화로운 생산양식을 바탕으로 땅을 살리고, 그 살아 있는 땅의 생산력과 농업생태계의 회복을 통해 생명력이 충만한 농작물을 길러 냄으로써 안정적이고 지속적인 생산을 유지하여 밥상과 생명과 환경생태계를 지켜 가는 농업이라 할 수 있다. 우리가 흔히 유기농업, 자연농업, 생명농업, 공생농업, 환경농업 등으로 이름하고 있는 농업 생산양식이 그 것이다. (이러한 농업의 이름과 관련하여 정부에서는 '환경농업'이라는 명칭을 그 법률적 용어로 사용하고 있다. 그러나 이러한 명칭은 '환경'이라는 용어가 갖는 제한적인 의미와 현재 환경농업법에서 제시되고 있는 내용의 한계 등으로 인해 관행농법에 대한 대안적 명칭으로 대표해서 사용하기는 부적절하다. 따라서 '환경'이란 단어 대신에 현재 가장 보편적 개념으로 통용되고 있는 '생태(生態)'라는 용어를 부쳐서 '생태농업'이라고 하거나 또는 '환경생태농업'이라고 함께 쓰기로 한다.)

이처럼 관행농업이 공업적 생산양식에 의한 경제가치 곧 소득 자체를 목적으로 삼는 농업인 데 비하여 환경생태농업은 생태가치 곧 자연생태계와 조화를 이루면서 생명을 기르고 가꾸는 그 자체를 기본적인 가치로 삼는 농업이라 할 수 있다. 물론 그렇다고 해서 생태농업이 생산성이나 소득 자체를 무시한다는 것은 아니다. 경제적 가치나 이를 위한 생산성 향상은 당연히 필요한 일이다. 생태농업이 올바로 시행된다면 오히려 생명력이 충실한 먹거리를 안정적으로 생산할 수 있다는 점에서 장기적으로 생산성이나 소득이 관행농업보다 높아질 수 있다. 그러나 생태농업에서 더욱 중요한 것은 생명가치, 생태가치가 본질이 되어야 한다는 점이다.

이러한 관행농과 생태농의 차이를 더 단순화해 보면 농산물을 소득을 위한 상품으로 보느냐 또는 생명을 모시는 밥으로 보느냐의 차이라 할 수 있다. 다시 말하면 생태농업이란 철저히 가치 중심의 농업이라는 사실이다. 이 점에 대한 분명한 이해와 인식이 관행농업과의 차이를 이해하고 생태농업의 대안적 의미를 명확히 인식하는 핵심이라고 할 수 있다.

대체로 우리는 관행농업과 생태농업의 차이를 재배방법 또는 재배기술의 차이 정도로 인식하는 경향이 있다. 그러나 그것은 농사방식이나 재배기술의 차이가 아니라 본질적으로 가치관과 목적의 차이인 것이다.

이를테면, 생태농업의 구체적인 보기로서 우리가 유기농업을 말할 때 흔히 유기농업운동이라고도 하는 것은 유기농업이란 말 속에는 단순히 농사짓는 새로운 방식으로서가 아니라 현존 사회 문제점을 해결하기 위한 운동으로서의 의미가 포함되어 있기 때문이다. 곧 유기농이란 단순히 유기적인 생산 자체에 머무는 것이 아니라 생산과 소비, 유통 차원을 포괄하는 유기적인 사회를 추구한다는 의미로서 상품경제, 시장경제 논리와 가치관을 거부, 극복하고 경쟁과 소비와 반자연적인 공업사회, 현대 산업문명에 대체되는 새로운 사회 실현을 목표로 한다는, 그리고 이를 위해서 생산자와 소비자의 철저한 제휴를 통한 공생적 질서를 창출한다는 운동적 의미를 함께 담고 있는 것이다.

그러므로 유기농업을 실천한다는 것은 곧 유기적인 삶을 실천한다는 것이며 이는 유기순환적인 농업생산을 통하여 사람과 사람(생산자와 생산자, 생산자와 소비자), 사람과 자연 간의 유기적 관계를 실현해 가는 것이라 할 수 있다.

## 새로운 농민 없이 환경생태농업 없다

생태농업을 말할 때 흔히 재래식 농사법이 아니냐고, 그럼 옛날로 돌아가자는 것이냐고 생각하는 사람들이 있다. 생태농업은 분명 오래된 농업 생산양식이다. 그것은 인류가 오랜 세월 동안 자연과 더불어 살아온 위대한 지혜인 것이다. 그러나 그것은 한편으로 새로운 농업이다. 오래된 지혜를 오늘에 되살려 새로운 대안으로서 이루어지는 농업이기 때문이다. 이는 특히 생명의 근원인 땅이 병들어 신음하며 죽어가고 있는 오늘의 상황에서 땅을 치유하고 살리기 위한 유일한 처방이기도 하기 때문이다.

이처럼 환경생태농업이란 관행농업의 한계와 문제를 극복하고 생태가치, 생명가치를 중심으로 농업생태계, 특히 땅과 자연이 갖고 있는 생태순환 시스템의 회복을 통하여 생명력이 충실한 건강한 먹거리를 안정적으로 생산해 내면서 이를 바탕으로 지속 가능한 사회와 그 문명을 실현해 가기 위한 농업적 대안이라고 포괄적으로 정의

해 볼 수 있다.

그렇다면 이러한 생태농업을 누가 실현해 갈 수 있는가. 그 주체는 누구인가.

정부의 '환경농업' 정책에 대해 원칙적으로 동의하면서도 많은 사람들이 그 실현 가능성에 대해 우려하는 것은 '과연 누가 환경농업을 담당해 나갈 것인가, 과연 우리의 농촌에 이러한 환경농업을 담당할 사람들이 있는가'에 대한 의문이라 할 수 있다. 정부의 환경농업정책에서 치명적인 문제점은 바로 이처럼 환경농업을 담당할 주체에 대한 분명한 대안이 없다는 사실이다. 아무리 취지가 훌륭하고 계획이 좋다고 해도 그 일을 할 사람이 없다면 탁상공론일 수밖에 없다. 문제는 사람이다. 과연 그 일을 할 수 있는 사람이 있느냐 하는 것과 어떤 사람이 하느냐의 문제인 것이다.

물론 원론적으로 보면 지금 농업에 종사하고 있는 모든 농민이 그 대상임에는 틀림없다. 그러나 그것은 올바른 대책일 수 없다. 환경농업지구를 지정하고 상수원지역에 직접 지불보상제를 실시한다는 등 환경농업으로 끌어들이기 위한 계획이 전혀 없다고는 할 수 없다. 그러나 과연 그런 식으로 환경농업, 생태적인 농업으로의 전환이 가능할 것인가에 대해서는 부정적일 수밖에 없는 것이다. 이미 살펴본 것처럼 환경농업·생태농업이 제대로 실현되기 위해서 생태적 가치와 그 삶을 지향하는 확신과 실천이 전제되지 않는 한 불가능하기 때문이다.

정부에서 추진하는 환경농업이 설사 단순히 농약, 화학비료, 제초제 등 인체나 환경에 해로운 화학물질들을 안 쓰거나 덜 쓰는 농사방법에 그 역점이 있는 것이라 할지라도 환경농업이란 본질적으로 가치 중심의 농업일 수밖에 없다.

생각해 보라. 단 한 차례의 제초제 살포로 쉽게 끝낼 수 있는 김매기 작업을 며칠 동안이나 뙤약볕 아래서 힘들게 잡초와 씨름해야 한다는 것이 어찌 단순한 경제적 논리로만 가능할 수 있겠는가. 그리고 이같은 수고에 대해 어느 정도 경제적인 보상과 지지를 해준다 하더라도 그것이 불안정한 시장 경제구조 속에서 과연 얼마만큼 지속될 수 있겠는가. 정책이란 지속성이 없으면 실패할 수밖에 없다. 비록 그렇게 많은 수의 농민들은 아니었지만 그분들이 참으로 어려운 여건 속에서도 지난 수십 년을 한결같이 생태적인 농업 - 유기농업, 자연농업을 지켜 온 것은 단순한 소득의 논리가 아닌 생명의 가치, 사람과 세상을 사는 바른 가치 때문이었음은 자명한 것이다.

"돈벌이를 위한 농업은 점점 망해 가는데 농사짓는 일이 즐겁다는 생각으로 일하는 사람은 점점 늘어간다"는 일본의 어느 유기농운동가의 이야기처럼 환경농업, 생태농업의 성패는 생태적 가치를 삶으로 인식하는 사람들을 얼마나 육성하느냐, 확보하느냐에 달려 있는 것이다. 그런데 과연 우리의 농촌에 이런 생각을 갖고 농사지을 수 있는 사람들이 얼마나 있는가. 아니 그보다 먼저 바른 의미에서의 농민이라고 할 수 있는 사람은 과연 얼마나 있는가. 지금 우리의 농촌에 직업으로서의 농업이 아니라 삶으로서의 농업, 인간과 자연이 함께 조화·공존하면서 생명의 양식을 생산하고 상생순환의 삶을 사는 농민은 좀처럼 찾기 어려운 것이 솔직한 우리의 현실이다. 모든 가치를 돈으로, 경제적 가치로만 평가하는 사회구조 속에서 농민 또한 예외일 수 없기 때문이다.

환경농업, 생태농업이 그 바른 이치와 요구에도 불구하고 쉽지 않은 또 다른 이유는 관행농업에 비해 훨씬 많은 육체적 노동과 정성을 요구하는 농사이기 때문이다. 생태농업을 하기 위해선 화학비료 대신 힘들게 퇴비를 마련해야 하고 제초제 대신 땀흘려 김을 매야 하며 기계에 의존하기보다는 손과 호미로써 땀과 정성으로 돌보아야 한다. 욕망의 충족을 위해 자연을 거스르는 기술이 아니라 기다림과 보살핌으로 자연의 원리에 따르는 대지의 지혜와 기술을 익혀야 하는 것이다. 이를테면 생태농업에서 농사법으로 화학비료, 농약과 제초제, 성장촉진제 등 인체나 생태계에 유해한 화학물질을 사용하지 않을 뿐 아니라 제철 제땅에 맞는 작물을 재배하며(適時適作), 다품목 소량생산(多品目 小量生産)방식을 추구하고 가족농 중심의 자급, 자립농을 지향하는 것은 그것이 자연과 생명에 대한 존중과 상생순환의 원리를 실현하는 삶의 지혜이기 때문이다.

농촌에 활력과 생기를 불어넣고 우리의 농업을 환경친화적인 생태농업으로 다시 일으켜 세우기 위해서는 농촌·농업의 가치를 새롭게 자각하고 근본적인 삶의 전환을 꿈꾸는 더욱 많은 젊은이들이 농촌·농업으로 돌아와야 한다. 결국 우리 농업의 성패는 우리와 후손을 위한 새롭지만 오래된 지혜인 생태농업, 환경농업에 얼마만큼 많은 젊은이들을 주체로 참여시키느냐에 달려 있다.

따라서 젊은이의 수혈은 정치판이 아니라 농촌·농업에서 이루어져야 한다. 정치는 없어도 살 수 있지만 농촌·농업이 회복되지 않는 한 우리는 살 수 없기 때문이다. 정치판의 쇄신은 젊은 피의 수혈이 아니라 늙은이들이, 낡은 생각을 가진 자들이 정치판에서 물러나면 저절로 되는 것이기 때문이다. 자리만 비워 두면 신진 세력들이 얼마든지 새롭게 이끌어 갈 수 있는 것이다. 그러나 우리의 농촌은, 그나마 지금까지 마지막 안간힘으로 농촌을 버티고 있는 이들이 떠나게 되면 그야말로 끝장일 수밖에 없는 것이다. 우리의 삶터가 무너지면 무슨 꾀로 살아날 수 있을까. 농촌·농업은 우리의 밥상이며 생명줄이다.

## 생태농업의 근거지를 시급히 마련해야 한다

　농촌·농업의 가치를 새롭게 일깨우며 생태적 삶과 그 문명을 염원하는 젊은이들의 귀농을 통한 새로운 주체의 육성은 생태농업의 성공과 농촌·농업의 활성화를 위해 가장 절실히 요구되는 과제이다. 새로운 농업관, 농업에 대한 자부심과 긍지 그리고 젊은 노동력과 열정만이 지금 빈사상태에 놓여있는 우리의 농촌·농업을 회생시키고 새롭게 활성화할 수 있는 유일한 처방이기 때문이다.

　생태적 사회를 위해서는 먼저 생태적인 인간이 있어야 한다. 마찬가지로 생태적인 농업이 실현되기 위해서는 그 가치와 의미를 자각하고 생태적 삶을 염원하는 젊은이들 없이는 불가능하다. 그러므로 젊은이들의 농촌으로 돌아가기, 돌아가 흙과 더불어 삶을 바꾸기, 생태적 농업을 일구어 농촌·농업을 새롭게 활성화하기, 그리고 이를 통한 도농공동체운동 곧, 생산자와 소비자가 함께 연대하기, 그래서 생태적 삶과 문화를 창조해 가면서 생태적 사회와 그 문명을 구체화시켜 나가는 것, 이것이 생태농업의 정착과 이를 통한 농촌·농업 개편의 구체적 프로그램이라 할 수 있다. 따라서 이 프로그램의 성공을 위해선 젊은이들의 농촌으로 돌아가기, 귀농운동을 전 사회적 관심과 참여 속에서 전개하는 일과 젊은이들을 농촌으로 끌어들이고 정착시킬 수 있는 현실적인 정책이 구체적으로 뒷받침되지 않으면 안 된다.

　이미 《자립경제의 토대구축과 농촌 회생을 위한 귀농정책》으로 '제2의 브나로드운동'을 제창하면서 제안한 바 있지만 장기적으로 적어도 200만 명 이상의 젊은 인력을 새로운 농촌·농업 회생과제에 참여시킨다는 목표 아래 이를 위한 법적·제도적 정책대안을 마련해야 한다.

이같은 기본방향의 수립과 더불어 환경생태농업의 정착을 위한 당면과제로 요구되는 것은 생태농업의 기지를 시급히 마련하는 일이다. 이를테면 생태마을 등 환경생태농업을 바탕으로 하는 생태적이고 자립적인 마을과 공동체를 집중적으로 만들어 내고 이를 지역 농업 활성화의 근거지로 삼아 생태농업과 생태적 농촌 만들기 운동을 농촌·농업 전체로 확산시켜 가는 일이 그것이다. 우리 농촌의 현실과 농민의 정서로 볼 때, 지역 단위로 구체적인 실천 사례를 만들어 내지 않고서는 새로운 농업의 확산과 정착은 요원할 수밖에 없기 때문이다. 따라서 일차적으로 생태농업 실현조건이 유리한 지역 중심으로 생태농업의 거점을 마련하기 위한 생태마을을 만들어 나가야 한다.

생태농업의 일차적 실현지가 될 생태마을 만들기는 지금까지 유기농업 등 생태농업의 불씨를 애써 지켜 온 농민을 주축으로 해서 새로운 젊은이들이 함께 결합하는 형태로 이루어져야 한다. 이미 살펴본 것처럼 생태농업이 성공하기 위해서는 지리·환경적 조건보다 오히려 이 농업을 담당할 주체 곧 생태적 가치 중심으로 농업을 바라보는 젊은 노동력과 열정이 필수적 관건이기 때문이다.

따라서 이를 위해서는 생태마을 만들기에 참여하는 젊은 귀농자들이 정착할 수 있는 실질적인 대책이 마련되어야 한다. 이 중에서 기본적으로 요구되는 것은 우선 농사지을 땅과 거주할 집을 마련하는 대책이다. 이에 대한 현실적인 대책이 없다면 젊은이들이 농촌으로 돌아오기에는 명확한 한계를 가질 수밖에 없기 때문이다.

농지 마련 대책으로는 생태마을에 참여하는 귀농자들에게 정부가 필요한 농지를 장기 임대해 주는 방안을 우선적으로 검토할 수 있다. 이는 일본 정부의 귀농(就農) 촉진을 위한 농지정책(일본의 경우, 농지보유 합리화 법인이 농지를 취득하여 취농자에게 일정 기간 임대한 다음 매각하는 농지보유 합리화 사업과 이농농가 등의 농장을 리스방식으로 신규 취농자가 이용할 수 있는 정책을 병행하고 있다)에서 보듯이 정부가 생태마을과 관련된 농지를 구입하여 이를 10년 이상 장기 임대한 다음 경작자의 요구가 있을 때 해당 농지를 구입할 수 있도록 매각하는 방안이다. (이러한 농지 마련 또는 생태마을 부지를 조성하는 것은 중앙정부뿐 아니라 지방자치단체, 그리고 필요한 경우 이같은 생태마을과 연대한 기관이나 사회단체 - 생협, 농협 등 협동조합이나 교회, 학교 및 기업 등과의 제휴를 통해서도 가능하다. 예를 들어 도시 생협이나 학교 또는 기업체가 생태마을과 제휴하여 생태마을 조성에 참여하고 여기서 생산되는 농산물을 안정적으로 확보하면서 마을을 생태학습장, 보건 휴양지 등으로 활용하는 것이다.)

　마찬가지로 귀농자, 생태마을 참여자들의 주택 역시 생태건축을 중심으로 설계하되 정부나 지자체가 비용을 부담하여, 장기 임대형태로 마련하는 방안 등을 고려할 수 있다.

　농지와 주택에 대한 이러한 최소한의 기본대책이 수립될 때 귀농자의 정착을 통한 생태마을을 근거지로, 새로운 마을공동체의 실현지로 해서 환경생태농업의 정착과 확대가 이루어질 수 있을 것이다. 결국 환경생태농업이 실현되기 위해서는 농촌·농업에 대한 새로운 가치와 의미를 가진 젊은이들이 더 많이 농촌으로 돌아와 새로운 주체를 형성해야 하고, 이를 위해서 생태마을 만들기 등 새로운 근거지 조성과 정착을 위한 농지대책 등의 정책이 구체적으로 뒷받침

되어야 한다.

　물론 이러한 정책들이 쉽게 마련될 수 있는 것은 아니다. 그러나 지금 우리에게 생태농업을 토대로 인간과 자연이 함께 조화공존하는 유기순환적인 마을을 만들어 낸다는 것의 중요성을, 그 절실한 의미와 가치를 생각한다면 이러한 정책 마련은 다른 어느 것보다 우선되어야 한다.

　한 마을이 생태적인 마을로 된다는 것의 의미는 무엇인가. 생태적인 마을의 탄생은 생태적인 세계와 그 문명의 탄생을 의미한다. 이는 곧 생태적 사회와 그 문명의 씨앗을 땅에 싹틔우는 일이다. 그것은 미래의 희망을 오늘에 실현하는 일이다.

　나무를 심는 것은 곧 숲을 이루는 것이다. 나무들이 모여 숲을 이루면 숲은 이미 나무들만의 세계가 아니다. 어느새 새가 깃들고 다람쥐가, 들꽃과 나비가, 개울이 생겨나며 달고 맑은 공기와 시원한 바람과 아름다운 생태계가 함께 이루어진다. 나무 몇 그루가 모여 새로운 세계를 만들어 낸 것이다. 이 시대, 젊은이들의 농촌 돌아가기, 환경생태농업을 실현하기, 이를 위한 삶의 근거지로서 생태마을 만들기의 의미는 이와 같다. 미래의 숲을 움틔우는 둥지를 마련하는 일인 것이다.

　그런 점에서 볼 때 환경, 생태농업을 중심으로 한 농업의 개편은 우리의 농촌·농업을 새롭게 만드는 일이며 생태적 사회와 그 전망을 구체화하는 일인 동시에 새로운 문명에 조응한 나라 만들기의 기본과제로 인식되어야 한다. 생태국가와 그 사회는 유기순환적인 농적 문명을 바탕으로 했을 때만 성립할 수 있는 것이다. 따라서 이제 환경생태농업의 실현, 인간과 자연이 공존하는 지속 가능한 농업으로의 전환은 더 이상 농민만의 과제가 아닌 것이다. 이는 민족 전체의 생존과 직결된 문제이며 나아가 지구촌에 사는 전 생명계와 연관된 문제이기도 한 것이다.

그러므로 이 땅에 생태농업을 중심으로 한 새로운 농업을 구축하는 것은 국가정책의 최우선 과제가 되어야 하며 국민적 관심사의 중심이 되어야 한다. 농업의 재편을 기본축으로 해서 새로운 시대, 새로운 문명에 대비한 국가와 산업구조에 대한 근본적인 개편작업이 이루어야 한다. 이제 우리의 생각, 우리의 삶 그리고 이 나라의 정책을 근본적으로 바꿔야 할 때가 되었다. 우리의 농촌·농업이, 우리 생존의 근거가, 우리의 내일이 무너지고 있는 상황에서 새롭게 시작하는 길만이 살길인 것이다. 젊은이들이 농촌으로 돌아와 생태농업의 새로운 주체로 나서는 일, 그것이 새봄을, 자연의 풍요에 의하여 더불어 함께 살아갈 인류문명의 새로운 내일을 준비하는 길이다. 그러나 지금 그 시간이 언제나 넉넉한 것은 아니다. 벌써 겨울이 시작되고 있다.

| 1999년 6월 |

# 뿌리내리기

귀농에 대한 사회적 관심과 필요성이 어느 때보다 높아지고 있다. 이른바 IMF 사태로 인한 대량실업의 발생 등에서 보듯이 현재의 산업구조, 도시 중심의 사회구조는 사람들의 삶을 결코 안정적으로 보장해 줄 수는 없다는 것이 더욱 명확하게 드러나면서 지금까지 간과하고 외면한 농촌, 농업의 중요성이 새롭게 부각되고 있다. 특히 최근 들어 더욱 빈발하는 기상이변 등 심각한 환경재난 속에서 지구생태계 전반에 대한 위기의식과 더불어 식량 위기가 인류 생존에 가장 치명적인 위협으로 다가올지 모른다는 우려가 높아지는 가운데 이제는 농촌으로 돌아가 최소한 자신과 가족들의 생존에 필요한 식량만이라도 스스로 마련해야겠다고 생각하는 사람들이 늘어나고 있고, 실제로 귀농하는 사람들의 수가 상당한 속도로 증가하고 있다.

### 삶의 전환을 위한 준비

이 시대 귀농의 의미는 단순한 실업대책의 차원을 넘어서 환경재난과 기아의 시대를 살아가기 위한 생존적 대안이며, 동시에 IMF

사태의 본질이라 할 수 있는 자립적 삶과 그 체제의 위기에 대한 구체적 대안이라 할 수 있다.

그러나 막상 귀농을 했을 때 과연 얼마만큼 제대로 농촌에, 흙에 깊게 뿌리박을 수 있을 것인가 하는 문제는 생각처럼 그렇게 간단하지 않다. 도시생활을 청산하고 농촌에 내려와 터전을 제대로 마련하기까지는 수많은 어려움이 따를 수밖에 없다. 이같은 어려움은 낯선 삶이 주는 두려움, 익숙하지 않은 생활의 불편함, 서툰 농사일과 육체노동 등의 문제에서부터 가족간의 문제, 마을사람들과의 관계, 그리고 무엇보다 농사를 통한 경제적 소득의 열악함에 이르기까지 겹쳐 있기 때문이다.

이처럼 귀농은 누구나 할 수는 있지만 결코 아무렇게나 할 수 있는 일은 아닌 것이다. 그래서인지 최근에 귀농한 이들 중에는 농촌에 뿌리내리지 못하고 다시 떠났던 도시로 재이동하는 사람들도 생겨나고 있다. 귀농의 흐름 속에서 귀농 실패의 사례도 늘어나고 있는 것이다. 이는 참 불행한 일이다. 귀농의 실패란 농촌에 살던 사람이 도시로 떠나는 것과는 다른 차원의 고통과 좌절이며 삶 그 자체의 실패일 수 있기 때문이다.

이런 까닭에 귀농이란 무엇이며, 올바른 귀농이 되기 위해서는 어떤 준비를 해야하는지, 특히 농촌에, 흙에 뿌리내리기 위한 마음가짐은 어떤 것이어야 하는지를 살펴보는 것은 중요한 일이 아닐 수 없다. 귀농 실패의 사례를 보면 그 대부분이 충분한 이해나 준비 없이 이루어졌던 경우가 거의 대부분이기 때문이다.

귀농이란 단순히 직업을 농업으로 바꾸는 일이거나 거주지를 도시에서 농촌으로 옮기는 것이 아님은 분명하다. 귀농은 본질적으로 삶의 전환을 요구한다. 그런 의미에서 귀농이란 창업을 하는 일일 뿐 아니라 삶을 새롭게 시작하는 일, 곧 새로운 삶의 출발인 것이다. 따라서 귀농의 성패 여부는 이러한 사실을 제대로 인식하고 삶을 바꾸기 위한 준비를 얼마만큼 충실히 하느냐에 달려 있다고 할 수 있다.

### 귀농의 목적을 분명히 하기

귀농 준비에서 가장 중요한 것은 '왜 귀농하려는가', 귀농을 통해 '어떤 삶을 이루고자 하는가'에 대한 이유와 목적을 분명히 확인하는 일이다.

귀농을 산업사회 경쟁에서 밀려나 어쩔 수 없이 이루어지는 패배적이거나 도피적인 수단으로 생각하거나 또는 막연하게 농촌으로 돌아가면 어떻게든 잘 살아갈 수 있을 것이라는 안이한 생각이나 환상을 갖는 한 농촌에서 또 한번의 참담한 패배와 좌절을 경험할 수밖에 없을 것이기 때문이다. 특히 돈벌이 자체를 귀농의 목적으로 삼는 것은 바람직하지도 않을 뿐 아니라 그 실현 가능성 또한 기대하기 어려운 것임을 유념해야 한다. 농촌에서의 돈벌이는 도시보다 훨씬 힘들고 열악할 뿐 아니라 지금 우리 농촌의 경제·사회적 현실은 그 어느 때보다 절박하기 때문이다.

그런 점에서 우리가 돌아가고자 하는 농촌현실을 바로 보아야 한다. 우리 농촌은 지난 60년대 이래 지금까지 이농행렬이 계속되고 있다. 70~80년대에는 한해 평균 40여 만 명에 이르는 농민들이 농촌을 떠났다. 농촌이 노령화되고 공동화되어 어린아이의 울음소리조차 듣기 어렵게 되었다는 것은 어제오늘의 이야기가 아니다. 귀농이란 바로 이처럼 수많은 사람들이 떠나 왔고 지금도 떠나고 있는 그 농촌으로 다시 돌아가는 것이다.

IMF 사태로 고통받고 있는 것은 비단 도시에 사는 사람, 기업에 종사하는 사람만이 아니다. 어쩌면 IMF 사태로 더 큰 충격과 고통을 받는 사람들은 농업투자를 통해서 규모의 경영을 추구하던 농민들이라 할 수 있다. 지금 그런 농가들 대부분이 경영 자체가 파산지경에 이르고 있는 것이다. 이처럼 농촌은 손쉬운 돈벌이의 땅이나 무작정 돌아가서 적당히 살 수 있는 곳이 아닌 것이다.

그러나 한편으로 지난 삶을 되돌아보면서 과연 어떻게 사는 것이 건강한 삶인가, 행복한 삶인가를 생각한다면, 특히 반자연적인 산업문명의 한계와 위기에 대해, 그리고 화려하고 편리한 도시문명 속의 불건강성과 폐해를 바로 본다면, 그래서 삶의 의미와 즐거움을 찾아서 자아를 구현하며 인간성을 지키고 자연의 신비를 이해하는 삶을 추구한다면, 땀흘리는 노동을 통해 건강하고 정직한 삶을 살고자 원한다면 농촌이야말로, 흙과 함께 하는 삶이야말로 그 유일한 대안임에 틀림없다.

다시 말하면 귀농의 동기와 목적이 도피나 환상 또는 돈벌이를 위한 수단으로 될 땐 또 다른 실패와 좌절로 귀결될 수밖에 없지만, 귀농을 통해 이루고자 하는 삶이 경제가치 중심이 아니라 흙에서 생명을 가꾸고 기르며 자연과 조화를 이루면서 자립적인 삶을 이루어 가고자 할 때 농촌·농업이란 새로운 기회의 땅이자 희망인 것이다. 날마다 자연과 만나고 발 밑에서 땅을 느끼는 삶의 보람과 건강성을 실현하는 삶이란 농업에 바탕을 두지 않고서는 불가능하기 때문이다.

### 진정으로 원하는 삶의 발견

그러므로 귀농을 통해 이루고자 하는 삶이 근본적인 삶의 전환이기 위해서는, 흙 속에 깊게 뿌리박기 위해서는 귀농에 앞서 다시 한번 정말 자신이 원하는 삶이 무엇인가에 대해, 내면 깊숙이 내 존재, 내 영혼이 원하는 삶이 어떤 것인지를 솔직하게 물어야 한다. 이를 통해 나는 왜 농촌으로, 흙과 함께 하는 삶으로 돌아가고자 하는가에 대한 분명한 확신을 가져야 하는 것이다.

그것은 먼저, 지금 우리 자신이 과연 행복한지 우리의 삶의 모습을 분명히 직시하는 일과 그리고 우리는 과연 제대로 살아왔는지에 대한 성찰에서 시작될 것이다. 아무리 물질적으로 풍요롭고 편리하다고 할지라도 우리 자신의 생명의 근원인 자연과, 흙과 분리된 채로는 다만 행복한 체할 뿐 결코 아무도 행복할 수 없다는 사실을 자각할 때, 물질적 풍요와 편리라는 이름 아래 쓰고 버리는 일상의 삶 속에서 스스로를 소모·고갈시키고 파편화, 황폐화하는 삶과 그 문명양식을, 저 도시의 편리함과 화려함의 정체를 몸으로 확인할 수 있을 것이다. 그래서 도시적 삶과 그 문명양식이 갖는 한계와 폐해를 자각할 때, 도시적 삶과 그 문화에 대해 더 이상의 미련과 환상을 갖지 않을 때 비로소 왜 우리가 농촌으로, 흙으로, 자연과 조화를 이루는 삶으로 돌아가지 않으면 안 되는가에 대한 분명한 이유를 확인할 수 있을 것이다.

이 시대 귀농자들에게 새로운 문명의 싹을 기대하는 것은, 산업문명의 문제점과 한계 그 허구를 체험하고 더 이상 도시와 그 문명에 대해 환상과 미련을 갖지 않는 사람들에 의해서만 농촌·농업의 생태적 가치와 문화를 새롭게 창출할 수 있기 때문이다. 생명의 근원으로부터 뿌리뽑혀 갈수록 시들어 가는 우리 자신을 되돌아보며 자연의 일부인 인간의 본 모습을 자각할 때, 자연이 허용하는 범위 안에서 함께 조화를 이룸으로써 몸과 마음이, 영혼이 더욱 넉넉해지고 풍요로워지는 삶과 그 사회를 이루어 낼 수 있기 때문이다.

그러므로 귀농이란 세상에서 달아나거나 사회에 관심을 덜 가지려는 것이 아니라 자연과의 조화 협력을 통해 생계와 건강과 삶의 가치와 품위를 유지하기 위해 선택할 수 있는 유일한 길이라는 확신이야말로 성공적인 귀농을 위한 전제인 것이다. 인생은 삶의 발견이 아니라 삶의 창조과정이어야 한다는 말처럼 삶의 방편으로서의 귀농이 아니라 삶의 보람으로서의 귀농이어야 하는 것이다. 다시 말하면 경제가치·물질가치·소유가치 중심이 아니라 생명가치·존재가치·생태가치가 삶의 중심이 되는, 이른바 상업농적인 귀농이 아니라 생태농적인 귀농이 되어야 하는 것이다.

**농의 가치와 의미 찾아내기**

땅에 얼마나 깊숙하게 뿌리내릴 수 있는가의 여부는 농촌·농업의 의미와 가치를 얼마만큼 찾아내는가, 농사 그 자체를 얼마만큼 좋아하고 즐길 수 있느냐에 달려 있다. 참으로 우리 스스로 생태적이지 않고서는 결코 행복할 수 없는 것이다. 흙을 살리며 생명을 기르고 가꾸는 그 자체를 좋아하고 즐길 수 있을 때, 그 일의 가치와 의미를 소중히 여기며 보람으로 느낄 때 경제적 소득이란 그 결과로서 얻어지는 당연한 보상이며 풍요로움인 것이다. 이런 마음이 있을 때 비로소 귀농을 통해 농사를 지을 수 있는 최소한의 자격을 갖추었다고 할 수 있을 것이다.

새로운 선택을 위해서는 다른 한편의 것을 놓아야 하듯이 삶의 전환에는 필연적으로 고통이 따르고 적응할 때까지는 시간이 필요하다는 사실을 인식해야 한다. 꿈을 갖되 현실의 어려움을 직시하고 새로운 삶을 시작하기 위한 마음다짐과 준비를 철저히 해야 하는 것이다. 이를 위해선 무엇보다 먼저 욕심을 줄이고 철저히 배우는 자세가 필요하다. 농업이란 생명을 가꾸고 돌보는 일인 까닭에 생명에 대한 외경심과 꾸준한 정성, 그리고 섬세한 손길을 필요로 하며, 이 모든 것이 마음자세에 달려 있는 것이다.

설사 경제소득에 대한 필요와 욕심이 절실하더라도 먼저 자연과 땅 앞에서 겸손함을 배우고 생명을 돌볼 줄 아는 농민이 된 다음에야 시작한다는 마음을 가져야 한다. 예를 들어 고추농사를 짓되 고추를 돈으로 계산하며 짓는 것이 아니라 고추라는 고유한 생명체로 돌보고 기르는 마음이 바탕이 되어야 한다는 것이다. 고추라는 작물을 생명력이 충실하게 돌보고 가꾸는 그 자체를 기쁨과 보람으로 삼을 수 있어야 하는 것이다. 이런 마음을 농심(農心)이라고 할 수 있다.

### 농심의 회복과 예비농부로 살기

농사를 짓기 위해서는 먼저 농부가 되어야 하고 농부가 되기 위해선 농심을 가져야 한다. 이처럼 농부란 단지 농사짓는 기술을 가진 사람이 아니라 자연의 운행에 따르며 땅을 섬기고 생명을 기르고 돌보는 사람이며, 쌀 한 톨, 푸성귀 한 잎의 소중함을 알아 아끼며 나누고 감사하는 마음, 스스로 삼가며 근신할 줄 아는 마음인 농심을 가진 사람 곧 생태적 인간이라고 할 수 있다.

그러므로 우리가 귀농한다는 것은, 농부의 삶의 산다는 것은 농심을 회복한다는 것이고 생태적 인간으로 거듭난다는 의미이다. 농심으로 한다면 이루지 못할 일이 없다(以農心行 無不成事)는 말처럼 농심의 회복이 귀농자들 뿐만 아니라 이 시대 생태적 삶을 염원하는 이들의 관건인 것이다. 농심으로 이루어지는 농사, 이것이 농업의 도(道)가 아니겠는가.

진정한 농부로, 대지의 자식으로 거듭나기까지는 예비농부로, 수

련농부로 사는 기간이 필요하다. 농사일이란 철저히 손으로, 몸으로 하는 일인 까닭에 이를 몸에 제대로 익히기까진 많은 시간과 정성이 필요할 수밖에 없는 것이다. 땅을 살리는 데 적어도 4, 5년 이상의 기간이 필요한 것과 마찬가지로 농사일이 몸에 배는 데도 적어도 그 정도의 기간이 걸려야 하기 때문이다. 더구나 작물과 대화하면서 일의 가락을 몸으로 탈 수 있기 위해선 오랜 노력과 정성과 시간이 필요할 것이다. 따라서 적어도 스스로 한 사람의 농부라는 자부심을 가질 수 있을 때까진 철저히 배우고 익히는 마음과 자세를 가지지 않으면 안 될 것이다.

이 과정에서 가장 바람직한 방법은 그렇게 살고 있는 현장의 농부를 스승으로 모시고 배우는 것이다. 그에게서 배울 것은 단순히 농사법만이 아니다. 그가 어떻게 자연을, 땅을, 생명을 대하는지, 자연을 읽고 따르는 지혜를 배우고 농심을 배우고 그 삶을 배워야 한다. 이러한 수련농부로 사는 일은 비단 귀농한 후에만 요구되는 일은 아니다. 귀농하기 전부터, 귀농을 준비하는 시간부터 예비농부로서의 삶을 시작해야 한다. 농사일 그 자체가 또 다른 수행이며 몸의 기도라고 하는 것은 이런 까닭이다.

튼튼한 귀농, 대지 깊숙하게 뿌리내리는 귀농의 전제로서 농사지을 수 있는 자격 갖추기인 농부되기, 수련농부로 살기와 더불어, 농촌에서 살 수 있는 자격을 갖기 위한 삶의 양식 바꾸기, 도시생활 청산하기가 있다. 귀농을 통한 삶 바꾸기, 지금까지 길들어져 온 도시적 삶의 양식을 바꾸기란 생각처럼 그리 쉬운 일이 아님은 사실이다. 그것은 어쩌면 약물중독자가 그것을 끊으려 하는 것과 같은 것일지도 모른다. 마치 금단(禁斷)현상처럼 상당 기간 고통과 불편함이 따를 수밖에 없을 것이다. 그러나 도시적 삶의 양식을 완전히 바꾸지 않고서는 농촌에서의 자립적인 삶 자체가 불가능할 뿐 아니라 자연과 조화를 이루는 삶의 실현이라는 귀농의 의미가 없어질 수밖에 없는 것이다.

삶의 양식 바꾸기란 자연을 거스르는 삶에서 자연의 운행에 따르는 삶으로, 타인의 수고에 생계를 의존하는 삶에서 생계의 필요를 스스로 마련하는 삶으로, 쓰고 버리는 소비적인 삶에서 아끼고 나누는 생산적인 삶으로의 전환이다. 스코트 니어링의 표현대로 '덜 갖되 더 많이 존재하는 삶'을 위해선 불필요한 소비를 줄이는 길이 제한된 물질 우주에서 풍요로운 삶을 실현할 수 있는 길임이 분명하다. 꼭 필요한 소비만 한다면 그렇게 많은 생산이 필요 없다는 지적처럼 우리는 불필요한 것을 덧붙여 삶을 복잡하게 만들고 있기 때문이다.

그러므로 우리가 귀농을 통해 도시적 삶의 양식에서 벗어나면 벗어날수록 농촌이 주는, 자연과 조화를 이룬 삶이 주는 풍요로움을 누릴 수 있을 것이다. 단순 소박한 삶의, 검소한 삶의 건강성과 풍요로움을 말이다.

생명의 위기, 생존 그 자체가 위기인 시대. 흙으로, 자연과 조화를 이루는 삶으로 돌아가기 위한 귀농은 생명이 움틀 수 없는 도시적 삶의 위기 속에서, 문명사적 대전환기의 혼돈과 고통 속에서 생태적이고 자립적인 삶을 위한 새로운 희망이요, 멋진 기회이자 가능성임은 분명하다. 문제는 귀농을 준비하는 우리 자신의 마음가짐과 노력 정도에 달려 있다. 땅에 어떻게 뿌리내리느냐에 따라 삶의 건강성과 풍요로움이 결정되기 때문이다. 우리는 좀 더 행복해질 필요가 있다.

| 1999년 9월 |

# 4 함께 살기

# 지금 왜 생태농활인가

… 생태적 가치와 자립적 삶의 실현을 위한 제2의 브나로드운동을 제안하며

지금 우리는 청년학생의 새로운 농활로서 생태농활을 제안한다. 최근 IMF 한파로 우리의 생활이 가파르게 얼어붙었고 학생들은 취업 걱정과 함께 '나'만을 생각하지 않을 수 없게 된 현실에서, 더구나 학생운동의 세가 갈수록 위축되는 가운데 대학농활이 변화된 상황에 대응하지 못하고 그 방향성과 목적성을 상실해 가고 있다. 이런 영향으로 청년학생들의 농촌활동에 대한 관심과 참여도는 급격히 떨어지고, 많은 이들이 이제 필요성 자체에 대해 회의하고 있다.

그럼에도 불구하고 대학농활이 갖는 의미는 아직 중요하다. 아니 오히려 지금 이 시점이야말로 그 어느 때보다 청년학생들의 농활이 중요한 의미를 갖고 있는 때이다. 그것은 작금의 엄중한 현실과 전환기적 시대 상황이 학생운동 전체, 더욱 넓게는 오늘의 우리 삶과 가치에 대한 근본적인 인식의 전환을 요구하고 있기 때문이다.

따라서 지금 새로운 농활로서의 생태농활은 참신한 소재나 생태주의라는 유행에의 참여가 아니라 우리 자신의 삶과 나라 전체의 운명에 대한, 그리고 인류문명의 새로운 향방에 대한 치열한 모색과

실천의 장이 되어야 할 것이다. 이를 위해 우리는 실천적 대안으로 생태적 가치와 자립적 삶의 실현을 위한 생태농활을 제안한다.

## IMF와 생존전략

IMF 사태는 지금 우리에게 두 가지를 동시에 묻고 있다. 어떻게 해야 살아남을 수 있을 것인가 하는 생존방법에 대한 질문과 함께, 어떻게 사는 것이 과연 제대로 사는 것인가 하는 생존가치에 대한 질문이 그것이다. 그러나 지금 우리들의 대부분은 IMF라는 사태로 초래되고 있는 이른바 구조조정과 대량실업과 환란(換亂)으로 인한 국민경제의 축소 등 급격한 경제·사회적 충격 속에서 어떻게 살아남아야 이 위기를 넘길 수 있을 것인가에만 매달리고 있다. 여기에는 정부 당국은 물론이고 이른바 대다수의 사회지도층이나 언론 또한 예외가 아니다.

IMF 사태에 대한 처방의 핵심이 한결같이 경쟁력과 생산성과 효율성 강화라는 철저한 경제논리에 바탕하고 있는 것이다. 어떻게 해서든지 우선 살아남고 보자는 식이고 그래서 생산성과 효율성에서 경쟁력을 갖지 못하는 모든 것들은 도태의 대상이 되고 있다. 살아남기 위한 전쟁, 이 과정에서 또한 경쟁력을 갖지 못해 소외되고 탈락한 수많은 사람들의 고통과 갈등은 더욱 증폭되고 심화되고 있는 것이다. 그 결과 어떻게 사는 것이 과연 제대로 사는 길이며 건강하고 올바르게 그리고 더불어 함께 사는 것인가 하는 생존의 의미, 그 존재방법과 가치에 대한 질문은 외면되고 있다.

지금은 참으로 근본적인 관점이 필요한 때이다. 위기에서 살아남은 것과 제대로 살아가는 일이 과연 분리될 수 있는 별개의 것인가. 결코 그렇지 않다. 분명한 것은 IMF 사태가 오늘 이 위기와 고통의 본질이 아니라는 것이다. 그것은 다만 드러난 한 현상일 뿐이다.

위기의 본질은 근본적으로 잘못된 우리의 생존방법, 그 살아가는 방식에 있는 것이다. 그것은 본질적으로는 반자연적인 오늘날 현대 산업문명의 문제이고, 자본주의적 생산양식과 그 체제의 문제이며 더 직접적으로 우리자신의 가치관과 삶의 방식의 문제인 것이다. 따라서 제대로 살아남기 위해선 먼저 어떻게 사는 것이 과연 제대로 사는 것인지를 확인하지 않으면 안 되는 상황이 되었다.

지금 우리가 다시 살려내야 한다고 한 목소리로 부르짖는 경제구조가 지금까지 우리의 자립적인 삶의 기반을 파괴해 왔음을 바로 보아야 한다. 이런 면에서 IMF는 한국전쟁 이후 우리를 지배한 '성장의 신화', 특히 근대화, 개발의 시대를 경과해 오면서 우리에게 유일무이한 가치였던 경제성장의 당위에 대한 거의 최초의, 그러면서도 결정적인 문제제기인 것이다.

이제 더 이상 경제가치 중심의 무한성장 신화가 지속될 수 없음은 자명하다. 이미 우리는 국제간의 무한경쟁체제에서 그 경쟁력을 상실하고 있을 뿐 아니라, 설사 우리가 이른바 구조조정 등을 통해 국제경쟁력을 어느 정도 확보한다 해도 그것을 통해 우리의 지속적인 생존과 건강한 삶이 보장될 수 있다고 하는 것은 환상에 불과한 것이다. 그것은 우리의 경제구조와 그 체제가 기본적인 생존을 위한 최소한의 자립조차 실현하지 못하는 지극히 취약한 해외의존적 경제체제인데다가 이제 그 숙주인 세계경제 자체가 근본적인 위기에 처해 있기 때문이다. 벌써부터 '자본주의 종말'을 예언하는 사람들도 있지만, 조금만 냉정하게 오늘의 경제 위기를 곱씹어보면 '자본주의의 종말'까지는 아닐지라도 '성장, 확대, 개발 이데올로기의 종말'이라는 것은 금방 느낄 수 있다.

또한 위기는 복합적이다. 최근 들어 매년 6% 이상씩 증대되는 이상기후 등 기상재난이 몰고 올 생태계의 교란과 식량 위기, 물 문제 등은 머지않아 우리의 생존을 직접적으로 위협하게 될 것이 분명하다. 지금까지는 국가가 우리의 생존과 생활을 책임질 것처럼 이야기했지만, IMF의 도움을 받는 순간 두 손을 들어버렸다. 저 잘난 시장도 20%의 안락한 삶밖에는 보장할 수 없다. 이른바 정부의 실패와 시장의 실패이다.

이제는 누구도 우리를 책임질 수 없다. IMF가 주는 일차적 교훈은 자립적인 생존 없이는 아무도 결코 온전히 살아남을 수 없다는 사실이다. 이것은 국가경제의 자립뿐 아니라 개인에게도 철저한 자립적 삶을 요구하고 있는 것이다. 어떻게 자립적인 삶을 실현해 나갈 수 있는 것인가. 결국 우리 스스로 자립적인 삶을 도모하는 길밖에 다른 대안이 없는 것이다.

그렇다면 다시 처음으로 돌아가야 한다. '도대체 산다는 것이 무엇인가,' 그리고 어떻게 사는 것이 자립적인 삶을 실현할 수 있는 길인가. 이른바 지금까지의 우리의 생활양식에 대한 근본적인 재검토가 요구되고 있는 것이다. 생활양식에 대한 질문은 곧바로 사고방식, 즉 가치관과 세계관의 문제로 이어진다. 어떻게 사는 것이 잘 사는 삶인가, 우리 삶의 중심가치는 무엇이 되어야 할 것인가. 이제 이 질문에서 자유로울 수 있는 사람은 아무도 없다. 청년학생 또한 예외가 아니다. 이 시대는 청년학생들에게 더 이상 관찰자로서의 비판과 행동을 요구하는 것이 아니라 삶의 주체로서 책임있는 행동을 요구한다. 이 문제는 스스로의 생존 문제임과 동시에 우리 사회, 나아가 인류문명의 향방과 직결된 것이다.

**농촌 회생과 자립적인 삶**

지금 우리의 자립적인 삶을 실현하는 데 가장 절박한 과제는 식량 자급의 문제이다. 기초식량의 자급 없이는 기본적인 생존과 최소한의 자립조차 불가능하기 때문이다. 그러므로 식량의 자급이야말로 자립적인 삶을 위한 기본전제가 아닐 수 없다. 이미 휴전선 너머에서 식량 부족으로 굶어 죽어가는 수백만의 동족을 목도하면서도 우리의 식량 자급도는 30%에도 못 미치고 있으며(96년 현재, 식량 자급도 26.7%, 쌀을 제외하면 3.4% 수준) 그나마 오히려 해마다 2~3%씩 줄어들고 있다. 그 결과 이제 하루라도 해외에서 식량을 수입하지 않는 한 우리 민족 전체의 기본적 생존조차 유지되기 어려운 심각한 위험성에 놓여 있는 것이다.

그런데 문제는 심각한 외환 위기 속에서는 외국으로부터 식량을 사 올 외환이 충분하지도 않을 뿐 아니라(96년 곡물 수입액 28억 6천8백만 달러, 90년대 이후 물량 면에서 35%, 금액 면에서 75% 증가) 국제적 식량 수급 사정이 갈수록 더욱 어려워지고 있다는 사실이다. 그것은 도시화 공업화 등 경제개발에 따른 경작 면적의 감소, 인구의 증가, 토양생산력의 상실, 식문화 변화 등의 기본적 요인과 함께 지구 온난화로 인한 사막화의 증대, 그 중에서도 특히 최근 들어 갈수록 그 피해가 증가되고 있는 엘니뇨현상 등 빈발하는 기상 이변으로 인한 재난은 세계의 식량생산에 결정적인 타격이 되고 있기 때문이다(94년 이래 중국이 세계 최대의 식량 수입국으로 전락하고, 최근 엘니뇨현상 등으로 식량 위기 국가는 25개국에서 37개국으로 급증).

이제 식량 위기는 환경생태계 위기와 더불어 인류 생존의 최대 위기임이 분명하다. 특히 세계 4위의 식량 수입국인 우리나라의 경우 이처럼 악화되고 있는 세계 식량 사정은 우리 민족 생존에 절대 절명적 위기로 작용할 것이다.

기아와 환경재난의 시대, 우리의 자립적인 생존을 위한 방안은 무엇인가. 그것은 결국 농촌의 회생을 바탕으로 식량의 자급과 농촌 생태계의 회복을 통한 자연과 공존하는 상생순환의 농적(農的) 생산과 생활양식 그 생태적 문명을 실현하는 길뿐이다. 결국 오늘 우리가 당면하고 있는 위기의 본질이 반자연적인 문명과 그 삶, 곧 생명의 근원인 흙과 자연에서 분리된 것에 있고 생명의 원리, 우주 대자연의 질서와 그 존재법칙에서 벗어난 것에서 비롯되었다면 땅과 자연과 조화를 이루는 생태적 삶과 그 문명양식만이 자립적이고 지속적인 삶과 생존을 위한 유일한 대안일 수밖에 없기 때문이다. 따라서 지금 우리의 생존과 자립적 삶을 실현하기 위한 가장 시급한 과제는 어떻게 우리의 농촌을 회생시키느냐에 달려 있다고 할 수 있다. 농촌의 회생을 통해서만 식량 자급과 생태적 문명양식의 실현이 가능하기 때문이다.

지금 우리의 농촌은 참으로 심각한 상황 속에 놓여 있다. 우리 사회에서 농촌·농업의 지위는 급격히 하락하고 있으며, 도시와 농촌의 격차와 농촌지역의 불평등은 갈수록 확대되고 이에 따라 농촌 지역의 붕괴와 공동화는 더욱 심화되고 있는 것이다. 80년대까지 해마다 40만 명에 달하는 젊은이들이 농촌을 떠났고 지금도 이농행렬은 계속되고 있다. 그러므로 농촌·농업 문제 중에서 가장 절박한 문제는 이제 농촌을 일구어 갈 젊은이들이 거의 없다는 사실이다(영농후계인력은 13% 미만). 젊은이들이 없는 농촌이란 곧 농촌의 내일이, 그 희망이 없음에 다름 아닌 것이다.

이처럼 농촌의 급격한 인구 감소와 노령화, 그리고 소비적 도시문화의 일방적 유입으로 인한 전통 농촌문화와 마을공동체의 붕괴로 인해 지금 우리의 농촌·농업은 이제 더 이상 스스로의 힘으로 회복할 수 있는 자생력을 상실하고 있다. 그 결과 갈수록 농업생산 기반은 붕괴되어 식량 자급률이 급격히 떨어지고 농업생태계는 파괴되고 있다.

농촌·농업은 인간과 자연이 공존하는 생태계 최후의 보루이다. 농촌·농업이 무너진 다음 생태계의 회복은 불가능하다. 상품생산을 목적으로 하는 화학비료, 농약, 비닐 등에 의한 약탈농법으로 인해 생명의 근원자리인 땅과 농촌생태계는 그 생명력을 잃고 오염되어 죽어가고 있으며, 일손이 없어 버려진 땅은 다시 황무지로 변하고 있다(전체 농경지의 3.2%인 6만 4천여 헥타르가 휴경지로 방치. 97년).

반면에 지금 국토 면적의 1.7%에 불과한 좁은 땅에서 전체 인구의 70%가 몰려 사는 기형적인 도시의 과밀화는 또 다른 사회 문제와 환경생태 문제를 야기하고 있다. 결국 농촌·농업이 생태적 건강성과 자립성을 회복하지 못하는 한 도시 또한 그 건강성을 유지할 수 없다. 도시란 그 뿌리인 농촌에 의해 유지되는 것이고 그러므로 농촌을 살리는 일이 곧 도시를 살리는 기본이 되는 것이다.

따라서 이 시대 젊음의 힘과 그 열정을 모아 농촌을 회생시키는 일에 쏟아야 한다. 이를 위해서는 젊은이들이, 청년학생들이 앞장서 농촌으로 돌아가야 한다. 가서 농촌 회생의 새로운 주체를 형성해야 한다. 가서 젊음의 열정으로 묵은 땅을 다시 일구고 죽어가는 땅과 개울을 다시 살리며 자연과 함께 건강한 먹거리와 필요를 생산하면서 마을의 두레공동체를 복원하고 인간과 자연이, 도시와 농촌이 함께 어울리는 생태마을을 새롭게 만들어 내야 한다.

경제적 가치 중심에서 지금까지 간과해 온 농촌·농업의 가치와 중요성을 새롭게 인식함으로써 농업생태계를 복원하고 농촌 회생을 통한 식량 자급과 자립적 삶의 토대를 이루는 것, 이것이 기아와 환경재난의 시대를 대비하는 길이며 농촌을 살리고 우리 모두를 살리는 길이다.

### 생태가치와 생태농활

인간성의 상실, 공동체성의 와해, 자연생태계의 파괴 등으로 설명되는 현대 산업문명의 위기와 한계가 날로 심화되고 있으며 그 중에서도 특히 환경생태계의 파괴로 인한 재난은 더 이상의 지속적인 생산과 성장 그 자체를 불가능하게 할 뿐 아니라 나아가 지구촌 인류 전체의 생존에 피할 수 없는 재앙이 되고 있다는 자각은 이제 보편적 인식으로 확대되고 있다. 이같은 인식은 지금까지의 물질 중심적인 경제가치, 소유가치 중심에서 삶 그 자체를 중시하는 생명가치, 존재가치를 중심가치로 내세우고 있다. 또한 생명가치 중심의 이러한 가치관은 본질적으로 자연생태계의 일부인 인간이 자신의 모태인 자연생태계를 거슬러 오히려 파괴 약탈함으로써 근원적인 생명위기가 발생했다는 점에서 생태가치를 근본으로 삼고 있다.

생태가치, 생태주의란 환경 문제에 대한 단순한 이슈의 문제가 아니다. 그것은 간단히 말해 생태적 존재로서의 인간, 우주적(영적) 존재로서의 인간에 대한 자각이다. 사회적 존재로서의 인간, 그리고 그 사회를 움직이는 동력으로서 생산력, 즉 경제를 중심가치로 여겼던 근대적 개발, 성장, 개조의 논리만으로는 행복한 삶을 살 수 없다는 인식이다. 이른바 패러다임 쉬프트, 즉 사고의 틀이 바뀌지 않고서는 지구적 차원의 인류의 미래도, 개인의 삶도 보장받을 수 없다는 것이다. 또한 그러한 관점에서 사회 시스템을 바꾸지 않고서는 생존할 수 없다는 것이다. '지속 가능성'이란 바로 생존 가능성인 까닭이다. 따라서 자연이 허용하는 범위 안에서 자연과 조화를 이루는 단순 소박한 삶의 풍요로움을 누리면서 동시에 그 속에서 창조적으로 자기를 실현하는 삶이 생태적 행복의 추구라 할 수 있을 것이다.

그런데 이러한 삶을 위해서는 우리 사회의 시스템이 바뀌고, 우리의 구체적인 생활이 바뀌어야 한다. 사회가 바뀌기 위해서는 전략이 필요하고 우리의 생활이 바뀌기 위해서는 규범과 실천이 뒤따라야 한다. 사회를 일구어 내는 중요한 전략 중 하나이다. 근대 산업 문명의 전개와 함께 커 온 공룡과 같은 도시를 해체하고 '농업의 기반 위에 지역공동체를 되살리는' 적극적인 장기 전략인 것이다. 그런 면에서 IMF 사태는 참으로 다행스럽게도 자립적인 삶의 중요성과 그 동안 대량이농의 시대에 잊고 있었던 농촌·농업의 중요성을 새롭게 일깨워 주고 있는 것이다.

물실호기(勿失好機), 이제사 놓칠 수 없는 때가 온 것이다. 따라서 귀농이 당장은 서글픈 낙향일 수도 있고 한편으로 IMF가 그것을 강요하고 있다 하더라도 우리는 그 틈새를 비집고 새로운 문명, 새로운 삶의 씨앗을 뿌려야 한다. 바로 이 점이 귀농운동의 시대적 의의인 것이다.

우리나라 청년학생의 농활은 70여 년의 오랜 역사를 갖고 있다. 대표적으로는 1930년대의 브나로드운동과 전후의 계몽활동, 60, 70년대의 농촌 봉사활동, 80년대의 농민의식화를 통한 농학연대운동 등 각 시기 농활은 나름대로의 목적을 갖고 이루어져 왔다. 그러나 지금 우리의 대학농활은 그 방향성과 목적성을 잃어 가고 있는 것처럼 보인다.

이제 농활은 달라져야 한다. 우리의 농활은 무엇보다 먼저 생존 위기, 생태 위기 속에서 농촌·농업의 가치와 중요성을 새롭게 자각하고 농촌·농업의 회생을 바탕으로 생태적 가치를 지향하며 자립적 삶을 준비하는 우리 자신의 각성과 체험의 장이 되어야 한다. 이것이 지금 우리가 생태적 농활을 제안하는 이유이다.

도시가, 그리고 IMF 하의 구조조정을 통한 다른 산업부문이 이미 대규모 잠재적 실업자로 전락하고 있는 청년학생들을 포용해 줄 수 있다고 믿는 것은 환상이며, 설사 치열한 경쟁을 통해 그 속에 편입된다고 한들 그 삶이 결코 자립적일 수 없음은 자명하다. 그렇다면 이 대량실업의 시대, 눈앞의 절박한 생계 문제를 포함하여 우리의 생존 문제를 어떻게 해결해 나가야 할 것인가. 결국 농촌·농업의 회생만이 대규모의 실업 문제를 해결할 수 있는 유일한 현실적 대안이다.

따라서 생태농활은 기본적으로 귀농을 통한 자립적 삶과 생태가치의 실현을 지향하는 제2의 브나로드운동이 되어야 할 것이다. 그러므로 지금 실직으로 고통받고 있는 사람들, 산업 팽창주의의 모순을 온몸으로 절감하고 있는 사람들과 삶의 존엄성을 염원하는 청년학생들이 함께 이 운동에 나서야 한다.

그러면 이같은 생태농활의 내용은 무엇이며 기존 농활과는 어떤 차별성을 갖는 것인가. 삶과 문명의 전환을 위한 전략으로서 귀농의 중요한 내용이 새로운 생활양식을 배우고 몸으로 실천하는 것이라고 한다면, 바로 생태농활은 이를 배우고 체험하는 학교라고 할 수 있다.

지금까지 농활은 농민을 의식화하거나 농학연대운동의 차원에서 농민운동을 지원하는 것에 기본적인 목표를 두었기 때문에 농업노동을 경험하고 농민의 민중성을 배운다 하더라도 그것은 한 인간으로서 각자의 인생 진로와 가치 지향과는 별 관계가 없었다. 그래서 농활에서 돌아오면 다시 산업사회의 질서에 편입되어 근대적 사고, 자본주의 논리를 교육받고 다시 산업사회로 진입하기 위한 준비를 했다. 지금까지의 농활은 실천과 인식이 분리된, 모순된 형태로 진행되었다고 말할 수 있다. 물론 농활은 우리 사회의 모순에 대한 인식을 심화시키는 계기가 되고 그 인식을 일정 정도 실천으로 끌어내는 장의 구실도 하고 있다. 하지만 그 실천은 새로운 가치나 생활의 대안으로 나아가지 못하고 고생스런 경험으로 추억될 뿐이었다.

이에 반하여 생태농활은 무엇보다 우리에게 새로운 가치와 생활문화를 일깨워 줄 것이다. 직접적으로는 농업적 사고와 농업노동을 배우고, 나아가 새로운 눈으로 자연을 만나고 생명질서를 몸으로 느낄 수 있을 것이다. 그것은 색다른 경험이 아니라 사회에 나가 생활하면서 견지해야 할 가치와 규범을 체득하는 과정이 될 수 있다.

다음으로 지역, 혹은 지역공동체를 만나게 된다. 산업문명은 농촌, 농업을 파괴했을 뿐 아니라 지역공동체를 파괴했다. 도시 안에서는 가족과 직장만이 존재할 뿐이다. 생태농활을 통해 작게는 마을공동체의 나눔의 문화를, 넓게는 지역의 의미를 배울 수 있다.

운동의 측면에서 생태농활은 전략으로서 귀농운동의 연장선상에서 살펴볼 수 있다. 참가자들은 농활지역과의 지속적인 관계 속에서 이를 귀농을 통한 자신의 자립적인 삶을 실현하기 위한 준비과정으로 삼을 수 있을 것이다. 귀농이란 일차적으로는 농업에 종사하는 것을 말하지만, 교육, 농가공기술, 의료 등을 자신의 업으로 삼아 귀향하여 지역공동체에 참여할 수도 있다. 귀농을 통하여 마을의 두레공동체를 복원하고 생태마을을 새롭게 만들어 가며 도농공동체를 이루어 내는 일이 곧 생태사회의 토대를 구축하는 일이기 때문이다.

이처럼 생태농활은 무엇보다 청년학생들이 새로운 가치를 얻고 새로운 삶을 준비하는 배움의 장이다. 따라서 생태농활은 우리 사회가 새로운 가치와 새로운 생활양식을 모색하는 작지만 의미심장한 시작이다. 우선은 새로운 학생운동, 학생활동의 진로를 찾아가는 출발이 될 수도 있거니와, 나아가 새로운 문명을 여는 대장정의 첫걸음이기도 한 것이다.

**생태농활 실행원칙**

생태농활을 실행에 옮기는 데도 당연히 기존의 농활과는 다른 원칙을 적용해야 할 것이다.

첫째, 무엇보다 가능하면 유기농업, 생명농업을 지향하는 생산자와 결합해야 한다. 그럴 때에만 새로운 가치와 생활문화를 제대로 배울 수 있을 것이다. 생태환경을 위한 농촌은 산업으로서의 농업이 그 생태적 내용을 담아 낼 때 비로소 가능하기 때문이다. 이것이 유기농, 생명농업의 일차적 이유인 것이다. 관행농법에 의해 농사를 짓는 지역의 경우에도 학생들이 먼저 그런 문제의식을 전하고 그러한 관점에서 농활을 진행될 수 있도록 협조를 구할 수 있을 것이다. 농민들도 대개의 경우 유기농업의 필요성을 절감하고 있기 때문이다. 따라서 생태농활에서 그 활동의 기본은 농촌생태계의 회복에 두어야 할 것이다.

둘째, 지역적 연계의 용이성을 고려해야 한다. 대학이 있는 지역이면 가장 좋으나 그렇지 못하다 하더라도 가능하면 가까운 지역에 가도록 해야 한다. 이는 농업에 기반한 지역공동체에의 참여라는 측면에서, 또한 직접적으로 대학 생협과의 연계의 필요성이라는 측면에서 장기적으로 반드시 지켜야 할 원칙 중의 하나이다. 물류 비용의 최소화라는 생태 합리성이라는 관점에서도 중요한 의미를 가지고 있다.

셋째, 지속적이어야 한다. 마을, 지역과 결연을 맺어 깊이 있는 만남이 가능하도록 하고, 장기적으로 귀농을 하거나 지역에 정착을 할 경우까지도 예비해야 한다. 이런 과정을 통해서 생명공동체운동, 유기농운동, 도농직거래운동 등을 준비하고 함께 실현해 가야 할 것이다.

넷째, 생활 중심의 프로그램을 준비해야 한다. 기존의 농활은 강도 높은 노동이 중심이었으나 생태농활은 새로운 가치와 생활문화를 배운다는 점에서 가능한 생활을 함께 나누는 방식으로 프로그램이 준비되어야 한다. 예컨대 식사도 농민들과 함께 준비하고 함께 하도록 해야 할 것이다. 노동도 생활의 한 부분이라는 관점이 필요하다.

다섯째, 배운다는 자세가 필요하다. 의식화의 대상이라는 관점과는 반대로 일차적으로 배우는 과정으로서 농활이 되어야 하기 때문이다. 물론 학생들의 신선한 문제의식을 전하는 것도 소홀히 할 수는 없다.

여섯째, 농활의 단위는 작아야 한다. 생활을 배우기 위해서는 섬세한 만남이 필요하기 때문이다. 대규모 농활은 농촌 봉사활동 수준을 넘을 수밖에 없다.

일곱째, 생태농활은 그냥 농활이 아니라 '생태' 농활이라는 점에서 노동 이외에 자연과 접하고 느낄 수 있는 시간을 가지도록 해야 할 것이다. 이런 과정에서 자연과 만나고 생명을 느끼는 감수성을 체득하는 노력 또한 소홀히 할 수 없다. 따라서 프로그램도 느슨하게 짜서 사색과 대화의 여유를 즐길 수 있도록 할 필요도 있다.

이같은 원칙은 물론 하나의 원칙일 뿐 반드시 지켜야 할 법규는 아니다. 현실적으로 지금은 유기농업 농가가 적고 대학이 수도권에 집중되어 있기 때문에 지키고 싶어도 지키기 어려운 부분도 많기 때문이다. 그러나 이런 원칙들을 토대로 그 내용을 담아 낼 구체적 실천과제를 마련해야 할 것이다. 생태농활의 과제는 다양하고 이는 참여자의 역량, 현장의 조건 등에 따라 농활참여자와 마을주민들이 함께 마련해야 함은 당연하다.

  생태농활, 이제 새로운 시작이다. 작지만 매우 중요한 출발이다. 개인의 삶에서부터 인류 전체의 생존에 이르기까지, 그리고 지구의 전 생명계에 이르기까지 그 위기가 심화되고 있는 상황 속에서 생태가치의 회복과 자립적 삶을 실현하는 일은 무엇보다 중요하고 절박하다. 자립적 삶 없이 자존적 삶도 없다. 어떻게 살 것인가. 우리는 어떤 삶과 어떤 세상을 원하는가. 그 방법은 무엇인가. 생태농활은 이같은 깨어 있는 지성과 젊음의 치열한 고뇌에 대한 하나의 대안이고자 한다.

  이제 새로운 농활로서 생태농활에 대한 실천적 논의와 참여를 요청한다. 이를 통하여 생태농활이 새로운 가치와 삶의 모색이 되고, 나아가 우리 청년학생운동의 진로를 새롭게 생각하는 계기가 되었으면 한다. 그래서 우리 자신의 삶과 우리 농촌·농업의 회생을 위한 새로운 브나로드운동으로 시작되기를 간절히 소망한다. 저기, 저 빈 들녘이 젊은 열정을 애타게 부르고 있다.

# 귀농과 생태마을 만들기

··· 자연과의 조화 속에 이루어지는 자립적이고 건강한 삶을 위하여

### 생존을 위한 귀농

이제 왜 귀농인가, 왜 농촌으로, 흙으로 돌아가지 않으면 안 되는가 하는 이유는 더욱 명확해졌다. 그것은 우선 당면한 위기로부터 살아남기 위해서 그리고 건강하게 제대로 살아가기 위해서이다. 생존을 위해서, 건강한 삶을 위해서, 나아가 지속 가능한 문명과 그 세상을 위해서 농촌으로, 흙과 자연과 함께 하는 삶의 양식으로 돌아가지 않으면 안 되기 때문이다.

우리가 왜 농촌인가, 농업, 농민인가 할 때 그것은 왜 흙인가, 왜 자연인가, 생명인가 하는 것과 같은 의미이다. 흙, 자연은 곧 모든 생명의 근거이며 그 근원자리이기 때문이다. 오늘날 우리가 당면한 위기 - 우리의 건강과 생명의 위기를 비롯한 생태계 전체, 지구 전 생명계의 위기는 우리 모두의 생명의 근거인 흙, 자연에서 분리된 데에서, 그리고 그 근원자리를 파괴, 약탈한 데에서 비롯되었다. 시멘트 아스팔트 속에서는 생명이 싹트지 못하기 때문이다.

농촌, 농업이란 무엇인가. 그것은 우리의 생명인 밥상이요, 우리

모두의 생존의 텃밭이다. 그런데 지금 이같은 우리의 농촌, 농업이 심각한 위기 속에 놓여 있다. 곧 우리의 밥상이, 생명과 건강이, 삶과 문명이 심각한 위기 속에 놓여 있는 것이다.

농촌, 농업의 여러 문제 가운데서 지금 가장 심각한 문제는 왜곡된 농업관과 농촌에 더 이상 농사를 지을 젊은이들이 없다는 문제이다. 해마다 40여 만 명에 이르는 농민들, 특히 대부분의 젊은이들이 썰물처럼 빠져나가고 지금 우리 농촌에 남아 있는 사람들은 거의 대부분 노인들과 부녀자들뿐, 젊음의 힘, 그 활기참이 없다. 젊음이 없는 농촌은 내일이 없는 것이고 그것은 곧 이 나라와 이 겨레의 내일이 없음과 같다.

지금 농촌은 애타게 젊은이들을 부르고 있다. 농촌에 젊은이들이, 그 기운이 절실히 필요하다. 농촌을 살려내야 한다. 사람과 자연이 함께 어울려 생명을 움틔우는 생존의 보금자리인 농촌을 살려야 우리가 산다. 우리가, 이 땅의 젊은이들이 농촌으로 돌아가야 하는 이유는 농촌, 농업을 살려야 내가 살 수 있고, 우리와 우리 자식들이 건강히 살아갈 수 있기 때문이다.

날로 심화되는 산업문명의 위기와 폐해 속에서 새로운 가치, 새로운 삶을 추구하는 젊은이들이 늘어나고 있다. 반자연적인 도시에서 벗어나 농촌에서 흙과 더불어 농업적 생산양식을 통해서 자신의 삶을 꾸려 가려는 젊은이들이다. 농촌으로 돌아가는 것, 귀농은 단순히 농촌에 산다는 의미가 아니다. 그것은 자신의 삶을 자연친화적, 생태적으로 새롭게 바꾼다는 의미, 곧 새로운 삶의 전환을 위한 선택이다.

귀농을 통해서 추구하는 새로운 삶이 그 의미를 충족시킬 수 있어야 함은 물론이고 농촌에 돌아와 사는 삶이 가치 있고 보람된 것이어야 함은 당연하다. "자연과의 조화 속에서 이루어지는 소박한 삶은 우리에게 내적 자유를 되찾아 줄 것이며 도시에 사는 사람들로서는 결코 느낄 수 없는 무한한 행복감을 느끼게 해 줄 것이다"라는 요가난다의 일깨움이나 '적게 소유하되 보다 많이 존재하는 삶'을 추구했던 스코트 니어링처럼 생명을 돌보고 기르고 가꾸는 기쁨, 손으로 만들고 이루는 성취감, 땀흘림을 통한 육신의 상쾌함, 노동을 통해 이루는 만족감, 그리고 무엇보다 자연과 함께 하는, 뭇생명과 함께 공명하는 기쁨을 노래할 수 있어야 한다.

그렇다면 건강한 귀농, 생태적 귀농을 위한 조건과 내용은 무엇인가. 농촌에서 튼튼히 뿌리내리며 살아가기 위해선 여러가지 조건이 필요할 것이다. 우선 농사를 지을 땅을 마련하는 것에서부터 농사짓는 방법, 살집 장만, 농촌에서의 살림살이, 자녀교육 문제, 생산한 농산물의 판매, 농촌에서의 문화생활 등등에 이르기까지 수많은 일거리가 있기 때문이다. 삶 전체가 새로운 과제들임에 틀림없다. 이같은 여러 조건, 과제들을 귀농자들이 함께 해결하면서 생태공동체를 이루기 위한 실천과제로서 생태마을 만들기를 생각할 수 있다.

### 새로운 두레공동체, 생태마을 만들기

귀농을 통하여 살고자 하는 삶이 더 많은 내용을 갖고 안정적으로 지속되기 위해서는 개별적 노력뿐 아니라 조직적이고 집단적인 노력이 필요하다. 이 구체적 형태가 귀농자들을 중심으로 한 생태마을 만들기이다. 사실 개별적 귀농을 통해 생태적 가치와 자립적 삶을 실현한다는 것은 뚜렷한 한계와 어려움이 있을 수밖에 없을 뿐 아니라 공동의 목표를 실현하기 위해선 이미 있는 일차 집단적인 마을공동체보다 의도적으로 형성된 마을공동체의 중요성이 큰 것임은 말할 나위도 없다. 최소한 하나의 마을, 한 공동체가 같은 성격과 목적으로 이루어질 때 사회적 단위로서의 대안적 의미를 가질 수 있기 때문이다.

생태마을 건설은 기본적으로 귀농자들 각 개인의 생태적 삶을 실현하기 위한 공동체적 노력이며 그 결과로서, 귀농운동을 통해 실현하고자 하는 구체적 목표이기도 하다. 그러므로 생태마을은 자연친화적 삶의 실현을 통해 생태문화와 그 대안문명을 염원하는 사람들의 삶터이며, 유기순환의 농사를 통해 자연과 공존하면서 식량과 기본생계를 해결하는 생산현장으로서의 일터이자, 흙 속에서 생명을 가꾸고 기르는 마음과, 사람과 자연이 상호 협력하는 상생과 순환의 원리를 익히고 배우는 생태학교, 귀농학교로서의 배움터이며, 동시에 마을 구성원 상호간에, 도시와 농촌, 생산자 소비자 사이에 그리고 노인에서 어린이에 이르기까지 하나되어 서로 어울리며 함께 나누는 문화마당으로서의 나눔터이다.

다시 말하면 생태마을이란 농촌으로 돌아가 농업을 통해 자연친화적 삶을 추구하는 귀농자들이 주축이 되어 자연생태계와의 조화, 공존에 바탕을 둔 유기순환의 농법을 중심으로 농사일과 마을일을 포함한 생활상의 일들을 상부상조에 의해 함께 협동으로 이루어 가는 마을공동체라고 할 수 있다. 이를테면 농사지을 땅, 집 지을 땅을 함께 마련하는 것부터 농사일 함께 하기, 살림집 함께 짓기, 아이들 함께 돌보기, 자녀교육 함께 시키기, 그리고 생산물의 저장, 가공, 유통, 판매 등의 공동사업과 도농 직거래 교류활동 등을 상생과 협동의 원칙에 따라 마을 단위로 함께 이루어 가는 공동체인 것이다.

**생태마을의 대안성**

　이같은 생태마을은 2중적 대안성을 갖고 있다.

　그 하나가 도시 산업문명 즉, 자연과의 철저한 분리에 바탕한 인간과 자연간의 단절뿐 아니라 이웃과 이웃간의, 인간 상호간의 공동체성마저 단절되고 분리된 도시적 생활양식 - 삶과 일의 분리, 일과 놀이의 분리, 삶과 의식의 분리 - 에 대한 대안성이다.

　그 다음이 현재의 농촌마을의 한계에 대한 대안성이다. 과거 자연환경과 공존하던 농촌마을은 새마을운동으로 대표되는 농촌 근대화정책과 도시적 산업문명의 생활양식 침투로 대부분 파괴되어 생태적 대안성을 갖기 어렵게 되어 버렸기 때문이다. 이에 따라 지금의 농촌마을은 취락구조에서부터 농업의 내용과 방식, 마을공동체 구성과 운영에까지 여러가지 한계와 문제를 드러내고 있다. 더구나 탈농정책을 중심으로 한 농촌에 대한 정책적 소외에 따른 대량이농으로 농촌은 갈수록 황폐화되고 있는 실정이다. 따라서 생태마을은 현재의 농촌마을에 대한 하나의 대안으로서 이농으로 버려진 땅에 생기 넘치는 삶의 터전을 구축하는 역사이기도 하다.

**생태마을과 두레공동체마을**

　귀농운동에서 추구하는 생태마을은 특별히 새로운 개념의 것은 아니다. 이것은 전통적 의미의 두레공동체마을과 크게 다르지 않다.

　두레공동체란 농업사회에서 마을 단위의 공동생산을 중심으로 한 경제, 사회 결사체로서 우리나라 고유의 협동조직체이다. 이 두레공동체는 단순히 농업노동의 협동체로 끝나지 않고 함께 일하고 함께 놀고 외부의 침입으로부터 마을을 함께 지키는, 일과 놀이와 투쟁의 생활공동체 조직이라 할 수 있다.

농사란 본질적으로 협동적 생산을 전제로 하기 때문에 이같은 두레공동체 조직은 농업사회에서 마을 단위의 기본조직일 수밖에 없는 것이다. 따라서 두레공동체 조직원리는 농업생산을 기본으로 하는 생태마을에도 마찬가지로 적용할 수 있을 것이다. 다만 두레공동체가 마을공동체 구성원 상호간의 상부상조와 호혜평등의 원리에 바탕을 둔 협동의 지혜라면 생태마을에선 거기에 더하여 도시와 농촌, 사람과 자연의 생태적 관계를 고려한 공존과 조화의 원리를 강조한다. 이는 인간도 자연의 한 부분이며, 자연을 존중하며 자연과 조화를 이룬 삶이 건강한 삶이라는 옛 지혜를 따른 것이라 할 수 있다.

**생태마을 구성과 운영의 원칙**

생태마을의 구성과 운영은 기본적으로 생명가치에 따른 생명윤리를 실현하는 것이어야 한다. 이에 대한 원칙으로 '상생순환의 원칙', '상부상조의 원칙', '자급자족의 원칙'을 들 수 있다.

상생순환의 원칙 : 생태적 삶과공동체의 기본개념으로서 상생순환의 원칙은 우주 대생명계의 존재원리이자 법칙이며, 인간을 포함한 뭇생명이 함께 공존하면서 지속 가능한 삶을 실현할 수 있는 기본원칙이다. '상생'이란 존재의 목적이며 그 원리이고, '순환'이란 생명을 위한 작용의 원리이며 관계의 법칙이다. 모든 개체 생명은 환경을 포함한 다른 생명과의 순환적 관계를 통해서만 비로소 온전한 생명을 유지할 수 있다. 그러므로 한 개체 생명과 그 나머지 다른 생명과의 관계는 본질적으로 온 생명을 위한 상생의 관계인 것이다.

상부상조의 원칙 : 공동체의 원리로서 마을공동체 구성원 사이,

공동체와 공동체 간, 도시와 농촌, 생산자와 소비자 사이, 공동체와 공동체 사이, 인간과 자연생태계의 사이의 공존과 협동의 원리이며, 특히 두레공동체의 기본원칙이다.

자급자족의 원칙 : 지속 가능한 생태적 삶을 위해서는 가능한 마을 단위로 생산과 소비의 자급자족을 지향한다. 이는 단순히 경제적 자립만을 의미하는 것이 아니라 생산양식과 소비 생활양식의 전환을 통해 자급자족에 의한 삶 전체의 건강한 자립성을 추구한다. 생태마을은 기본적으로 자연친화적인 주거단지로서의 기능과 더불어 자체적인 식량 및 에너지원의 자급을 통해 외부로부터의 의존을 최소화해야 함이 원칙이며 동시에 또한 이런 과정에서 자연환경 친화성과 지속 가능성을 함께 실현해 내어야 하기 때문이다.

상생순환의 원칙이 생태적 삶과 그 사회를 위한 이념적 원칙이라면 상부상조와 자급자족은 이를 위한 실천적 원칙이라 할 수 있다. 이같은 원칙의 실현을 통해 생태적 공동체의 지향인 '제한된 물적(物的) 자원으로 공해와 자원을 최소한으로 줄여 가면서 자발적인 청빈의 삶을 살 수 있으며 또한 삶과 노동과 놀이가 조화를 이루는 풍요'를 즐길 수 있을 것이다.

### 생태마을의 모습

생태마을의 모습은 공동체 구성원들인 귀농자들의 여건과 지역 환경의 조건에 따라 다양한 모습을 가질 수 있을 것이다. 그러나 생태마을은 기본적으로 자연의 에너지와 순환계를 중요시하기 때문에 농업생산이 중심이 될 수밖에 없으며 이를 바탕으로 자체 생산물 및 부산물을 가공 처리하는 소규모의 2차 생산설비를 운영하는 형태가 바람직한 모형이다. 마을구조 또한 최대한 주변의 지리환경적, 자연 생태적 조건에 따라야 함은 물론 나아가 인간과 생물이 어우러지는 자연환경의 조성을 배려해야 한다. 이를 통한 자연의 다양성에 직접 접촉하는 공간의 조성 또한 중요한 일이다. 이를 위해선 생태적 체계와 이에 따른 공간과 시설의 이용방안 그리고 생산활동과 생활양식 같은 활동요소를 고려하여야 한다. 나아가 마을 주변의 훼손된 생태계를 보완하며 생물 서식공간의 조성 등 더욱 적극적인 노력을 병행해야 한다. 이같은 생태마을의 모습을 다음과 같이 단순화시킬 수 있다.

**생태적 취락구조** : 생태마을의 기본구조는 주거양식과 생산형태이다. 이 가운데서 마을의 취락구조의 기본은 지형과 주변의 자연과 조화되는 살림집 및 시설물의 배치와 형태, 그리고 자연환경에 순응하는 곡선형의 도로건설, 적절한 물질순환이 이루어지는 체계와 그 공간의 확보 등이다.

주거형태로서의 살림집은 주변의 자연생태계와 조화를 이루면서 건강한 삶에 바탕한 자연소재 중심의 생태적 건축물이 되어야 한다. 숨쉬는 집, 그 안에 사는 사람과 그 바깥에 있는 자연이 하나로 이어져 함께 서로 소통하고 호흡하는 집, 사람을 포근히 감싸 주면서 동시에 자연 속에 열려 있는 가옥구조와 양식이 농가 살림집으로 적합함은 물론이다. 그러므로 흙, 짚, 나무, 돌 등 자연소재로 지어진 전통 농가양식을 기본으로 생태기술, 적정기술을 도입하여 단순하되 편리하고, 아늑하되 넉넉하며, 주변환경 생태조건과 어울리는 농가 살림집을 마련할 필요가 있다. 공동 이용시설로는 각 개별 가정공간의 연장으로서의 마을 회관(공회당, 문화센타- 사랑방, 도서실, 놀이방, 공동식당 등의 공간)을 중심에 두고 농업 생산시설(가공공장, 창고, 저장시설 및 설비, 마을 특산품 판매장 등)과 편의시설 등을 적절히 배치한다.

저에너지 소비환경 시스템 : 에너지 소비를 최소화하고 태양, 바람, 물 등 자연에너지와 동, 식물 등 생물학적 시스템(메탄가스 탱크 등)을 적극 개발 이용한다. 특히 태양열을 최대한 받을 수 있는 지역을 선정하여 집열판, 태양열 발전기 등을 최대한 활용할 수 있도록 고려한다. 또한 물 자원의 효율성을 위해 상수뿐 아니라 우수, 중수의 활용방안을 적극적으로 마련한다.

폐기물의 재사용과 자원화 : 생산 및 주거단위에서 발생하는 각종 부산물, 폐기물을 효과적으로 재활용하여 에너지 이용과 토지의 생산성을 높이며 가축 분뇨로 인한 환경오염 방지와 재활용기술의 활용, 폐수 처리시설의 소규모 분산화 및 습지를 이용한 폐수의 처리 등 생물학적 처리시설 설치(공동 오폐수처리 시스템, 폐품 재활용센타, 농기구 수리센타 등).

자연경관, 자연자원의 보존 : 훼손된 생태계 및 자원의 복원, 삼림의 조성, 생물 서식공간과 생태 늪의 조성. 산림보전을 통한 생물 다양성의 유지. 주변 자연환경을 고려한 생산작목의 배치, 산지 하천 등 지리환경 조건의 적절한 활용.

흙을 살리는 유기순환의 농사 : 모든 농업은 본질적으로 흙을 바탕으로 성립한다. 때문에 농사법의 기본은 흙을 살려서 그 생명력에 의한 건강한 먹거리를 생산하는 데 둔다. 그러므로 흙을 죽이고 자연을 수탈하는 화학농법, 살생농법이 아니라 자연과 함께 순환, 공존하면서 흙을 살리고 그 생명력을 활성화시켜 건강한 농산물-생명의 먹거리를 기르고 가꾸는 유기순환의 생명의 농사법이어야 한다.

오리농법, 우렁이농법, 무경운농법, 유축복합농법 등 흙을 살리고 환경생태계를 보존하며 건강한 먹거리를 생산하기 위한 다양한 농법에 의한 농사와 재래종, 토종 등 지역 원산종의 복원, 재배 및 다품목 소량생산에 의한 환경적 변화와 사회적 변화에 적응하며 안전성을 확보하는 농사를 추구한다.

**두레공동체에 의한 노동** : 모내기, 김매기, 추수하기 등 농산물의 생산에서부터 농기계, 농업시설 이용, 농산물 가공·저장·유통·판매에까지, 그리고 집안 대소사에서 마을공동체에 이르기까지 두레와 품앗이와 상부상조에 의한 함께 하기

**자연과 함께 하는 대안학교와 생태학습장** : 학교는 지역과 마을의 심장이다. 생태마을과 대안학교로서의 생태학교는 함께 추진되는 것이 바람직하다. 지금 우리 아이들이 어떻게 병들고, 시들어 가고 있는가. 생명의 신비와 외경을 배우고 더불어 함께 살아가는 공동체의 원리를 체험하며 몸과 마음이 맑고 건강하게 자라기 위해서는 자연에 더 가까운 환경과 학습이 필요함은 자명하다. 생명의 모태인 자연이야말로 가장 뛰어난 교과서이며 교사이고 새로운 인간은 자연의 아름다움과 접촉하는 가운데 커 나감으로써 온전한 인격을 갖출 수 있다고 하듯이 환경생태계의 위기 속에서 우리 아이들이 건강히 살아가기 위해서는 자연과 공존, 조화할 수 있는 지혜와 능력을 배워야 하기 때문이다. 그러므로 지적(知的) 학습과 노작(勞作)학습이 함께 이루어지며 살아 있는 자연 속에서 풍요로운 감성을 길러 내며 전인적 교육을 목표

로 삶에 필요한 실제적 지식을 배우고 일깨우는 대안교육과 그 학교는 기본적으로 농촌공동체를 중심으로 이루어져야 한다.

따라서 생태교육을 중심으로 한 대안학교와 생태마을 건설은 귀농운동을 통한 대안운동의 중점내용이라 할 수 있다. 마을과 주변 자연생태환경 자체가 학습장이자 교실이며 생명을 기르고 돌보는 노작과 공동체활동이 곧 중요한 교육내용이 되는 것이다. 또한 마을회관 등을 이용하여 소비자공동체 가족, 귀농 희망자 등을 대상으로 흙과 농사, 생태적 삶의 체험을 위한 생태학교, 귀농학교를 개설, 운영하며 동시에 공동체 식구들의 자연의 다양성과 직접 접촉을 통한 생태적 통찰과 오솔길, 숲 등 명상공간을 통한 정신건강의 증진을 추구한다.

얼굴을 마주하는 도·농공동체의 교류 : 안정적인 생산과 더불어 농산물 가격의 제값 실현에 의한 농가소득을 위해서는 생협 등 소비자공동체와 직거래하는 것이 가장 바람직한 형태이다. 이 경우 소비자공동체는 가능한 귀농후원자들을 중심으로 연대하여 단순한 생산물의 직거래에 머물지 않고 삶을 함께 나누는 도·농공동체운동으로 발전시키는 것이 바람직하다.

서로의 얼굴을 마주 보면서, 소비자의 건강과 생명을 위한 안전한 밥상을 책임지는 생산자와 그런 생산자의 안정적인 생활을 보장해 주는 소비자와의 연대를 바탕으로 한 도·농 직거래, 도·농공동체운동이 생태마을 실현과 운영의 주요한 내용일 수밖에 없다. 이는 농산물 등 물질적 나눔뿐 아니라 서로의 인격과 마음을 함께 나누는 것, 형제적 삶을 나누는 것이어야 한다. 그러므로 주말이나 휴가, 방학 등을 이용한 도시공동체의 생산지 방문과 일손 돕기, 계절 생태학교 참여, 수확축제 등 도·농공동체 간의 교류와 연대는 도·농 직거래를 통한 농산물 제값 받기 뿐 아니라 튼튼한 귀농과 생명의 밥상 마련 및 생태적 삶 실현을 위한 기본조건이기도 하다.

**마을잔치, 마을문화** : 생태마을은 새로운 문화, 새로운 삶을 위한 공동체운동이다. 자연의 다양성과 풍요로움의 추구, 물질적 필요와 사회 문화적 욕구를 충족하기 위한 운동이다. 일과 놀이가 함께 어우러지고 공동체 구성원의 집단신명과 활력이 넘치는 마을, 인간과 다른 생물의 공존을 위한 자연환경의 보전과 조성, 소비자공동체와 함께 하는 마을공동체 축제와 문화 만들기는 생태마을의 기본지향이다. 이를 위해 마을공동체의 중심인 마을회관(문화센타, 사랑방 회관)을 중심으로 다양한 프로그램을 상시적으로 실시한다.

## 생태공동체 문화를 위하여

귀농운동은 개인의 삶에 대한 새로운 전환일 뿐 아니라 반자연적 산업문명이 가져온 위기와 한계에 대한 사회적 대안이다. 그러므로 귀농운동을 통한 생태마을 건설은 자연과의 조화와 이웃과의 협동을 통해서 생태적 균형과 공동체적 삶을 실현하기 위한 생태공동체운동의 구체적인 내용이라 할 수 있다. 생태적 삶의 실천 없이 지속 가능한 생태사회의 실현이란 불가능한 것임은 자명하다. 제한된 물적 자원으로 공해와 자원의 낭비를 최소한으로 줄여 가면서 살아가기 위해서는 단순 소박한 삶이 주는 또 다른 풍요로움을 즐길 수 있어야 한다. 생태마을이란 바로 이러한 삶의 실현을 위한 공동체적 노력이다.

이같은 생태마을을 통해 버려졌던 농촌 곳곳에 새로운 생태공동체가 건설되면 이를 바탕으로 생태적 지역공동체가 형성될 수 있을 것이다. 그 속에서 상생과 순환의 원리에 따른 조화와 협동의 새로운 문명, 지속 가능한 새로운 생태공동체 문화가 꽃필 것이다. 귀농-농촌으로 돌아가기는 이제 불안한 경제와 식량 위기 등 당면한 생존 문제 해결에 대한 실천적 대안이자 더욱 상쾌한 삶과 지속 가능한 푸른 문명을 열기 위한 구체적 시작이다.

# 생태공동체와 교육

### 생태공동체는 아이들 교육의 현장

우리의 바램과는 달리 앞으로 우리 아이들이 살아갈 생존조건은 갈수록 열악할 수밖에 없을 것 같다. 현재 눈앞에서 일어나고 있는 여러 재앙들로 미루어 볼 때, 우리 아이들의 미래는 일찍이 우리가 경험해 보지 못한 최악의 경우를 상정한다 해도 결코 지나친 생각이 아니리라 싶다. 갈수록 더욱 명확해지는 산업문명의 한계와 더불어 최근 지구온난화 문제 등의 기상재난으로 인해 우리는 100년 만의, 또는 기상관측 이래 처음이라는 재앙이 이제는 일상적으로 일어나고 있는 상황 속에서 살아가고 있기 때문이다.

이처럼 지금 우리의 생존이 맞고 있는 본질적인 위협은 국제통화기금 관리체제와 그로 인한 실질소득 감소, 실업 문제 등과 같은 경제적 고통이 아니라, 사계절이 뚜렷했던 이 나라에서 올 봄의 예에서 보듯 한 계절이 사라져 버리는 것과 같은 기상이변 등 환경생태 조건의 급격한 변화에 있는 것이다. 이러한 가운데서 우리는 또한 지금까지 우리를 지탱해 왔던 물질문명, 도시문명의 위기와 한계를 동시에 경험하고 있다. 자연을 파괴 약탈하고 자원을 소모·고갈시켜 온 물질 중심의 산업문명 양식과 쓰고 버리는 우리의 삶의 방식이 그 한계를 드러내면서 바닥에서부터 무너져 내리고 있는 것이다.

이제 이와 같은 환경생태계의 위기와 물질문명의 위기라는 재앙 속에서 어떻게 살아남을 수 있을 것이며 어떻게 하는 것이 제대로 사는 것인가를 동시에 묻지 않을 수 없게 되었다. 그런 점에서 생태공동체와 교육에 대한 논의는 우리 자신의 삶과 우리의 아이들의 생존을 위한 대안 모색이자 새로운 문화와 그 문명을 열어 가기 위한 시도가 되어야 한다.

생태공동체란 우주 대자연의 이치를 자각하고 이웃과 더불어, 땅과 자연과 함께 살아가는 삶이며 이 속에서 자연과 조화를 이루면서 공존하는 삶의 지혜를 배우고 익히는 것이 곧 생태공동체적 교육의 핵심이라 할 수 있다.

"인류가 밝고 새로운 미래를 창조하기 위해서는 결코 자연을 경쟁적인 관계로 이해해서는 안 되며 친화적이고 협동적인 관계로 이해해야 한다. 이를 위해선 자연의 방식을 더욱 철저하게 이해할 필요가 있다. 우리 인류가 자연을 따르기 위해서는 자연을 올바르게 이해하는 것이 우선시 되어야 한다." 반자연적인 산업문명의 폐해가 지금처럼 그렇게 심각하지 않았던 시대에 살았으면서도 일찍이 자연을 이해하고 자연을 따라 배우며 사는 삶의 중요성을 역설한 빅터 샤우버거가 한 말이다. 그의 이러한 지적처럼 생태 위기의 시대에서 자연을, 흙을 의지처로 삼는 삶의 지혜를 새롭게 배우고 익히는 일이 재난에서 벗어나는 길이며 지속적이고 건강한 삶과 그 문명을 실현하는 전제라는 것이 갈수록 더욱 분명해지고 있는 것이다.

지금 우리에게 자연 앞에서 겸허했던 선조들의 예지와 대지의 사람들인 인디언식의 삶의 지혜, 그 생활양식의 중요성이 새롭게 부각되는 이유도 "진정으로 자유로운 사람은 자유로운 대지를 기반으로 살아갈 수 있지만 대지의 질서를 어기는 자는 대지 위에서 살아갈 자격이 없다"는 경구의 절실함 때문이다. 결국 인간 상호간의 연대와 협동 없이는, 그리고 나아가 자연의 이치와 원리에 따르는 겸손한 삶으로의 전환 없이는 당면한 대재앙에서 살아남을 수 없을 뿐 아니라 결코 자립적이고 지속적인 사회를 이룰 수 없는 것이다.

바로 이런 점에서 생태적인 공동체 그 자체가 우리 아이들의 건강한 삶과 그 미래를 위한 교육의 현장이 되어야 하는 것이다. 교육이 삶을 준비하는 과정이 아니라 삶 그 자체가 되어야 하는 것은 삶이란 끊임없이 스스로를 창조해 가는 것이고 그것이 곧 모든 존재의 이유이자 목적이기 때문이다. 그러므로 진정한 의미에서 교육이란 무엇이 되기 위한 방편으로서가 아니라 배우는 그 속에서 스스로 변화하며 새롭게 이루어져 가는 삶이어야 하는 것이다.

이런 관점에서 최근의 대안교육에 대한 논의와 관련하여 생각해 볼 점이 있다. 그것은 지금 우리가 처한 상황의 절박함 속에서 대안교육의 논의가 단순히 현재의 제도교육의 한계와 문제에 대한 비판과 그 대안 마련에 머물러서는 안 된다는 것이다. 진정한 대안이 되기 위해서는 무엇이 바른 교육인가, 교육의 본질이 무엇인가에 대한 근본적인 성찰이 전제되어야 하며 동시에 전 생태계, 생명계의 위기와 인류문명의 전환기에서 올바로 살아가는 길이 무엇인가에 대한 모색이 이루어져야 하기 때문이다. 무엇이 참으로 가르치고 배우는 일이며 우리의 삶을 생기차고 풍요롭게 하는 길인가를 먼저 묻고 이에 대한 확신을 가질 때, 다시 말하면 대안교육의 목표 이전에 참교육의 이념과 내용을 분명히 정립하는 일을 우선 해야 하는 것이며 그런 다음에 그 목표와 내용을 실현할 수 있는 현실적 방안을 찾아 내는 일이 되어야 하는 것이다. 그것은 오늘날 대안교육을 위한 논의와 모색이 제도교육에 대한 대안으로서가 아니라 인류문명의 전환기에서 교육의 본질을 재정립하고 그 중심가치를 실현하기 위한 근본적 대안이어야 한다는 의미이다.

### 배움 자체가 삶이요, 즐거움이요, 행복

이런 점에서 교육의 본질에 대한 논의와 관련하여 몇 가지 생각해야 할 것이 있다. 그것은 우선, 교육이란 우리의 삶을 건강하고 행복하게 하기 위한 삶의 과정이며 동시에 그 자체로 행복한 삶을 위한 전제라는 점이다. 이는 곧 배움 자체가 삶이요, 즐거움이요, 행복이라는 사실에 대한 확인이다. 이와 더불어 교육이란 또한 삶의 경험이라는 점이다. 배운다는 것은 삶을 경험한다는 것이며 이런 의미에서 삶의 본질이란 곧 경험하기인 것이다. 따라서 집중적인 교육이란 집중적인 삶의 경험이 되어야 한다는 것이다. 동시에 새로운 인간은 자연의 아름다움과 접촉하는 가운데서 커 감으로써 온전한 인격을 갖출 수 있으며 교육의 내용은 삶과 존재의 풍요로움과 아름다움과 행복을 실현하는 것이 되어야 한다는 점이다.

자연과 조화를 이루고, 자연에 동참하며 더불어 살아가는 삶의 지혜를 배우며 익히기 위해서는 무엇보다 먼저 자연에 대한, 생명에 대한 감각과 소중함을 맛보고 일깨울 수 있어야 한다.

요즘 일본에서 일어나고 있는 '농업초등학교' 만들기 운동은 이런 점에서 좋은 본보기가 될 수 있다. 아이들이 생명을 키우는 농업을 통해서 살아 있는 지혜와 심성을 키워 갈 수 있는 초등학교를 전국에 만들자는 운동이 그것이다. 모든 것이 효율성과 경쟁력으로만 평가되는 현대 사회에서 갈수록 멀어져 가는 생명에 대한 감성을 일깨우며 생명의 소중함과 신비를 느끼고 자연과 함께 살아가는 인간 본래의 모습을 익히는 공부를 생명을 기르고 돌보는 농업의 체험을 통해 실현하자는 것이다. 이를 위해서 이 학교에서는 일반적인 수업 외에 쌀농사와 채소농사를 짓고 닭 등 가축을 길러 먹거리를 학교 안에서 자급하는 것을 목표로 삼고 있다. 그리고 또한 산이나 강으로 다니며 산나물, 나무열매 등을 채집하면서 집짓기, 옷 만들어 입기 등 자립적인 생존을 위한 기술과 야외에서의 창작활동 등을 통해서 서로 협동하며 자연과 더불어 살아가는 삶의 원리와 방법을 몸으로 익히도록 하는 것을 주요 내용으로 삼고 있다.

이렇게 보면 생태적이고 자립적인 삶을 배우고 익히는 데는 자연이 가장 훌륭한 학교이고 교사인 것처럼 자연의 원리에 따르면서 인간과 자연이 조화공생하며 살아갈 수 있는 유일한 형태인 농업이야말로 가장 훌륭한 교과서인 것이다.

그런데 이러한 농업초등학교는 그것이 생태공동체 - 생태적 농업을 바탕으로 한 마을공동체와 함께 할 때만 비로소 올바로 이루어질 수 있는 것이다. 곧 학교를 마을밖에 따로 떼어놓는 것이 아니라 마을공동체 안에 두는 마을학교가 가장 이상적인 대안이라 할 수 있다. 마을 속에서 끊임없이 교육이 행해지고 일과 놀이와 삶과 예술이 통일적으로 조화를 이루는, 그 자체가 진정한 삶의 내용을 이루는 것이 가장 이상적인 교육형태이기 때문이다.

일본의 야마기시공동체 마을의 예에서 보듯이 남과 비교해서 잘하는 인간이 아니라 누구와도 어울릴 수 있는 인간, 누가 시키거나 또는 금지하기 때문에 하거나 하지 않는 것이 아니라 스스로 즐거워서 하는 인간, 산다는 것이 경쟁이 아니라 함께 함으로써 같이 산다는 것을 깨닫고 생명가치를 소중히 여기며 이것을 실현하도록 하는 교육, 곧 일할 줄 알고 함께 할 수 있는 사람, 인간과 세상에 쓸모 있는 건강한 사람을 길러 내는 교육 그것은 생태적인 마을공동체를 통해서만 제대로 이루어질 수 있는 것이다. 이런 점에서 요즘 들어 사회적 관심이 높아가고 있는 귀농운동을 통한 생태마을 만들기와 대안학교의 결합은 이같은 생태공동체와 교육을 위한 좋은 본보기로 만들어 갈 수 있을 것이다.

연어가 수만 리를 떠났다가 다시 그가 태어났던 곳으로 돌아올 수 있는 것은 그곳의 물맛을 기억하기 때문이라는 이야기가 있다. 어릴 때, 태어나서 자랄 때 우리의 모태인 자연을, 흙의 맛을, 그 냄새를 익히는 것 그것이 자연과 더불어, 생명과 더불어 살아갈 수 있는 지혜요, 힘이다. 생태교육이란 바로 그 물맛을 익히는 것이며 생명의 신비를 맛보게 하고 그 감성을 일깨워 주는 것이어야 한다. 생명의 감성을 일깨우기, 자연과 만나 하나되는 체험은 생태교육의 핵심이다. 이를 위한 한 예로 나무를 통한 공부하기를 생각해 본다.

- 저기 나무를 본다. (바라보기/마주하기 : 관심과 주의 보내기)
- 나무야, 안녕. 만나서 반갑다. (인사하기/말 걸기 : 존재 인정하기, 대등한 관계 맺기)
- 나무를 만져 보기, 안아 보기. (느끼기/깊게 느끼기 : 나와 같은 살아 있는 존재임을 느끼기)
- 나무와 함께 놀기, 사귀기. (어울리기/친구되기 : 터놓기, 있는 그대로 받아들이기)
- 나무가 되기, 뿌리내리고 잎 피우기. (하나되기/한 생명되기 : 우리 모두 한 생명, 근원의 다양한 표현임을 체험하기)

생태공동체에서의 교육이란 이처럼 나무와 내가 둘이 아님을 몸과 마음으로 깨닫고 나날의 삶에서 그렇게 살아가는 체험이다.

이제 분명한 것은 자연과 조화를 이루는 삶의 공동체 없이는 참된 교육 또한 없다는 사실이다. 우리가 참으로 우리 아이들의 활기찬 내일을 희망한다면, 아이들의 참 행복을 위한 그런 교육을 진심으로 염원한다면 무엇보다 먼저 우리 자신들이 두려움 없이 자연을, 흙을 의지처로 삼아 자연의 이치에 따라 사는 지혜를 깨닫고 그런 삶을 사는 일이고, 그런 공동체를 만들어 가는 일이다. 그럴 때 비로소 재앙에서 벗어날 수 있을 것이고 우리의 그런 삶 속에서 우리의 아이들이 생명의 소중함을 맛보고 느낄 때, 그래서 천지대자연에 스스로를 의탁할 수 있는 사람으로 커 갈 때 자연이 주는 무한한 풍요와 활력과 기쁨을 즐길 수 있을 것이며 상생순환의 새로운 문명이 열릴 수 있을 것이다. 삶이란 우리가 창조해 가는 것이며 세계란 우리 삶의 반영이기 때문이다.

# 잡초와 함께 짓는 농사

### 귀농한 사람들을 울리는 잡초

농사짓는 일을 흔히 잡초와의 전쟁이라고 한다. 특히 제초제 사용을 철저히 배제하는 생태농업의 경우, 이 잡초의 처리 문제가 가장 큰 관건이다. 일반 관행농업에선 더 많은 생산을 위해 잡초를 없애고 죽이지 않으면 안 된다는 오직 그 일념으로 땅이야 죽든 말든, 그 독성 때문에 자신이 병들어 가든 말든, 더구나 누가 사 먹을지도 모르는 농작물에 그 독성이 잔류해 있든 말든 맹독성 제초제를 마구 뿌려대지만, 생명가치를 바탕으로 자연과 조화를 이루면서 더불어 함께 살아가자는 생태농업에서는 차마 그럴 수 없는 일이다.

어떻게 잡초 문제를 해결할 수 있는 방법은 없을까. 생태농업에서 잡초 문제만 해결된다면 사실 그 나머지 농사는 그다지 어려울 게 없다. 처음 농사를 시작한 사람들, 생태적 삶을 염원하며 귀농한 착한 벗들을 울리는 일도 다름 아닌 아무리 뽑아도 없어지지 않는 잡초 문제이다. 그러나 생각해 보면 잡초를 없앤다는 우리 생각은 처음부터 무망하고 어리석은 일임을 알 수 있다. 농업 1만 년의 역사란 어찌 보면 인간과 잡초와의 대결이라고도 할 수 있을 터인데, 잡초가 사라지기는커녕 갈수록 더욱 모질게 돋아 나고 있으니 말이다. 우리가 다시 되살려야 할 주요한 가치규범 중 하나인 두레공동체도 논농사의 공동 김매기가 그 바탕이었듯이 잡초를 없애기 위한 김매기는 어느 시대에서든 농사의 중심이었던 것이다.

현대 농법, 이른바 농업생산력의 비약적 증대를 가능케 한 농법의 핵심은 화학비료와 제초제에 의존하는 것이다. 화학비료의 사용과 함께 제초제 사용으로 잡초 문제가 일정 부분 해결되면서 비로소 고도의 전문화된 단일품목 중심의 집약적 농업생산이 가능하게 된 것이기 때문이다.

그러나 언뜻 보면 성공한 것처럼 보이는 이같은 농사법이 어떤 재앙을 불러일으키고 있는지는 지금 우리가 몸으로 확인하고 있다. 제초제로 없앤 건 잡초가 아니라 모든 생명의 근원자리인 땅의 생명력이고 우리 자신의 건강과 생태계의 균형인 것이다. 땅심은 사라지고 토양생태계는 파괴되었으며 잡초는 더욱 모질게 돋아 나고 있다. 지금 현대화된 농사법이란 흙을 살리고 땅심을 북돋우는 것이 아니라 철저히 땅을 짓밟고 빼앗는 것이고 돌보고 가꾸는 것이 아니라 파괴하고 죽이는 것이라 할 수 있다. 그 결과, 이대로 가면 자연에 기반한 농업의 역사가 끝날지도 모르는 한계 상황에 이르게 되었다. 그렇다면 무엇이 잘못되었을까.

잡초는 없애려 할수록 왜 더욱 끈질기게 돋아 나는 것일까. 잡초란 과연 무엇인가. 아니 잡초라는 것이 과연 있기는 한 것인가. 결국 문제는 잡초라는 걸 어떻게 바라볼 것인가와 그 잡초와의 공생이 가능한 것인가로 귀결될 수 있다.

사실 자연상태에서 잡초라는 것이 따로 있을 리가 만무하다. 어제까지 하찮은 잡초라고 버려졌던 것들이 오늘에 와서 우리에게 아주 요긴한 약용식물이라고 밝혀진 것들도 많듯이 다만 인간의 이해와 필요에 따라 작위적으로 그렇게 구분될 뿐이다. 그러나 문제는 잡초라는 게 본시 있는 것이든 아니든 간에 지금 내가 짓는 농사에서 큰 장애가 된다는 것에 있다. 잡초를 그냥 내버려두면 농사 자체를 망칠 수밖에 없기 때문이다.

우리가 재배하는 식용작물이란 그 대부분이 인위적인 종자개량을 통해 자연적인 적응성이 상당히 퇴화되었거나 대량생산을 목적으로 집약적으로 재배되는 것이기 때문에 자연상태 그대로의 잡초와는 그 생명력에서 경쟁력이 현저히 뒤질 수밖에 없는 것이다. 그래서 지금까지 대부분의 농사에서 경작법이 인간에게 필요한 농작물을 경제적으로 생산하는 데 불필요하다고 생각되는 다른 식물들을 잡초라 이름하여 그것을 제거하는데 매달려 왔고 그 결과로 화학비료, 농약과 함께 제초제가 현대 농법의 핵심으로 자리잡게 되었다고 할 수 있다. 그리고 지금 우리는 이러한 농법이 한계에 이르렀음을, 생명을 돌보고 살리는 농법이 아니라 오히려 죽임의 농법이 되고 있는 현실을, 그 부작용과 폐해를 목격하고 있는 것이다.

뙤약볕에서 죽어라 김을 매고 돌아서면 다시 그 자리에 무성하게 돋아 나 있다는 말처럼 사실 잡초의 생명력은 감당하기 어렵다. 그러면 왜 잡초의 생명력은 이처럼 끈질긴 것일까. 왜 자연은 인간이 그토록 싫어하는 데도 멈추지 않고 잡초를 계속 길러 내는 것일까. 우리가 농사를 지으면서, 작물을 기르고 가꾸면서 이 문제를 생각하지 않는다면 그는 제대로 농사를 짓는 사람이라고 할 수 없을지도 모른다. 농사짓는 일이란 단순한 기술이 아니라 자연의 지혜를 배우고 따르는 일이기 때문이다.

우리가 농업을 기본으로 삼아야 하는 이유는, 이 시대에 농사를 짓고 살고자 하는 이유는 이제 더 이상 자연을 거스르는 삶과 그 문명으로서는 심신의 건강도, 행복한 삶도, 지속적인 생존도 보장될 수 없음을 확인하고 있기 때문이다. 농업이란 자연과 조화를 이루면서 지속적인 삶을 실현할 수 있는 유일한 대안이라고 믿기 때문이다.

## 그러나 '잡초는 토양의 수호자'

　『잡초는 토양의 수호자이다』라는 책을 쓴 미국의 식물학자 조셉 코캐너에 따르면 우리가 해롭고 성가신 것이라고만 여기고 있는 돼지풀, 명아주, 쇠비름, 쐐기풀 같은 잡초들이 사실은 토양 깊숙한 곳으로부터 미네랄을 끌어다 그것이 이미 고갈되어 버린 표토 쪽으로 옮겨다 주는 역할을 한다고 한다. 따라서 그것들의 양이 그 토양의 상태를 측정할 수 있는 척도가 된다고 밝히고 있다. 즉 그 잡초들은 인정 많은 이웃처럼 멀리 떨어져 닿지 않는 곳에 있는 영양소들을 농작물 뿌리 쪽으로 끌어다 준다는 것이다. 그는 자연의 이러한 움직임을 '만물의 공존 법칙'이라 부르고 있다. 식물들 간의 공존, 그 유대관계를 통해서 서로를 살리며 함께 살아간다는 것이다. 어디 이러한 법칙이 식물들 사이에만 적용되는 것이겠는가. 공생의 원리, 상생의 법칙이 우주 대자연의 법도가 아니겠는가.

　생각해 보면 지구생태계를 위해, 아니 우리 자신의 생존을 위해 잡초만큼 필요하고 고마운 식물도 없다고 하겠다. 잡초가 없다면, 그 끈질긴 생명력이 없다면 우리의 농사는커녕 지구생태계 자체가 유지될 수 없었을 것이기 때문이다.

　땅심이 쇠퇴하거나 병들어 죽어가는 땅에서는 더욱 생명력이 강인한 식물들이 자라난다. 땅의 건강성, 그 토양의 비옥도에 따라 생겨나는 잡초의 종류가 다른 것이다. 이처럼 모진 땅에서 모진 잡초가 돋아 나는 것은 강인한 생명력이 없이는 그 땅을 치유해서 살려낼 수 없기 때문이다. 우선 땅을 살려야 그 위의 뭇생명들이 살아갈 수 있다. 그러므로 우리가 숨쉬고 사는 것도, 이나마 굶주리지 않고 살 수 있는 것도, 인간에 의해 죽임당한 불임과 불모의 땅에서 다시 돋아 나고 있는 저 푸른 생명, 훼손당한 어머니 대지를 빈틈없이 채우고 있는 잡초의 끈질긴 생명력 때문이 아니겠는가. 잡초가 지구생명계를 살리고 있는 것이다.

생태적 농업, 자연과 조화로운 농사란 결국 우주 대자연과 함께 짓는 농사, 자연의 법도와 원리에 따르는 농사 곧, 농작물과 잡초가 함께 공생하는 농사라고 할 수 있다. 그러므로 잡초와 함께 짓는 농사란 단순히 농사법만이 아님은 분명하다. 그것은 인위(人爲)와 자연의 조화공생의 문제이며 따라서 땅의 착취와 죽임으로 한계에 이른 현대 농법과 그 문명에 대한 생존적 대안의 문제인 것이다. 우리가 잡초와 함께 농사를 지을 수 있다면, 그런 마음과 지혜를 갖는다면 공존의 삶과 문명이 가능하기 때문이다. 다시 말하면 자연과 공존하는 마음을 갖고 그렇게 사는 지혜를 배우고 익힐 때 비로소 생태적 삶과 그 문명이 실현될 수 있는 것이다.

그렇다면 땅과 거기에 사는 생태계를 파괴하고 죽이는 화학비료와 농약을 사용하지 않으면서 잡초와 함께 농사짓기 위해선 어떻게 해야 하는 것인가. 자연에 의탁한 삶, 자연의 법도와 지혜를 따르면서 건강한 삶의 풍요로움을 실현할 수 있는 현실적인 방안은 없는 것인가.

화학비료와 농약의 사용은 물론 땅을 갈지도 않고(無耕耘), 제초도 하지 않는(無除草) 이른바 사무농법(四無農法)으로 알려진 자연농법은 잡초와 함께 하는 농법의 대표적인 것이라 할 수 있다. 일본에서 현대의 노자(老子)라 일컬어지며 이같은 자연농법을 주창한 후쿠오카 마사노부 선생에 의하면 농사란 인간에 의해 지어지는 것이 아니라 자연이 짓는 것이라는 것이다. 이 이치를 깨닫고 무위자연(無爲自然)의 원리에 따르라는 것이다.

"자연을 보라. 인위적으로 누가 땅을 갈고 김을 매고 농약과 비료를 주지 않더라도 저 울창한 숲을 보라. 이처럼 생명을 낳고 기르는 주체는 인간이 아니라 자연이다. 인위(人爲)와 인지(人智)를 버리고 자연에게 맡길 때 비로소 자연과의 조화 속에서 참된 풍요로움이 실현될 수 있다."

그의 말대로 인위의 한계는 분명하다. 그것이 자연의 원리와 그 법도를 거스르는 일일 경우는 더욱 그렇다. 그러나 농사일을 자연에게 맡긴다는 의미는 아무 것도 않고 무조건 그냥 방치한다는 뜻이 아니다. 농사란 그 자체가 사람과 자연이 함께 짓는 일이기 때문이다. 따라서 인위와 인지를 버린다는 의미는 인간이 모든 것을 알고 모든 것을 할 수 있다는, 자연의 법도를 거스르는 오만과 어리석음을 버려야 한다는 뜻이며, 자연에 맡긴다는 의미는 자연의 원리에 따라 산다는 뜻이라 하겠다. 그러므로 이러한 삶은 방관자의 삶이 아니라 자연의 법도를 좇아 충실히 따르는 적극적인 삶이라고 할 수 있다. 농업이란 바로 이같은 자연의 원리를 잘 보고 배워서 따라야 할 수 있는 유일한 삶의 방식이라 할 수 있는 것이다.

그래서 잡초와 함께 하는 농사란 땅을 살리고 생명을 살리는 농사일 뿐 아니라 우리의 마음 밭을 가꾸는 농사이며 자연에 의탁하여 그 법도에 따라 사는 도인의 농사라 할 수 있는 것이다. 진정한 농부야말로 도인이라 하지 않던가. 이런 관점에서 잡초와 함께 하면서 농사지을 수 있는 방법에 대해 생각해 볼 수 있다.

그것은 우선 잡초와의 싸움을 멈추는 것에서부터 시작되어야 할 것이다. 곧 농사짓는 땅에서 잡초라는 것을 인위적으로 없앨 수 없다는 자각과 더불어 잡초의 유용성을 인정하고 받아들이는 일이 그 첫 번째 일이 될 것이다.

그런 다음에 가장 효율적인 공생방안이 무엇인지를 찾아내는 일이다. 이는 잡초와 농작물의 적절한 조화를 모색하는 일이라 할 수 있다. 이를 위해서는 잡초의 생리를 읽어야 한다. 잡초의 특성과 성질을 잘 이용해서 땅을 살리며 농작물도 건강하고 풍성하게 기를 수 있는 방안을 찾아야 하는 것이다. 왜 땅심이 쇠약할수록 더 뿌리를 깊게 내리는 강한 풀이 돋아 나는가를 알아야 하는 것이다. 땅의 건강성, 그 토양의 비옥도에 따라 돋아 나는 잡초의 종류가 다른 것은 흙 속의 생태계가 지상식물의 체질 및 그 생태계를 결정하기 때문인 것이다.

이렇게 보면 결국 잡초 문제를 해결할 수 있는 유일한 방안은 먼저 땅을 살려내는 길뿐임을 알 수가 있다. 땅이, 토양생태계가 건강하게 살아 있어야 비로소 농작물과 공생조화될 수 있는 성질의 잡초생태계가 이루어지기 때문이다. 이처럼 땅이 살아 있을 때 섞어심기, 돌려짓기 등을 통해서도 효율적으로 잡초 문제를 해결할 수 있는 것이다.

살아 있는 땅을 만드는 일과 더불어 잡초와 싸우지 않으면서 잡초 문제를 해결하는 길은 땅을 맨땅으로, 빈터로 두지 않는 것이다. 땅이 그렇게 비어 있기 때문에 자연이, 어머니 대지가 쉴새없이 채우는 것이고, 맨살로 그렇게 피부가 드러나 있기 때문에 덮으려는 것이다. 풀이 대지를 덮지 않으면, 그렇게 피부를 보호하지 않으면 토양생태계를 유지할 수 없을 뿐 아니라 땅의 표면인 흙 자체를 보존할 수 없게 되기 때문이다. 따라서 이같은 자연의 의지와 노력을 알아채어 비어 있는 땅을 미리 덮어 준다면 어머니 대지가 수고롭게 풀로써 그 땅을 다시 덮지 않아도 되는 것이다.

자연농업이나 유기농법에서 수확 후에 사람이 먹을 수 있는 부분을 제외하고는, 그것을 먹고 난 후의 똥까지 포함해서 전부 그 땅에서 나온 것은 전부 다시 그 땅으로 철저히 되돌려주는 것은 자연의 순환의 법도를 따름으로써 땅을 다시 살려내는 것임과 동시에 그 땅의 표면을 덮어 줌으로써 이제 더 이상 필요하지 않게 된 잡초를 돋게 하는 자연의 수고를 덜어 주는 일이라 하겠다.

이처럼 자연이 하는 일 곧, 잡초의 생리를 알고 자연의 의도를 알아챌 때 비로소 농사에서 잡초와의 전쟁이라는 고통에서 헤어날 수 있을 것이다. 결국 잡초와 함께 하는 농사란 땅의 농사임과 동시에 자연의 이치와 그 법도를 따르는 삶의 농사이며 마음의 농사인 것이다.

자연에 의지하라. 저 놀라운 자연의 생명력을 보라. 우리가 자연의 지혜를 배울 때, 그래서 자연이 가진 생태순환 시스템의 회복을 도울 때 우리의 삶과 우리의 행성이 얼마나 아름답고 풍요로운 것인지를 체험할 수 있을 것이다. 우리가 잡초와 함께 농사짓는 기쁨을 누릴 수 있을 때 말이다.

| 1999년 9월 |

# 산촌마을의 꿈

### 내가 살고 싶은 곳

나는 시방 하나의 설레는 꿈을 품고 있다. 사람과 자연이 함께 어울려 사는 산촌마을의 꿈이 그것이다. 꿈꾸는 데 별 부담이 없을 바에야 이왕이면 좀 더 멋진 꿈을 꾸자. 내가 꿈꾸는 마을, 가서 쉬고 싶고 살고 싶은 마을은 이런 곳이다.

우선 마을 바깥쪽, 특히 큰길인 일반도로에선 마을이 보이지 않는다. 나무를 다듬어 예쁘게 세운 이정표를 따라 산모퉁이를 돌아 작은 고갯마루를 넘어서야 맑은 물소리와 함께 숲 속에 가린 마을의 한 자락이 수줍은 듯 살짝 드러나 보인다. 마을로 차가 들어갈 수 있는 길이 있지만 길은 포장되어 있지 않고 차 한 대 정도만 다닐 수 있는 작은 길이라 서로 손잡고 걷기에 좋다. 길은 개울을 따라 휘어져 흘러서 그 길을 걸어가노라면 졸졸 물 흐르는 소리를 들을 수 있다. 물이 어찌 맑고 시원한지 그냥 물 속으로 뛰어들거나 발을 물에 담그고 앉아 마냥 놀고 싶은 생각이 드는 건 아이들만이 아니다. 개울에는 버들치와 쉬리, 갈겨니, 참동개와 꺽지, 퉁가리들이 산다.

　마을 진입로가 시작되는 큰길 옆의 간이 주차장에 차를 세워 두고 걸어오느냐, 아니면 마을 입구까지 차를 가져오느냐에 따라 이 마을에 처음 오는 사람인가 아닌가를 알 수 있을 만큼 이 길은 차를 타고 가기에는 차마 아까운 길이다.

　마을은 숲 속에 싸여 있다. 마을 앞뒤로 숲이 이루어져 있는 것이다. 마을로 접어드는 앞쪽의 숲은 마을의 공원과도 같다. 아이들의 놀이터와 단오나 마을축제 때 어른들이 뛰는 그네도 있다. 숲 속의 광장이라고 할 수 있는 널찍한 놀이마당은 야외공연을 하기에 안성맞춤이다. 봄, 가을 마을축제 때 숲 속 음악회가 개최되는 곳도 이곳이다.

　숲은 느티나무, 서어나무, 사스래 나무, 생강나무, 단풍나무 등이 주를 이루는데 이 마을의 당산나무는 오래된 서어나무다. 당산목인 서어나무는 이 숲의 어른으로서 손색이 없다. 오랜 연령에도 봄에 새순을 피워 낼 때면 그 투명하게 붉은 빛깔은 꽃보다 더 아름답게 숲을 장식한다. 그뿐인가. 연두색 잎새의 싱그러움이며 가을 연노랗고 연붉은 단풍이며 하얀 눈밭에서 잎새를 모두 떨구어 내고 근육질 알몸을 드러낸 몸매는 모두를 반하게 하기에 충분하다. 그러나 아름답기로 말한다면 다른 나무들이라고 뒤지고 싶겠는가. 숲 속의 모든 나무들이 저마다의 자태를 자랑한다. 그래서 숲은 사철 황홀하다. 마을 앞 숲에 비해 뒤쪽의 숲은 신갈나무와 구상나무 전나무 등이 더 많다. 사실 마을 뒤의 숲은 숲이라기보다 삼림이라 해야 더 정확한 표현일 듯 싶다. 앞 숲이 사람의 손길과 함께 이루어져 온 것임에 비해 뒤의 숲은 온전히 자연이 저절로 가꾸어 온 것이 때문이다.

마을에선 아이들이 맨발로 뛰어다니고 마을 입구 한 켠에 있는 작은 주차장 외엔 차들이 없다. 마을에 처음 찾아온 사람들은 조용하리라 싶었던 마을이 온통 소리로 가득차 있음을 느끼고는 한동안 낯설어한다. 새벽잠을 깨우는 새 소리에서부터 숲에서, 산 속에서, 개울에서 들리는 온갖 소리들이 가득하다. 특히 여름철의 매미 소리와 가을밤의 풀벌레 소리는 시끄러울 지경이다. 밤 깊도록 들리는 소쩍새 등 밤새의 처량한 울음소리나 겨울밤 쌓인 눈의 무게를 못이겨 나뭇가지가 '뚝' 하고 부러지는 소리에 밤잠을 설치는 이들도 있다. 마을 앞으론 사철 언제나 개울이 흐르는데 귀를 기울이면 그리 멀지 않는 곳에 있는 작은 폭포 소리를 들을 수 있다.

　마을 뒤 숲에서 폭포로 이어져 있는 오솔길은 명상의 길이다. 그 길을 걸으면 절로 명상이 이루어진다. 사람은 식물과 함께 있을 때 가장 행복하고 편안한 기분을 느낀다고 하지 않던가. 그것은 영적인 충만감에 젖어 있는 식물들의 심미적 진동을 사람들이 본능적으로 느끼기 때문이라 한다.

　명상의 길을 조금 비껴나 침엽수들이 더 울창한 숲 속은 삼림욕장이다. 처음엔 모두 옷을 입은 채로 삼림욕을 했는데 그럴 필요가 없다는 것을 깨닫고는 대부분 벗은 몸으로 삼림욕을 즐기고 있다. 그래서 이제는 삼림욕장에서 알몸의 가족이 그런 차림의 다른 가족을 만나는 것이 어색하지 않게 되었다. 모든 병통이 가리고 숨기는 데에서 일어난다는 것을 체험했기 때문이다. 수건 한 장 걸치지 않은 태어난 그대로의 알몸으로 숲의 기운을, 가슴속 밑바닥까지 와닿는 숲 속의 향기와 나무들 사이로 비치는 투명한 햇살을 온몸으로 받으면 시멘트와 잿빛의 도시, 그 인공과 가식과 탐욕의 온갖 공해 독(毒)들을 정화하고 치유할 수 있다.

마을은 생기차고 활력이 있다. 노인들과 젊은이들이 함께 어울려 일하고 손으로 만드는 기쁨과 자립적인 삶의 보람을 누린다. 숲을 가꾸고 돌보며 숲이 주는, 대자연이 주는 풍요로움에 의지하여 산다. 약초를 캐고 버섯을 키우며 목공예와 숯 굽기와 도자기 빚기 등 모두 저마다의 일거리들을 즐긴다. 마을 고샅길과 주변에는 온통 들꽃과 향기로운 풀들과 약초들이 정성스럽게 가꾸어져 있다.

**몇 차례씩 열리는 마을축제**

마을에선 일년에 몇 차례씩 마을잔치가 열린다. 이 마을을 사랑하고 아이들의 새로운 고향으로 삼아 찾아오는 도시사람들과 철마다 들꽃축제, 반딧불이, 별잔치, 눈잔치를 여는 것이다. 마을축제 중에서는 아무래도 봄 산나물 뜯기 때와 가을 거두기 때가 가장 풍성하고 활기차다. 이때는 온 마을이 며칠 동안 떠들썩하다. 마을과 연대하고 있는 도시가족들이 전부 참석하기 때문이다. 돌아갈 땐 모두 한 보따리씩 산나물이랑 여러가지 먹거리들을 장만해 간다.

마을의 중심엔 마을학교를 겸한 공회당이 자리하고 있다. 공회당엔 도서실과 학습장과 강당이 있고 그곳에서 매주 두 차례씩 영화상영 등 문화행사가 열린다. 공회당 강당은 축제 땐 임시숙소로 사용되기도 한다. 보통 때는 도시식구들이 찾아와도 각 가정마다 한두 개씩 여유가 있는 방에서 묵을 수 있지만 축제 때처럼 한꺼번에 많이 올 때는 한계가 있기 때문이다. 어떨 때는 공회당 마당에 대형 천막을 두 개나 설치하기도 한다. 그러나 숙식에는 별 어려움이 없다. 공동 취사를 할 수 있는 설비가 잘 마련돼 있고, 마을사람들이 역할을 잘 분담하기 때문이다.

마을학교에는 지금 이 마을의 어린이들뿐 아니라 도시의 아이들도 몇 명이 함께 공부하고 있다. 자연과 철저히 차단된 채 하루에 한 번도 흙을 밟아 보지 못하고 갈수록 몸과 마음이 시들어 생기를 잃어 가는 아이들이 산촌 체험과 농업을 통해 자연의 신비를 느끼며 생명의 소중함을 깨닫는다. 그래서 경쟁사회에서 남을 이기기 위한 지식과 기술이 아니라 자연과의 조화 속에서 서로 도우며, 날로 심화되고 있는 재난 속에서 함께 살아갈 수 있는 지혜를 배우고 익히기 위해 이 학교에 온 것이다.

아이들은 마을학교에서 생태적인 가치와 자립적인 삶의 지혜를 배운다. 그래서 마을사람들이 교사이고, 숲과 산과 개울이 모두 학교이며, 마을에서의 삶 자체가 무엇보다 좋은 교과서이다. 봄이면 산나물에 대해 가장 잘 아시는 나라네 할머니가 선생님이고, 가구 만들기와 집짓기 공부시간에는 현배 아버지가 선생님이다. 이 학교의 아이들은 손으로 만드는 일의 기쁨과 협동의 가치를 안다.

마을학교 아이들은 일년에 몇 차례, 필요와 요구가 있을 때 도시가족들이 사는 곳으로 이동학습을 떠나기도 한다. 그곳에서 박물관과 대학 도서관은 물론이고 백화점과 전자 오락실 등에도 가 보기도 하지만 아무래도 냇가에서 물놀이를 하거나 뒷산에 올라가 열매를 따먹는 재미만 못하다.

이번 가을학기 때 학생들의 공동과제는 이 지역의 산에 자생하는 약초들에 대해 공부하는 것이다. 이를 토대로 새봄에 약초원을 만들 계획이다. 이 약초원이 만들어지면 지난해에 조성된 들꽃식물원과 함께 좋은 학습장이 될 것이다.

## 버려지는 것이 없는 마을

이 마을에는 쓰레기장이 없다. 버려지는 것이 없기 때문이다. 알뜰함과 아낌 그리고 정성을 다하는 것은 이곳을 사는 삶의 바탕이다. 그래서 가능한 한 마을 자체의 물질순환 체계를 통해 오폐수 등 생활하수는 물론 우수처리까지 하고 있다. 각 가정에서 합성세제 등은 아예 사용하지 않지만 그래도 생활하수의 처리를 위해 부레옥잠을 이용한 정화연못을 만들어 놓았다. 여름에 연못 가득 핀 옥잠화는 연꽃과는 또 다른 아름다움이다. 정화연못에서 넘치는 물은 마을의 배수로로 흘러내린 빗물이 모이는 투수연못으로 오는데 거기엔 미나리꽝을 만들어 두고 있다. 버리는 것이 없는 이 마을은 어느 마을보다 뒷간이 아름답고 품위가 있다.

마을의 집들은 전에부터 있던 집들과 비교적 최근에 지어진 집들이 섞여 있는데, 몇 년 전에 도시가족들과 힘을 합하여 산촌마을 가꾸기란 이름으로 마을을 크게 손보면서 시멘트벽이나 담 대신 그 전에 있었던 돌담이나 토담으로 다시 쌓고, 쓰레트 지붕 등은 뒷산에서 구할 수 있는 억새나 산죽으로 새로 올렸다. 요즘에 들어선 집들은 그 대부분 이 주변에서 구할 수 있는 생태적인 소재를 중심으로 지어졌는데, 흙벽돌집이 많고, 귀틀집과 지붕을 너와로 올린 집들도 있다. 집들을 새로 고치면서 생태적 소재와 더불어 가장 관심을 두었던 부분이 실내의 열 효율을 높이기 위한 방안이었다. 생태건축을 하는 이들의 자문을 받아 실내의 열 손실을 최소화하도록 많은 부분이 보완되었다. 전에 있던 집이든, 새로 지어진 집이든 모두 마을의 숲과 산 등 주변 경관과 잘 어우러져서 이 마을 고유의 아름다움이 살아 있다.

요즘 들어 이 마을에 와서 함께 살고 싶다는 사람들이 부쩍 늘어나 마을사람들은 고민이다. 다들 좋은 사람들이라 마음으로야 모두 받아들이고 싶지만 지난 몇 년 사이에 도시의 많은 가족들이 귀농해서 이제 더 이상 마을을 키우는 것은 고려할 때가 된 것이다. 마을이 생태적 역량을 충분히 수용할 수 있는 적절한 규모 이상으로 커지는 것이 바람직하지 않은 것은 마을의 경관과 지형을 변형시키지 않고 계속 건축하는 데에 한계가 있기 때문이다. 지금 조성하고 있는 택지에 우선 몇 가구를 받아들이고 장기적으로는 다른 적절한 곳에 그곳 마을사람들과 협력하여 새로운 산촌마을을 만들어 서로 연대해 가는 방안이 타당하고 생각하고 있다. 그곳에 마을을 새롭게 만들게 되면 이곳의 경험과 능력을 전부 지원해 줄 수 있을 것이다.

## 에너지도 자급하고

이 마을에서 가장 큰 고민은 무엇보다 에너지 자급의 문제이다. 궁극적으로 에너지의 자급을 실현하지 못하면 지속적인 자립이 불가능하기 때문이다. 그 동안 숲 가꾸기를 통해 생산된 목재를 이용한 숯굽기 때의 폐열로 마을 공동의 건강목욕탕과 온실의 난방 문제를 해결하고 바이오 매스를 활용하여 각 가정의 취사에 필요한 에너지는 일정 부분 조달해 왔지만 그것 만으론 산촌의 긴 겨울철 난방에너지 문제를 해결하는 데는 턱없이 모자랄 수밖에 없었다. 다행히 최근에 효율적인 소형발전기가 개발된 덕분에 여름의 폭포를 이용한 수력발전과 유난히 겨울바람이 많은 계곡 위 언덕에 설치 중인 풍력발전기가 가동되면 에너지의 상당 부분도 자급될 수 있으리라는 전망이다.

참, 중요한 이야기가 하나 빠졌다. 당신이 이 마을을 방문하고 싶거든 미리 알리고 찾아오는 것이 예의이지 싶다. 그리고 또 하나 잊지 말 것은 간단한 세면도구와 갈아입을 옷 외는 가능한 아무 것도 갖고 가지 않았으면 하는 것이다. 도시에 물든 찌꺼기들은 마을

안으로 가져가지 않는 것이 좋다. 그곳에는 쓰레기장이 없다고 하지 않았던가. 다만 며칠이라도 이 마을에서 빈손으로 지내는 즐거움을 맛볼 일이다. 스스로 비웠을 때 또 다른 풍요로움이 당신을 기다리고 있기 때문이다.

이런 산촌마을을 만드는 것, 그런 곳에 사는 것이 어찌 나만의 꿈일까. 이 꿈은 지금 생명의 숲을 가꾸기 위해 땀흘리는 모든 이들의 절실한 꿈일 수밖에 없는 것이다. 숲 가꾸기가 단순한 일회적 사업이 아니라 말 그대로 생명의 숲을 만드는 일이 되기 위해서는 그렇게 사는 사람들과 그 삶터인 마을이 있어야 하기 때문이다. 그런 마을 만들기, 숲을 가꾸며 숲과 함께 사는 마을 만들기가 생명의 숲 가꾸기의 궁극적 목표였으면 한다. 그래서 지금부터 이 일을 함께 서둘렀으면 한다. 숲으로 돌아가기, 우리는 본시 숲의 사람이 아니던가.

| 1999년 9월 |

# 하나 되기

# 다시 밥을 생각하자

### 밥을 함부로 대한 죄

더 정확히, 엄밀하게 말한다면 총체적 위기 또는 대란이라는 오늘 이 사태의 책임은 우리 모두에게 그리고 특히 나 자신에게 있다. 한 순간에 나라살림 전체가 부도로 거덜날 지경에까지 이른 국가경제 파탄 사태에 대한 책임 추궁에서 나 자신 또한 결코 자유로울 수 없다.

오늘 이 고통스러운 사태에 대한 일차적 원인은 내가 먹는 밥, 그 밥을 함부로 대하고 소홀히 한 데에 있다. 과식하고 탐식하고 남겨서 쓰레기로 마구 버린 데에 있다.

밥이란 무엇인가. 모든 생명은 서로가 서로의 생명을 위한 밥의 관계이다. 개체 생명은 환경을 포함한 다른 생명과의 순환적 관계를 통해서만 비로소 온전한 생명을 유지할 수가 있는 것이다. 온 생명 속의 밥의 관계 이것이 곧 상생의 관계, 거룩한 생명의 존재원리가 아니던가. 그럼에도 우리는 밥에 의해 생명을 유지해 가면서, 매끼니 내가 살기 위해 다른 생명을 밥으로 삼으면서 밥 속에 든 하늘을, 한 톨의 쌀알, 푸성귀 한 잎 무게를 얼마나 무겁게 느껴 왔던가.

나의 생명을 위해 자신의 생명을 밥으로 바친 온갖 거룩한 생명들에게, 우주 천지만물의 은혜에 과연 얼마나 공경하고 감사해 왔던가.

그러므로 지금 우리 모두가 참담해 하는 이런 사태의 원인은 결국 밥을 상품화하고 생명을 상품화한 데에, 밥을 소홀히 하고 생명을 소홀히 한 데에 있고 그리고 밥에 대해, 다른 생명에 대해 공경하고 감사할 줄 몰랐던 그 오만함과 무지함에 있다. 오늘 이 사태는 한마디로 우리의 욕망과 환상이 빚어 낸 당연한 귀결인 것이다. 생각해 보자. 지금 우리 나날의 삶, 그 일상적 행위가 빚어내는 파괴성과 소모성을, 그로 인한 우리 자신과 세계의 황폐함을.

경제란 무엇인가. 그것은 생명을 위해 밥을 마련하고 나누는 사회적 행위이다. 그런데 밥이 중심인 경제 – 어떻게 생명의 밥상을 마련하고 어떻게 함께 나눌 것인가 하는 생명경제, 건강한 삶과 공동체를 위한 생존경제가 아니라 욕망을 조장하고 생명을 상품화하고 도구화하는 것이 오늘 세계경제의 핵심이 되었다.

그 동안 우리는 물질문명의 풍요로움과 편리함, 그리고 무한성장의 신화를 끝없이 지어내는 자본주의의 환상과 허구에 몸과 마음을 모두 위탁한 채 얼마나 안일에 젖어 왔던가. 지금까지 우리가 누려 왔던 이 물질적 풍요, 그 쓰고 버리는 생활양식을 통한 편리함, 그리고 끝없는 쾌락의 추구는 결국 우리 생명의 근원인 자연생태계의 파괴와 유한한 자원의 소모·고갈에 바탕을 둔 생산양식과 그 문명체계의 한계와 모순에서 빚어진 결과이다.

이제 사태를 더욱 정확히 볼 필요가 있다. 이 땅의 수많은 선한 사람들마저 실의와 비탄과 참담한 고통 속으로 몰아넣어 이 겨울을 어느 때보다 더 춥고 잔인한 계절로 만든 것이 단지 무능한 정권의 무책임성과 그 실책 때문만이라면 문제는 훨씬 단순할 수 있다. 그런 정권을 바꾸기만 하면 될 것이기 때문이다. 그러나 사태가 그렇게 단순하지만 않다는 데에 문제의 심각성이 있다. 그것은 먼저 우리의 생각과 가치관, 세상을 살아가는 방식, 그 밑바탕에서부터 잘못되어 있기 때문이다. 따라서 이번 사태는 이미 예정되어 있던 것이고 언젠가는 드러나야 할, 필연적으로 뼈아프게 경험하지 않으면 안 될 것들이다.

지금 우리가 겪고 있는 국가경제 파탄이라는 대란이 이 나라만의 불행인가. 결코 그렇지 않다. 지금 이미 세계경제 자체가 대공황으로 접어들고 있는 것이다. 오늘날 세계경제와 그 체제를 뒷받침하고 있는 자본주의체제와 산업문명 양식의 한계와 모순이, 우리처럼 경제구조의 자립적 기반이 극도로 취약한 나라부터 먼저 터져 나온 것이라는 사실을, 그리고 설사 유능한 정권이 효율적인 관리를 한다고 하더라도 그것은 문제를 해결하는 것이 아니라 다만 그 붕괴의 시간을 늦추는 것에 불과하다는 사실을 바로 보아야 한다.

**공생의 경제가 아닌 공멸의 경제가 문제**

오늘날 세계경제의 무한경쟁 논리란 무엇인가. 그것은 결국 자연과 생명에 대한 무한파괴와 약자에 대한 항구적 약탈의 체제가 아닌가. 공생의 경제가 아니라 공멸의 경제 그것이 오늘 세계경제의 참 모습인 것이다. 그러므로 분명한 것은 공업화 중심의 산업문명 양식의 붕괴와, 무한소모와 대립경쟁에 기초한 자본주의경제체제의 종말이 - 그 붕괴와 종말의 속도, 그 변화의 폭과 길이, 그리고 이로 인한 충격과 고통의 정도는 불확실할지라도 - 단순한 예언으로서가 아니라 구체적 현실로서 지금 진행되고 있다는 사실이다.

지금이 위기인가. 위기란 없다. 다만 고통이 따르는 새로운 기회가 있을 뿐이다. 우리는 그 동안 새로운 세기, 새로운 문명의 도래를 예언해 왔다. 대전환의 시기, 이제 새로운 문명의 태동을 위한 과도기적 혼돈과 충격과 고통이 환경생태계의 위기와 더불어 세계 경제공황의 형태로 전개되고 있는 것이다.

이제 어떻게 할 것인가. 처방과 대안은 무엇인가. 겨울 없이 봄이 없다. 새싹이 돋고 꽃이 피기 위해서는, 찬란한 새봄을 열기 위해서는 지난 긴 계절 동안 무성했던 잎새들을 모두 떨구어 땅으로, 생명의 근원자리로 돌려보내고, 언 하늘 삭풍 앞에서 벌거숭이로 자신을 송두리째 드러내는 겨울의 정화의식(淨化儀式)이 필요하다. 그 동안 우리는 너무 채우기에만 급급했다. 물질적 욕망에서부터 정신적 허영에 이르기까지, 밥통에서부터 머리통에 이르기까지 온갖 허접쓰레기로 가득 채우고 있다. 제대로 비우지 않고서는 어느 것 하나 올바로 채울 수도 없는 것이다.

지금 새로운 문명의 개화를 위한 정화의 겨울이 시작되고 있다. 이제 다시 근원자리로 돌아갈 때이다. 모든 위기가 생명의 근원자리인 우주 대자연의 이치에서 벗어나고 분리된 것에서 비롯된 것이라면 이제는 다시 근원을 되돌아봄으로써 우리의 삶의 자리와 그 나아갈 바를 바로 찾아야 한다.

세계는 한 끈으로 이어져 있고 그 끈의 처음은 언제나 내 자신이다. 내 자신의 행위가 개입되지 않은 세계의 실재란 관념과 허상이기 때문이다. 창자를 비우면 온 심신이 상쾌하고 자신을 비우면 온 세상이 풍요롭다는 말처럼 제한된 자원으로 낭비와 오염을 최소화하면서 파괴된 환경생태계를 치유할 수 있는 지속 가능한 삶과 문명의 형태는 우주 대자연의 운행에 호흡을 일치시키는 단순 소박한 삶과 상생순환의 농적 문명뿐이다.

지금의 위기는 결국 식량과 에너지의 위기로 연결되는 인류의 생존 위기로 심화될 수밖에 없을 것이다. 이같은 기아의 시대에선 단순 소박함 속에서 상부상조와 자급자족을 위한 공동체적 삶만이 사람과 사람이, 사람과 자연이, 생명과 우주의 모든 존재물이 더불어 함께 조화, 공존할 수 있게 할 수 있으며 우리의 정신 그 영혼의 품위를 유지할 수 있을 것이다.

그러므로 지금 우리가 당면한 이 난국, 이 고통은 국민경제의 심각한 위기이기는 하나 반면에 생명의 근원으로부터 너무 멀리 벗어나 있음에 대한 경고이자 자신의 바른 자리를 되찾기 위한 치유의 기회이기도 하다.

다시 밥이다. 밥의 의미와 가치에 충실해야 할 때이다. 채우기보다 비워야 할 때이다. 그것이 난국을 극복하고 환난의 위기에서 살아남는 길이며 새롭게 열릴 문명을 준비하는 일이다. 기회는 왔다. 혼돈 속의 고통을 통해 새로운 생명이 태어난다. 겨울이 깊어가고 있다. 잎새가 떨구어진 앙상한 가지에서 새봄의 풍성한 출산을 위해 새싹이 꼬물거리고 있다.

| 1997년 12월 |

# 밥과 생명 그리고 하늘

**밥에 의해 만들어진 존재**

여기 살아 있는 것들치고 밥 없이 살아갈 수 있는 생명은 없다. 모든 생명체는 밥에 의해 그 생명을 유지할 뿐 아니라 살아 있는 존재 그 자체가 밥에 의해 만들어진 것이다. 나의 이 육신, 이 몸뚱아리는 물론 손톱 하나, 머리카락 한 올 모두가 밥에 의해 만들어졌다. 어디 그뿐인가. 보고 듣고 느끼는 것 그리고 이 생각까지도 밥에 의해 만들어진 것이다. 생명이 없으면 감각도 느낌도 생각도 없을 뿐 아니라 몸과 마음이 본래 분리될 수 없는 하나인 까닭이다. 몸이 병들면 마음이 어떻게 불편해지는지 그리고 마음이 병들면 몸이 또한 어떻게 병드는지는 이미 우리가 알고 있는 사실이다. 이처럼 육신과 정신을 포함한 '나'라는 이 존재가 모두 내가 먹는 밥에 의해 만들어진 것이라면, 밥이 나의 존재를 결정하는 것이고, 이는 곧 '나'라는 존재가 내가 먹는 밥 그 자체라는 말이다.

먹어야 살 수 있다는 것, 밥에 의해 우리의 건강과 생명 그리고 존재를 결정한다는 것은 물질 우주를 사는 생명체들의 생존법칙이다. 이른바 영양과 건강에 관한 자연법칙인 것이다. 그러므로 지금 내가 무엇을 밥으로 먹느냐 하는 것은 단순히 주린 창자의 허기를 채우는 것으로 끝나는 것이 아니라 나의 존재를 어떻게 만드느냐를 결정하는 일이다. 우리가 먹는 밥, 그 음식물은 각기 고유의 진동수를 갖고 있어서 우리의 몸 속에서 고유한 영향을 미치기 때문이다. 병든 밥, 생명이 없는 밥을 먹는다면 우리 또한 병들고 생명을 잃을 수밖에 없는 것이다. 그것이 이 행성(行星)을 사는 물질적 법칙이다.

## 밥 그 자체로 살아 있는 생명

우리가 밥으로 먹는 것 중에서 본시 생명이 아닌 것은 없다. 오늘 밥상에 올라와 있는 것 중에서 살아 있지 않던 것으로 이루어진 것이 있던가. 쌀 한 톨, 배추 한 잎, 멸치 한 마리, 미역 한 가닥, 콩나물 하나. 그 모두가 살아 있는 거룩한 생명이었다. 이처럼 우리가 먹는 밥이란 그 자체로 모두 살아 있는 생명인 것이다. 이 말은 곧, 생명이 아닌 것은 밥이 아니란 말이다. 그러므로 우리가 밥을 먹는 것은 다른 생명을 나의 생명으로 받아 모시는 것이다. 생명은 생명을 밥으로 먹어야 생명을 유지할 수 있다는 것. 이것이 생명의 신비이고 생명의 법칙이다. 해월(海月) 선생은 이를 일러 하늘로써 하늘을 모시는 일(以天食天)이라 했다. 밥이 생명이고 생명이 곧 하늘인 것이다.

하늘을 모시지 않는 생명이 있던가. 천지만물이 모두 그 속에 하늘을 모시고 있는 것이다(天地萬物莫非侍天主). 만상이 하느님 안에 있고 하느님이 만상 안에 함께 계시다는 예수의 가르침 또한 같다. 그렇다. 그래서 백성들은 밥을 하늘로 삼았다(民以食爲天). 밥이 생명이며 하늘인 것이다.

## 조 한 알 속의 우주

조 한 알. 이 작은 씨앗 속에 가득찬 우주를 본다. 밥 속의 우주. 그 하늘을 본다. 한 톨의 낟알 속에 들어 있지 않는 우주는 없다. 해와 달과 별과 바람과 구름과 비와 안개와 나비와 풀벌레와 지렁이와 시냇물 소리, 흙과 그 속의 미생물. 보이는 것과 보이지 않는 것들 이 모두가 조 한 알, 우리가 밥으로 삼는 그 모든 것에 가득하다. 이 한 톨의 생명이 충실히 이루어지기 위해서는, 충실한 생명의 밥이 되기 위해서는 온 우주가 함께 하는 역사(役事) 없이는 가능하지 않기 때문이다.

천지가 어떻게 우리를 먹여 살리는가. 밥이 온 우주, 그 천지자연으로 이루어진 것이고 자연생태계의 그 어느 것 하나 밥과 연관되지 않은 것이 없다. 이처럼 밥이란 우주 만물, 자연의 협동의 산물인 것이다. 따라서 우리가 밥을 먹는다 함은 내 속의 하늘을, 온 우주를 모시는 일이요, 그럼으로써 우리 또한 우주 생명과 하나되는 일이다. 이런 점에서 새 세상을 위한 천지공사(天地工事)란 맨 먼저 밥을 거룩하게 섬기는 일에서부터 시작되어야 할 것이다.

영성이란 무엇인가. 그것은 자기 속의 하늘을 보는 것이다. 자기 생명의 거룩함을 깨닫는 것, 그래서 우주 생명과 하나됨을 아는 것이다. 밥 속의 하늘을 본다. 그 밥을 모신 나를 본다. 내 속에 모신 하늘을 본다. 이처럼 밥 속의 하늘을 보는 것, 그것이 영성이 아니겠는가.

## 병든 밥, 병든 생명, 병든 세상

밥이 병들면 인간도 병들 수밖에 없는 것은 자명한 이치이다. 마찬가지로 밥이 상품화되면 생명 또한 상품화될 수밖에 없다. 지금 우리의 몸과 마음이 심각히 병들어 가고 인간성이 갈수록 황폐화되며 공동체성이 무너져 버린 것은, 그리고 자연생태계가 이처럼 오염되고 죽어가는 것은 밥이 병들고 상품화되었기 때문이다. 밥을 소홀히 하거나 함부로 하여 쓰레기로 버리는가 하면 다른 한편에선 생명이 아닌 것으로 밥을 만들고 밥을 독으로 오염시키며 생명인 밥을 사고 파는 돈벌이의 수단으로 삼고 있기 때문이다. 그러나 지금, 생명인 밥이 세상살이의 중심이 아니라 돈이 중심인 '돈 세상'에서 우리가 무슨 짓을 하고 있는지를 모르고 있는 것은 병든 밥이 우리의 정신, 그 분별지(分別智)를 마비시켜 버렸기 때문이다.

밥을 쓰레기로 버린다는 것은 생명을 버린다는 것이요, 하늘을 버린다는 것이요, 곧 자신을 버린다는 것이다. 밥을 오염시키고 돈벌이 수단으로 삼는다는 것은 생명을, 하늘을, 자신을 병들게 하고 상품으로 사고 판다는 것이다. 밥이 병들었는데, 병든 밥을 먹었는데, 사람이 병들지 않고 어찌 세상이 병들지 않을 수 있겠는가. 사람이 병들었는데 밥이 어찌 병들지 않을 수 있겠는가.

사람의 운명은 밥에 달려 있고(命在食也), 밥으로써 건강을 지키고(醫食同源), 밥을 약으로 삼으라(食藥一體) 했는데 오히려 식원병(食原病), 조병식품(造病食品)이란 말처럼 병든 밥으로 생명을 해치고 밥 속에 든 독으로 건강을 잃게 하고 있는 것이다.

밥을 나눌 줄 아는 사회와 밥을 상품으로 사고 파는 사회는 그 형태와 가치관이 다를 수밖에 없다. 지금보다 세상이 물질적으로 덜 풍요롭고, 삶이 덜 편리했을 때, 그러나 땅이 죽지 않았고 물과 공기가 오염되지 않았을 때, 밥을 남겨 쓰레기로 버리는 일이 없었고 살을 빼기 위해 일부러 밥을 굶는 일이 없었을 때, 그때는 배는 늘 고팠지만 그럴수록 밥을 함께 나누어 먹었다.

제사를 지내면 언제나 어머니는 아직 새벽이 채 이르지 않았는데도 함지박에 제사음식을 이고 마을 고샅길을 돌며 나누었다. 한 집의 잔치는 으레 마을사람 전체의 잔치였다. 들판에서 일하다 끼니 때가 되면 낯모를 길손까지 불러 함께 목이라도 축였다. 밥이 남아 나누었던 것이 아니라 밥을 하늘로 삼았기에 그 소중함을 나눌 수 있었다. 그러나 지금 온통 쓰고 버리는 삶 속에서 우리는 밥을 어떻게 나누고 있는가.

농촌사회의 두레공동체와 산업사회의 극심한 개인주의는 다름 아닌 밥을 어떻게 취급하는가에서 극명하게 달라지고 있다. 지난 수십 년 사이 우리의 밥이 어떻게 변해 왔는가. 그리고 그 사이 우리의 건강이, 우리의 사회가 어떻게 변해 왔는가.

### 밥의 이치 따라 충실한 밥으로 살기

생명의 밥이란 생명력이 충실한 밥이다. 모든 생명체는 가장 적합한 환경조건 속에서만 충실하고 왕성한 자기 생명력의 유지가 가능하다. 동시에 충실한 생명만이 다른 생명에게 충실한 생명과 건강을 줄 수 있다. 땅이 병들면, 물이, 대기가 병들면 생명 또한 병들지 않을 수 없다. 마찬가지로 사람이 병들면 밥 또한 병들 수밖에 없다. 우리는 모두 밥으로 한 생명으로 이루어져 있기 때문이다.

밥을 떠나 이 생명이 없다는 것은 이 땅, 이 자연생태계를 떠나 이 생명이 없다는 말이다. 그러므로 밥 한 그릇의 이치를 안다는 것은 생명을 유지하고 산다는 것이 모두 밥에 달려 있음을 안다는 것이다. 밥이 생명과 건강, 삶과 운명과 존재를 결정하는 것이며 밥이 거룩한 생명이며 하늘임을 깨닫는 일이다.

'하늘은 사람에 의지하고 사람은 밥에 의지하니 만사를 안다는 것은 밥 한 그릇을 먹는 이치를 아는 데 있다(天依人 人依食 萬事知 一食碗)'는 해월의 말씀은 밥 한 그릇 속에 사람 사는 도리와 온 천지의 이치가 다 들어 있음을 일깨우는 것이다.

밥의 이치를 깨달아 사는 삶이란 무엇인가. 그것은 우리 또한 밥이 되어, 충실한 생명의 밥이 되어 거룩한 하늘로 산다는 것이다. 자신이 밥이라는 것, 다른 생명을 위해 충실한 밥이 되어야 한다는 것은 밥이 되어야 비로소 새로운 생명으로 부활할 수 있기 때문이다. 예수가 당신 자신을 송두리째 중생들의 밥으로 내어놓음으로써 영원한 하늘이 되었듯이, 어버이가 지식을 위해 밥이 됨으로써 자신의 생명이 계속 이어지듯이 자신을 다른 생명의 충실한 밥으로 되는 것이 더 큰 생명이 되는 우주의 이치인 것이다.

우주 대자연이 그 품속에서 만물을 길러 내며 언제나 풍요를 이룰 수 있는 것은 서로를 위한 밥의 관계인 상생(相生)의 이치와 밥이 똥이 되고 그 똥이 다시 밥이 되는 관계인 순환(循環)의 이치를 그 원리로 삼고 있기 때문이다. 그러므로 온전한 사랑이란 서로에게 충실한 밥이 되는 것이다. 너를 내 밥으로 삼는 것이 아니라 내가 너의 충실한 밥이 되는 것이다.

밥의 이치를 알고 그 밥을 제대로 먹고 충실한 삶을 사는 것, 그래서 나 또한 충실한 밥이 되는 것. 그것이 우리가 이 세상에서 밥을 먹고 똥 싸며 사는 이유이다. 그 밖에 또 다른 이유가 있는가. 선생은 생전에 이렇게 말씀하셨다. 도가 어디 있는가. 밥을 제대로 먹고 똥을 제대로 싸는 것에 있다(道在屎溺).

| 1999년 6월 |

# 거룩한 밥, 거룩한 똥으로 살기

### 생명의 관계는 서로에게 밥이 되는 관계

살아간다는 것은, 살아 있다는 것은 다른 생명을 나의 밥으로 삼아 그 밥이 마침내 똥이 됨으로써 가능한 일이다. 이렇게 볼 때 '나'라는 생명은 밥이 똥이 되는 과정에서 존재하는 것으로, 나는 밥에 의해, 똥에 의해 만들어진 존재라 할 수 있다. 이렇듯 생명을 유지하는 일이 밥 먹고 똥 싸는 것에 달려 있다면 제대로 사는 일이란 결국 제대로 밥을 먹고 제대로 똥을 싸는 일이라 할 수 있다. 제대로 밥 먹기, 제대로 똥 싸기 그것이 곧 제대로 살기, 제대로 존재하기인 것이다.

생명의 관계란 서로에게 밥이 되는 관계이다. 나의 생명 유지를 위해 다른 생명을 나의 밥으로 삼았듯이 나 또한 다른 생명의 밥이 되어야 하는 것이다. 자연이 뭇생명을 낳아 기르며 끊임없이 그 생명을 이어 가는 상생(相生)의 법칙이란 이처럼 서로에게 밥이 되는 관계의 법칙이다. 다른 생명인 밥에 의해 만들어진 나 또한 다른 생명의 밥인 것이다. 그러므로 제대로 살기란 제대로 밥 먹기임과 동시에 제대로 된 밥으로 살기인 것이다. 우리가 다른 생명을 위한 충실한 밥이 될 수 없다면 우리의 생명이란 제대로 된 생명일 수 없는 것이다.

마찬가지로 생명현상이란 밥이 똥이 되고 똥이 밥이 되는 모습이다. 밥이 똥이 되고 그 똥이 다시 밥으로 되는 끊임없는 물질의 순환, 이것이 우리가 인식하고 경험하는 물질 우주인 현상계에서 표현되는 존재의 실상이다. 똥이 다시 밥이 되는 관계의 법칙이 곧 순환(循環)의 법칙이다. 우주, 대자연은 이처럼 상생과 순환의 법칙을 통해 그 생명을 영속적으로 실현한다.

제대로 된 밥, 온전한 밥이란 무엇인가. 그것은 온전한 똥으로 될 수 있는 밥이다. 똥이 될 수 없는 밥은 밥이 아니다. 밥이 똥이 되지 않으면 나의 생명이 유지될 수 없는 까닭이다. 우리는 다른 생명을 자신의 밥으로 삼기엔 급급하면서도 정작 우리 자신이 누군가 다른 생명을 위한 밥이 되어야 한다는 것에는 인색하다. 뿐만 아니라 우리 자신이 마침내 똥이 되지 않으면 안 된다는 사실은 철저히 외면한다. 그러나 밥이 되어야 한다면 또한 똥이 되어야 하는 것이다. 스스로 똥이 되기를 외면하고 부정한다면 밥이 되기를 부정하는 것이고 그것은 자신의 생명, 자신의 존재를 그렇게 외면하고 부정하는 것이다.

모든 갈등과 모순은 밥과 똥의 분리에서 비롯된다. 밥과 똥은 생명현상의 양면이다. 밥은 똥의 다른 모습이고 동시에 똥은 밥의 다른 존재형태인 것이다. 그러므로 그것은 분리될 수 있는 별개의 존재물이 아니라 동일본질성, 그 동일근원의 다른 표현, 다른 모습일 따름이다. 그런데 이처럼 그 본질상 분리할 수 없는 하나인 것을 나누고 쪼개어 서로 대립적으로 분리시킴으로써 생명이 이원화되고 존재가 이원화되고 세상이 이원화되는 것이다. 이는 삶과 죽음을 분리시킴으로써 삶에 대한 집착이 강해질수록 죽음에서 벗어나 달아나고자 하는 두려움이 커지는 것과 같다. 그러나 삶이 없으면 죽음 또한 없는 것처럼 죽음으로부터 달아나거나 외면함으로써 삶이 충실해질 수는 없는 것이다. 밥과 똥의 분리, 그 이원적 인식에서 삶과 죽음의 분리, 존재와 근원의 분리가 비롯된다.

깨달음이란 무엇인가. 그것은 우리 모두가 밥이며 똥이라는 사실에 대한 자각이다. 동시에 우리 모두는 밥이 똥이 되고 똥이 밥이 되는 관계 속에서 존재의 근원과 분리될 수 없는 하나라는 인식이다. 현상계에서 존재하는 모든 것은 근원, 저 거룩한 신성의 드러남이라는 사실을 새롭게, 사무치게 온몸으로 알아채는 것이다.

그러므로 수행이란 밥과 똥으로 충실히 사는 일이다. 제대로 된 밥으로, 똥으로 사는 일 그것이다. 온몸으로, 온 존재로 그렇게 사는 일이 곧 수행이다. 온몸으로, 온 존재로 산다는 것은 그것과 하나되는 일이다.

우리 자신이 온전한 밥으로, 똥으로 살기 위해서는, 밥과 똥과 하나되는 삶을 위해서는 먼저 밥 먹고 똥 싸는 일 그 자체에 충실해야 한다. 밥의 의미, 똥의 의미, 생명과 존재의 의미를 바로 보고 그 행위에 충실해야 하는 것이다. 밥을 제대로 먹지 못하면서, 똥을 제대로 싸지 못하면서 어찌 제대로 밥과 똥으로 산다고 할 수 있겠는가. 밥을 제대로 먹지 못하면서, 똥을 제대로 못 싸면서 세상을 제대로 산다는 것은 거짓이다.

근본에서 어긋나면 모든 것이 어긋날 수밖에 없는 것이다. 지배와 억압, 독점과 수탈, 기아와 빈곤, 낭비와 오염, 인간성의 황폐화와 환경생태계 위기 등 세상의 여러 잘못들이 모두 잘못된 밥 먹기와 잘못된 똥 싸기에 그 근본원인이 있는 것이다. 결국 삶과 세상의 온갖 탈들이 모두 밥탈과 똥탈에서 비롯된 것이다.

물질 우주에서 몸을 가진 존재로서 살아가는 데 밥 먹고 똥 싸는 일보다 더 중요한 일은 없다. 이 몸을 가진 나를 떠나서, 이 생명을 벗어나 지금 이대로의 나는 없기 때문이다. 이처럼 삶이란, 우리의 인생이란 결국 밥 먹고 똥 싸는 이치, 밥이 똥이 되고 똥이 다시 밥으로 되는 이치에서 한 걸음도 벗어날 수 없는 것이다. 물론 삶이 결코 단순하기만 한 것이 아니며 한편에선 한없이 복잡 미묘한 것이긴 하나 그 복잡 미묘함이라는 것도 근본이치에서 보면 결국 밥과 똥 사이에서 일어나는 현상에 지나지 않는다고 할 것이다. 이렇듯 생명의 신비, 삶의 심오함이라는 것도 어렵고 복잡함 속에 있는 게 아니라 단순함 속의 그 깊이에 있는 것이라 하겠다.

생각해 보면 밥이 똥이 되고 똥이 다시 밥이 되는 것만큼 신비로운 것이 있겠는가. 생명의 신비, 그 신령함이 밥과 똥 속에서 이루어진다는 그 자체가 무엇보다 신비롭고 신령한 일이 아니겠는가. 이처럼 살아 있고 살아가는 현상들이 모두 그 자체로 경이롭고 신령한 것이다. 그렇다면 이렇게 존재하는 '나' 라는 이 생명의 신령함을 자각하고 이 몸, 이 생명을 충실하게 유지하는 일, 이 몸을 가진 존재를 사랑하고 그 생명을 소중히 하는 일보다 더 중요한 것은 없다고 해도 좋을 것이다. 이 모든 것들이 밥과 똥을 제대로 알고 그렇게 사는 데 있다.

**존재한다는 것은 사랑한다는 것, 사랑한다는 것은 남을 위해 밥이 되는 것**

존재한다는 것은 사랑한다는 것이다. 서로에게 생명의 밥이 됨으로써 존재가 이루어진 것이기 때문이다. 그러므로 사랑한다는 것은 다른 생명을 위해 온전한 밥이 된다는 것이며, 그 밥이 마침내 온전한 똥이 된다는 의미이다. 자신을 밥으로 내놓지 않는 사랑은 사랑이 아니다. 자신을 다른 생명의 온전한 똥으로 삼을 수 없다면 그것은 사랑이 아니다. 사랑으로 살지 못하는 것은 존재하는 것이 아니다.

사랑은 감사와 공경에서 솟아나는 샘물이다. 감사하면 절로 사랑하게 되고, 사랑하면 절로 감사하게 된다. 사랑으로 보면 세상 천지에 감사하지 않을 수 있는 게 하나라도 있는가. 고마워하는 마음으로 보면 어느 것인들 사랑하지 않겠는가. 사랑하고 감사하고 공경한다면 생명인들 내놓지 않겠는가.

감사와 공경, 그것은 먼저 나에게 생명을 준 다른 생명인 밥에 감사하는 일이다. 쌀 한 톨 속의, 푸성귀 한 잎 속의 생명, 그 하늘을 공경하는 일이다. 밥을, 그 생명을 찬양하고 그 밥과 하나되는 일이다. 그러므로 밥 먹는 일이 곧 경건한 제사이며 동시에 신명의 축제이어야 한다. 예수의 영성체, 석가의 공양, 해월의 향아설위(向我設位)와 이천식천(以天食天)의 가르침이 그것이다. 한 생명을 위해 다른 생명을 지극 정성껏 모시는 일 그것이 어찌 경건한 제사가 아니겠는가. 다른 생명이 내 몸 속에서 나의 생명으로 이루어지는 일, 나의 생명을 얻는 그 일이 어찌 기쁨의 잔치가 아니겠는가.

밥 먹기가 경건한 제사가 되기 위해선 지극 정성으로 밥을 내 안에 모셔야 한다. 그것이 잔치가 되기 위해선 그 생명을 온몸으로 찬양해야 한다. 그 맛을 찬양하고 온전히 맛보며 즐겨야 한다. 입안의 미각세포에서부터 온몸이 그 맛을 즐기고 찬양해야 한다. 그것이 나의 생명을 위해 밥이 되어 준 다른 생명에 대한 마땅한 도리이다.

밥 그 자체에 충실하는 일, 그것이 깨어 있는 밥 먹기이다. 밥을 모실 땐 오로지 밥 먹는 일 그 자체에 집중해야 한다. 그렇다. 제대로 밥 먹기의 핵심은 바로 온몸으로 공경하기, 온몸으로 모시기이다. 그리하여 마침내 그 밥과 하나되는 일이다.

똥 쌀 때도 이와 같다. 거룩한 생명인 밥이 나의 생명으로 됨으로써 똥이 된 이치와 똥에서 다시 밥이 태어나는 신비를 생각하고 그 똥에 감사하면서 온전한 똥을 만들기 위해 힘쓰는 일이다. 온전한 똥이란 내가 모신 생명인 밥이 내 몸 안에서 나의 생명으로 완전히 소화되는 것이다. 내 몸으로, 나의 생명으로 될 수 있는 것은 빠짐없이 온전히 나의 생명으로 되는 것, 그것이 다른 생명이 나에게 그 생명을 바친 의미이다. 그러므로 내 안에서 밥을 제대로 소화시켜 온전한 똥으로 만들지 못하고 버리는 것은 자신의 생명뿐 아니라 다른 생명까지 해치고 죽이는 범죄이다. 과식이 용납될 수 없는 잘못인 까닭이 여기에 있다.

완전한 소화, 그것의 전제는 자신의 생명 유지에 필요한 이상을 먹지 않는 것이며, 적어도 내가 밥으로 받아들인 다른 생명의 몫만큼은 살아가는 일이다. 자신의 존재를 충실히 사는 것이 다른 생명이 나의 생명으로 된 이유, 곧 내가 밥을 먹을 수 있는 이유인 것이다. 온몸으로 삶을 살지 못하는 한 온전한 소화, 온전한 똥을 만들 수 없는 것이다.

이처럼 똥 싸기에 충실한 일이란 온전한 똥을 만들기 위해 온몸으로 삶을 사는 일임과 동시에 마침내 자신이 온전한 똥이 되어 사는 일이다. 그리하여 그 똥이 다시 밥으로 되도록 사는 일이다. 똥으로 사는 일이란 섬기며 사는 일이고 겸손하게 사는 일이며 끊임없이 비우며 사는 일이다. 비우며 살기, 놓아 버리기, 자신을 아낌없이 다른 생명의 밥으로 주기, 그것이 온전한 똥으로 사는 일의 핵심이다.

## 밥과 똥은 하나

　밥과 똥이 하나이듯 밥 먹기와 똥 싸기가 하나이다. 제대로 먹지 못하면 제대로 싸지 못하듯이, 제대로 싸지 못하면 제대로 먹지 못하기 때문이다. 그런 까닭에 채우기 위해서는 먼저 비우지 않으면 안 된다. 다른 생명을 나의 생명으로 만들기 위해서는 먼저 내 몸이 온전히 그 생명을 받아들일 수 있도록 준비되어야 하는 것이다. 그러므로 제대로 먹기 위해서는, 온전한 생명으로 받아들이기 위해서는 먼저 자신을 비우지 않으면 안 된다는 이치에 충실해야 한다. 끊임없이 자신을 비우는 일, 다른 생명의 양식으로 자신을 내놓는 일은 밥을 제대로 먹고 똥을 제대로 싸는 일, 곧 제대로 밥이 되고 제대로 똥이 되어 사는 바탕이고 그 처음인 것이다. 이처럼 제대로 밥 먹고 제대로 똥 싸기, 온전한 밥으로 똥으로 살기란 자신의 건강과 충실한 생명을 위한 길임과 동시에 생명이 충만한 세상을 위한 것이기도 하다. 그것이 천지자연, 우주의 법도를 따라 사는 길이기 때문이다.

　그렇다. 존재하는 모든 관계가 서로를 위한 거룩한 생명의 관계임을 알고 그 생명인 밥을 섬기는 것이며, 생명력이 충실한 존재로 사는 일이 충실한 밥으로 사는 일이다. 내가 충실한 생명으로 살 수 없다면 나는 충실한 밥이 될 수 없기 때문이다. 우리가 생명을 충실히 유지하기 위해선 생명력이 충실한 밥을 먹어야 하듯 우리 또한 그렇게 생명력이 충만한 밥으로 살아야 하는 것이다. 동시에 이와 똑같은 무게로 밥이 나의 생명을 위해 똥으로 되었음을 진실로 감사하고 그 똥이 다시 밥으로 순환될 수 있도록 살아야 한다.

　똥이 다시 밥으로 되는 것, 그것이 곧 재생이며 부활이다. 밥이 내 몸 속에서 똥이 되어 나의 생명으로 새롭게 태어나는 것은 내 안의 우주, 그 하늘의 신령한 작용이다. 내 몸에서 나온 똥이 다시 밥으로 이루어지는 것은 내 몸 바깥의 하늘, 그 우주 대자연의 섭리이다. 밥이 똥이 되고 똥이 밥이 되는 속에서 무궁한 생명과 풍요가 실현되는 것이 천지자연의 섭리, 그 신령한 법도인 것이다. 그러므로 밥 속에 하늘이 있고 똥 속에 하늘이 있음을 아는 것이 곧 지혜이며, 밥과 똥으로 사는 일이 곧 하늘을 모시고 사는 삶이며 도를 따라 사는 삶이라 할 것이다.

존재하는 모든 것은 거룩하다. 모든 존재는, 모든 생명은 거룩하다. 모든 생명은 온 우주의 근원인 대생명을 반영하고 있을 뿐 아니라 그 자체로써 거룩한 생명인 것이다. 참으로 하늘을 모시지 않은 생명은 없고 그 자체로 하늘을 드러내지 않는 생명 또한 없는 것이다. 그러므로 본시 거룩한 존재로 사는 길이 우리가 살아야 할 길이며 삶의 의미이다.

거룩한 존재로 살기란 거룩한 밥으로, 거룩한 똥으로 살기이다. 다른 생명을 거룩하게 모실 때 나 또한 거룩한 생명이며, 생명인 밥을 거룩하게 섬길 때 나 또한 거룩한 밥이며, 내가 나날의 삶에, 여기 선 자리 이 순간을 충실히 살 때 나 또한 거룩한 똥으로 사는 것이다. 온 우주와, 생명의 근원과 하나인 나는 거룩한 존재이며 거룩한 밥이고 거룩한 똥이다.

# 땅의 위기와 생명

지금 우리에게 가장 절실한 과제는 땅을 지키고 살리는 일이다. 땅이 죽으면 모든 것이 죽기 때문이다. 땅이 없으면 우리는 존재할 수 없기 때문이다. 우리 모두는 땅의 사람이다. 살아 있는 것 가운데, 무릇 생명을 가진 것들 가운데 땅에서 태어나지 않은 것은 없으며 또한 땅을 떠나서 살 수 있는 것도 없다. 땅이, 흙이 생명의 모태이고 그 근원인 까닭이다. 이 행성을 사는 모든 생명 - 땅위의 뭇생명, 하늘을 나는 새, 물 속의 생물들까지 모두 흙에서 태어나 흙에 의지하여 살아간다. 이처럼 땅은, 대지는 생명의 어머니이고 우리 모두는 그 자녀들이다.

## 생명 그 자체인 땅

땅은 그 자체로 살아 있다. 살아 숨쉬고 밥 먹고 일한다. 살아 있는 땅, 그 흙의 숨소리를 들어라. 아침 이슬, 산골짜기의 자욱한 안개는 흙의 숨결이다. 봄날 아침 들판 가득히 솟구쳐 오르는 아지랑이를 보라. 흙이 숨쉬는 것, 그 내뿜는 숨길이 얼마나 깊고 그윽한지를.

　한줌의 흙 속에 수십, 수백 억의 생명체들이 있다. (유기질이 풍부한 마른 흙 1g 속에는 7~8억의 미생물이 살고 있다. 이 1g 속에 뻗어 있는 곰팡이 균사의 길이는 3~4억 m에 달한다. 농토 1㎡에는 5천5백 마리의 벌레와 5만 마리의 작은 곤충이 살 수 있다. 더 다양한 생물들이 존재할수록 토양생태계는 더욱 안정되어 있다.) 이 속에서 생명체들은 각기 거주하는 방과 숨쉬는 통로와 영양분을 나르는 배수로와 저장 창고 등을 갖고 살아가고 있다. 그러므로 흙의 건강성과 생명력 여부는 숨쉬는 통로와 배수로 그리고 마실 물과 먹을 양식(유기질 등 영양소) 정도에 달려 있다. 흙이 공기로부터 차단되어 숨쉬지 못하면 질식하고, 마실 물과 먹을 양식이 없으면 메마르고 굶주리며 중금속 등으로 오염되면 병들어 죽어간다. 땅은, 흙은 살아 있는 생명체이기 때문이다.

　창조설화로 본 인간은 흙이다. 인간의 본질이 흙이고 흙이 곧 인간의 어머니인 것이다. 성서는 이같은 인간과 흙과의 관계를 흙에서 태어나 흙에서 살다가 흙으로 돌아간다는 3중의 관계로 표현하고 있다. 그러므로 흙과 인간은 그 본질상 서로 나눌 수 없는 하나인 관계 곧 동일본질성(同一本質性)을 갖는 것이다. 불교에서는 이들 모든 존재물은 지수화풍(地水火風)의 4대 원소로 이루어지고 있다고 가르친다.

　살아 있는 생명인 땅이 어떻게 우리를 낳고 기르시는가. 어머니 대지(땅)는 아버지 하늘과 만나 만물을 잉태한다. 그러므로 천지가 곧 부모(天地父母)이다. 어머니 대지는 자신의 살과 피로 만물을 길러 낸다. 모든 생명은 자신이 몸담고 있는 흙(토양)을 반영한다. 밥은 흙에서 만들어진다. 밥을 먹는다 함은 그 밥을 만들어 낸 흙을 먹는 것이다. 그러므로 우리의 존재, 우리의 몸과 마음이 모두 우리가 먹는 밥에 의해 이루어지듯 우리의 존재를 이루는 근본은 우리가 몸담고 있는 흙이다.

어머니 대지, 그 흙의 품은 깊고 포근하다. 흙은 그 끝 모를 인고와 희생으로 자신의 온몸을 자식들에게 내놓을 뿐 아니라 지상의 온갖 더러운 것들을 다 받아들여 정화(淨化)하고 모든 것을 감싸 안는다. 흙의 가슴은 모든 생명이 돌아가는 마지막 귀의처(歸依處)이다. 흙은 그가 낳아 기른 것들을 다시 그 품으로 거두어들이며 그 자식이 저질러 놓은 것들, 그 온갖 쓰레기와 오물까지 다 받아서 정화시켜 다시 생명을 위한 대지의 양분으로 만들어 놓는다. 그러나 대지가 이 일을 감당하기 위해선 자연적으로 스스로를 복원할 수 있는 한계를 벗어날 만큼 그 생명력을 수탈해서는 안 되는 것임은 자명하다. 땅 또한 생명이기 때문이다.

## 죽어가는 땅

지금 우리가 처해 있는 생명의 위기는 매우 엄중하다. 생명의 근원자리인 땅이, 흙이 오염되고 죽어가고 사라지고 있기 때문이다.

사방 어디를 둘러보아도 온통 죽어가고 사라지는 땅뿐이다. 땅의 신음소리, 고통으로 죽어가는 어머니 대지의 비명소리를 들어라. 인간의 탐욕과 무지로 어머니 땅이 짓밟히고 오염되고 죽어가고 있다. 생명을 낳고 기르는 땅은 공업화와 도시화 속에서 시멘트와 아스팔트로, 골프장으로, 유흥지로, 투기의 대상으로 그래서 불모지로, 불임의 땅으로 사라져 버렸고 그나마 농지로 남아 있는 땅조차 날로 다른 용도로 잠식되고 있을 뿐 아니라 화학비료와 농약과 비닐 등으로 병들어 죽어가고 있는 것이다.

이런 식으로 가다가는 자연뿐 아니라 그 속에 사는 모든 생명체들이 고통과 비분 속에서 죽어가게 될 것이라는 거듭된 경고에도 불구하고 지금까지 우리는 땅을 존중하고 조화 협력하여 그 생명을 지키고 돌보기는커녕 땅의 생명력을 착취하고 수탈하는 데만 주력해 왔다. 이처럼 인류의 문명사(文明史)란 인간의 욕망 충족을 위한 땅에 대한 지배와 착취의 역사나 다름 없다.

땅과 자신의 생명을 구분하여 생각할 수 없었던 사람, 시애틀 추장은 땅을 팔라는 백인의 강요 앞에서 말한다.

"그대들은 어떻게 저 하늘이나 대지의 온기를 사고 팔 수 있는가. 우리는 대지의 한 부분이고 대지는 우리의 한 부분이다. 우리는 알고 있다. 땅이 인간에게 속한 것이 아니라 인간이 땅에 속해 있음을, 만물은 한 가족을 맺어 주는 피와 같이 서로 연결되어 있다. 땅에 닥치는 일은 땅의 아들에게도 닥치게 되어 있다. …"

그렇다. 땅이 병들면 인간도 병드는 것은 당연하다. 생명체의 활력과 건강을 최종적으로 결정하는 것은 흙이기 때문이다. 작물은 땅을 그대로 반영한다. 흙 속 생태계의 상태가 그 위에 자라는 식물의 체질과 그 생태계를 결정하는 것이다. 화학비료, 제초제, 농약 등으로 중독되어 병든 땅에서 재배된 곡물을 먹고 자라는 가축 또한 병들어 죽어가고 인간도 이와 같다. 땅이 오염되어 죽어가면 우리의 생명인 밥이 오염되어 죽어가는 것이고 그것은 결국 우리 자신이 병들어 죽어가는 것이기 때문이다. 이처럼 화학비료, 농약, 제초제 등에 의존한 근대농법이란 단순히 약탈농법일 뿐만 아니라 땅을 죽이고 생태계를 죽이고 사람을 죽이는 죽임의 농법인 것이다.

병든 땅에선 병든 먹거리를 생산할 수밖에 없고 병든 먹거리에 생명과 건강을 의지하면서 건강과 생명을 지탱할 수는 없는 법이니,

신토불이란 땅이 병들어 죽으면 인간 또한 그럴 수밖에 없음을 경고하는 말이다. 그런데 생명의 모태이자 근원자리인 땅이 지금 어떻게 되고 있는가.

한번 오염되어 버린 땅은 정화할 방법이 없다. 중금속과 농약 등은 땅(토양)에 축적된다. 그리고 일단 축적되면 인위적으로 제거하기 어려우며 오랜 시간에 걸쳐 하천과 지하수에 녹아들어 수질오염으로 연결되어 땅의 생명력을 근본적으로 파괴한다. 농약의 경우 그 대부분 흙 속에서 3~10년 간 잔류하며 토양미생물을 죽이고 땅을 불모지로 만든다. 화학비료는 땅을 산성화하여 흙의 입자를 뭉치게 만들어 호흡을 방해할 뿐 아니라 흙 속의 영양소 기능을 떨어뜨려 곰팡이류만 번성하도록 하여 식물에 질병이 만연하고 뿌리가 쉽게 썩도록 만든다. 이렇게 토양생태계가 파괴된 땅에서는 더 이상 건강한 생명력을 길러 낼 수 없는 것이다.

이처럼 더 많은 생산을 위한 기계화와 화학비료, 농약 등에 의존한 현대화된 집약적 약탈농업은 한때 경제적으로는 성공이라고 볼 수 있을지 몰라도 생태학적으로는 재앙일 수밖에 없는 것이다. 양(量) 때문에 질을 희생시킨다면 이는 곧 전체적인 식량 감소를 초래하게 된다는 지적처럼 흙, 토양이란 단지 무기적 특성을 가진 하나의 환경이 아니라 동물과 식물, 미생물이 한데 어우러져 기능을 발휘하는 살아 있는 생태계인 까닭이다.

땅심이 고갈되고 있다. 흙의 기운이 쇠퇴하고 메마르고 있는 것이다. 흙 알갱이들이 부서지고 흘러 내려가 표토(겉흙)는 상실되고 있다. 흙은 지구 생명(가이아)의 피부이다. 한번 손상된 피부(表土層)가 회복되기 위해선 최소 2천 년 이상이 걸린다. 이렇게 손실되는 지구상의 표토는 해마다 240억 톤, 매년 900만 헥타르가 넘는 땅이 황무지로 변하고 있다.

　개발과 증산이란 인간의 눈먼 탐욕과 어리석음으로 어머니 땅이 병들어 죽어가고 1만 년의 농업의 역사가 종말로 치닫고 있는 것이다. 이처럼 우리의 몸과 마음이, 우리의 삶터가 병들어 있고 무너져 내리고 있는 것은 결국 어머니 땅을, 그 생명의 모태를 우리 스스로 파괴하고 유린한 필연적 응보이다. 일찍이 식물과 동물이 자신들이 태어난 대지와 밀접한 관계가 있음을 발견하고 인간의 병든 몸과 마음을 치유하기 전에 병든 땅부터 먼저 치유해야 한다고 역설했던 앙드레 부아젱의 경고가 참으로 절실한 때이다.

## 땅의 신령함은 사라지고

　땅의 생명인 기(地氣)가 쇠퇴하고 맥(脈)이 끊어져 땅의 신령함이 사라지고 있다. 신과 인간이 만나는 장소, 우주의 신령함이 깃든 곳들은 파괴되어 놀이터로, 쓰레기장으로 되고 말았다. 인간이 땅의 자식임을 자각하고 있을 때 땅은 신성했다. 땅위의 모든 것 - 흐르는 개울과 강, 언덕과 나무, 그 위로 뛰노는 동물들과 바람 그 모든 것들이 신성하고 신령한 것이었다. 땅에다 침을 뱉으면 그것은 곧 자신에게 침을 뱉는 것과 같다는 것을, 인간에게는 땅을 지키고 돌보아야 할 거룩한 임무가 창조주로부터 주어져 있다는 것을, 하느님이 우리 모두를 사랑하듯이 이 땅을 지키고 사랑해야 한다는 것을 알았다. 그러나 지금 어머니 땅은 갈기갈기 찢기고 있다. 어머니 가슴은 파헤쳐지고 사지는 절단되고 있다.

　문명과 개발과 발전, 경제성장과 산업화란 이름으로 살아 숨쉬는 흙 대신 시멘트 아스팔트의 차디참이, 그 딱딱함이 찬양되고 있다. 흙에서 태어난 자신의 근원자리를 망각한 채 자신의 삶 속에서 흙을 철저히 외면 배척하고 있다. 땅의 생명력, 만물을 낳고 기르는 힘은 빼앗겼다. 불임(不姙)의 땅, 불모(不毛)의 땅이 되고 있다.

땅이란 한번 잘못 건드려 병이 들면 돌이킬 수 없는 것이니 땅이 지닌 생기를 잘 살피는 일의 중요함을 강조한 조상들의 풍수(風水)사상도, 돌과 흙을 파서 산을 흔들고 땅을 놀라게 하고 맥을 끊고 기를 혼란시키면 그 땅은 죽은 것이니 죽은 땅위에 사는 사람에게 어찌 손해가 없겠는가라는 명당경(明堂經)의 경고도 한낱 공허한 소리로 외면되고 말았다.

어머니 대지가 신령함과 신성함을 갖지 못할 때 인간정신의 고귀함과 삶에서의 생명의 활력, 그 생기(生氣)는 더 이상 가질 수 없다. 신령함이 사라진 자리에서 돋는 것은 인간성의 황폐함뿐이다. 그러므로 이 시대, 죽임을 구조화하는 문명에서 벗어나 더불어 함께 사는 살림의 문명을 열어 가기 위해서도 먼저 어머니 대지 그 땅에 대한 공경이 기본이 되지 않으면 안 된다. 생명공경, 생태공경이란 모든 생명의 근원자리, 그 모태인 땅에 대한 공경에서 비롯되기 때문이다.

일찍이 해월(海月) 선생이 땅의 신음소리를 듣고 나막신을 벗어 들었듯이 참으로 온몸으로 땅이 살아 있는 거룩한 생명임을, 그 모태임을 느낄 수 있을 때 비로소 진정한 생명공경이 이루어질 수 있을 것이다. 우리가 정말로 대지의 자식으로, 자연과 조화롭게 사는 사람이 되기 위해서는 맨 먼저 맨발로 땅을 만나고 느껴야 한다. 살아 있는 흙 가슴을, 그 맥박을 느낄 수 있어야 한다.

**땅을 살려야 우리도 산다**

지금 우리가 직면한 사태의 심각성은 마지막 남은 이 땅이나마 지켜 내고 살려내지 못한다면 이제 더 이상 우리의 지속적인 생존 자체가 불가능한 한계 상황에 놓여 있다는 데 있다. 땅이 오염되고 죽으면 물 또한 그렇게 될 수밖에 없고 땅과 물이 죽으면 그 위에 사는 모든 생명 또한 살아갈 수 없음은 자명하다. 그러므로 땅의 오염과 죽음은 땅 그 자체만의 문제가 아니라 이 행성에 사는 모든 생명에 대한 근원적인 오염과 죽음이 아닐 수 없다.

농지란 무엇인가. 그것은 인간과 자연이 조화를 이루면서 지속적인 생존을 실현할 수 있는 유일한 생명의 땅이다. 우리가 먹고 살아간다는 것은 결국 어머니 땅인 농지의 생산력에 의지해 산다는 것이다. 지금 인류의 생존에서 가장 절실한 문제가 환경생태 위기와 더불어 식량 위기임은 이제 더 이상 논란의 여지가 없다. 따라서 농지를 지키고 살리는 일이 우리의 생존을 위해 가장 중요한 문제일 수밖에 없는 일이다. 농지를 지키고 살리는 일이 곧 밥상을 마련하고 지키는 일이며 이 땅의 환경생태계와 민족의 식량 자급과 국민경제의 자립을 위한 기본이기 때문이다.

그런데 지금 우리의 목숨줄인 농지는 매년 전체 면적(191만 헥타르)의 1.6%에 이르는 3만 헥타르씩 사라지고 있다. 이 가운데 1만 5천 헥타르(여의도 면적의 55배)의 농지가 도시적 용도로 전용되고 약 1만 3천 헥타르에 달하는 농지가 농사지을 사람이 없어 빈땅으로 묵어 황폐화되고 있는 것이다. 문제의 심각성은 이처럼 매년 농지가 사라지는 가운데 그나마 남아 있는 땅, 그 농지조차 생명력을 잃고 죽어가는 데 있다.

어떻게 우리의 농지를 지키고 살릴 것인가. 농지를 지키고 살리는 일이 더 이상 농민만의 문제가 아님은 분명하다. 농지를 잃는다는 것은 바로 우리의 목숨줄인 식량을 잃는 것이요, 우리와 우리 후손이 숨쉬며 살아가야 할 이 땅의 살아 있는 삶터를 빼앗겨 버리는 일이기 때문이다. 그러므로 이제 이 일은 이 땅을 사는 모든 사람들의 과제일 뿐 아니라 그 가운데서도 특히 이 나라의 자립적 생존과 자연과 인간이 조화되는 생태적 사회와 그 문명을 염원하는 사람들의 최우선 과제가 되지 않으면 안 된다. 지금은 참으로 한 평의 땅을 지키고 살리는 일의 절실함을 몸으로 증거하지 않으면 안 되는 절박한 때이다.

흙과 그 위의 동식물과 인간의 생명이 하나로 연관되어 있음을 알리기 위해 결성된 영국의 토양협회는 지금 인류가 불안에 떨고 있는 원자폭탄의 위협보다 비록 그 속도가 느리긴 하지만 훨씬 더 광범위하게 확산되고 있는 위험은 우리가 생존을 의지하고 있는 대지를 고갈시켜 황폐화하는 것이라고 경고하고 있다. 이같은 경고처럼 땅을 지키고 살리는 것, 그 중에서 특히 생명의 기반인 농지를 지키고 살리는 일은 더 이상 지체할 수 없는 생존적 과제가 되었기 때문이다. 농지 지키기를 이 시대의 국민운동으로 전개하지 않으면 안 되는 이유가 여기에 있다.

이제 환경을 살리고 농지를 지키기 위한 국민운동을 전개하면서 우리가 공동으로 다짐해야 하는 것은 더 이상 이 땅에서 우리의 농지가 한 평이라도 투기의 대상이 되지 않도록, 그리고 어머니 생명의 땅을 유린하는 어떠한 행위도 더 이상 용납되지 않도록 온몸으로 감시하고 지켜 낸다는 결의이며, 이 일이 곧 우리 자신의 생존과 우리 후손이 살아갈 생명의 터전을 지키고 가꾸기 위한 최우선적 선택이라는 선언이다. 이를 통해 밖으로는 더 이상 우리의 농지가 잠식되지 않도록 지켜 나가며, 안으로는 화학농법 등으로 병든 우리 농지의 생명력을 치유하고 회복하여 농업을 살리고 밥상을 살리고 환경생태계를 살려내어 도시와 농촌이, 사람과 자연이 더불어 사는 생태적 사회와 그 문명을 열어 가는 일에 우리 모두가 나서야 한다. 이를 위해 먼저 땅을 살리고 살아 있는 땅에서 생명의 양식을 생산하는 환경친화적 농업, 자연과 조화되는 생태농업부터 뿌리내려야 한다.

이 위기의 시대, 지구 전 생명계의 절박한 위기 속에서 지금 우리에게 생명의 근거인 이 땅의 농지를 지키고 살리는 일보다 더 시급한 일은 없다고 거듭 확인하는 것은 땅이 있어야, 살아 있는 땅이 있어야 거기서 우리가 함께 살아갈 새로운 문명의 씨앗을 움틔울 수 있기 때문이다. 한 평의 땅을 지키고 살리는 일이 곧 우리의 생명을 지키고 살리는 일이기 때문이다. 땅과 우리는 한 생명이다. 흙이 살아야 우리가 산다.

| 1999년 8월 |

# 물, 생명의 근원

생명을 원하는 모든 존재는 물을 만나야 비로소 그 생명을 얻을 수 있다. 생명의 모태인 흙도 그 가슴에 물을 품을 수 있을 때 한 생명을 잉태할 수 있다. 어떤 생명이건 그 생명이 태어나기 위해선 거기에 반드시 물이 있어야 한다. 푸른 초원도, 짙은 녹음으로 무성한 저 산야도 물이 없으면 한갓 황무지, 죽음의 땅인 불모지로 변해 버린다. 작렬하는 불볕 아래 흙모래만 휘날리는 저 불모의 땅 사막에서도 물이 솟으면 어느새 그 자리에 풀이 돋고 숲이 우거지는 생명의 낙원인 오아시스가 되는 것이다.

그렇다. 무릇 살아 있는 모든 생명체는 물에 따른다. 수많은 행성 중에서 지구를 생명이 살아 있는 푸른 별이게 하는 것은, 거기에 생명의 표징인 풀과 나무를 돋게 하는 물이 있기 때문이다. 태양계에서 유일하게 물이 있는 별 그것이 지구이다. 그래서 자연철학의 시조라 일컫는 탈레스(Thales)는 "물은 세계 만유의 본원"이라고 하였고 중국의 관자(管子) 또한 "물이란 모든 것의 근본이며 모든 생명의 바탕"이라고 했다.

## 생명의 근원인 물

모든 생명은 물에서 태어난다. 생명의 진화의 근원이 곧 물인 것이다. 하늘이 먼저 물을 낳고(天一生水) 땅이 뒤이어 온기인 불을 만드니(地二生火), 이로써 생명의 싹이 돋는다(天三生木). 그러므로 물이란 오행(五行)의 그 처음이며 만물이 이로써 그 생명을 유지하는 바, 물이란 원기의 진액(津液)인 것이다(緯書).

태초의 생명이 물에서 태어나 뭍으로 진화해 왔듯이 우리 인간의 태어남 또한 이와 같다. 어머니 자궁 속 바닷물과 같은 양수(羊水)속에 떠 있으면서 인간의 사대육신을 갖춘 후 비로소 어머니 몸 밖 세상으로 나오는 것이다. 이처럼 모든 생명을 이루는 기본물질은 물이다. 물 속이 본태(本態)인 우리 몸 또한 대부분 물로 이루어져 있고 몸 속의 기본 생명물질인 수분이 점점 메말라 가는 것이 다름 아닌 늙고 죽는 현상인 것이다(태아 때는 70% 이상이던 몸 속의 수분이 노인이 되면 대부분 60% 정도까지 줄어든다).

물이 생명의 근원인 까닭에 물을 떠나서는, 물 없이는 어떤 것도 그 생명을 유지할 수 없다. 우리는 우리의 생명과 건강을 유지하기 위해 매일 2.5리터 정도의 물을 마셔야 한다. 우리는 몸 속의 물을 1~2% 정도 상실할 때 심한 갈증을 느끼게 되며, 5% 정도를 상실하면 정신을 잃는 등 혼수상태에 빠지게 되고 12% 이상을 잃으면 죽음에 이르게 된다. 이렇듯 물은 우리의 신체를 이루는 기본물질임과 동시에 나날의 생명을 이어 가게 하는 생명의 기본양식인 것이다. 영원한 생명수가 곧 물인 것이다.

## 물과 건강

우리가 살아 있는 생명이기 위해서는 살아 있는 물을 먹어야 한다. 살아 있는 물, 생명이 있는 물, 그것이 곧 생수(生水)이다. 생명수(生命水)인 것이다. 그러므로 이 생수야말로 생명과 건강을 위한 최고의 양식이고 보약이다. 이 지상의 양식 중에서, 약재(藥材)중에서 생수보다 더 중요하고 더 효험이 있는 것은 없다. 일찍이 동서양을 막론하고 생수를 무병(無病)의 영약(靈藥)이라 칭송한 것은 이 때문이다.

맑은 물, 살아 있는 물은 우리의 몸과 마음을 정화(淨化)시키고, 독소를 해독(解毒)시킨다. 자연의학에서는 물이 갖는 해독(解毒)과 정화효능을 이렇게 설명하고 있다.

"우리 체내에 흐르는 혈액, 임파액은 물에 의해서 정화되며, 체온은 물에 의해서 조절된다. 생리적 포도당은 물 없이는 이루어지지 않는다. 세포는 체액의 바다 가운데 있는 섬이며, 그 주위에는 물에 의해서 정화된 체액을 가지고 둘러싸여서 비로소 그 신진대사가 활발하게 행해져 그 활동이 확보된다. 혈액순환의 원동력인 모세관 작용은 물로써 정화되어 적당한 농도로 추진된다. 내장기관(內臟器官)은 정화된 혈액, 임파액의 순환에 의해서 씻겨 정화되고 소화기 또한 이 물에 의해서 그 기능이 최대한으로 발휘된다. 내부에서 발생한 독소는 물론, 외부에서 침입한 독물도 물에 의해서 해소된다."
(『물과 생명』, 西勝造)

우리 몸 속에서 하고 있는 이러한 물의 생리적 작용은 이밖에도 우리 체액의 산, 염기의 평형을 유지시키고 변비의 예방, 산독증, 요독증의 발생방지, 설사와 구토의 치유, 체취의 소산, 피부 광택의 개선, 주독의 예방, 궤양의 방지, 칼슘의 공급 등 실로 그 효능이 무한한 것으로 자연의학에서는 강조하고 있다.

그렇다. 온갖 독소와 노폐물로 찌든 우리의 몸과 마음을 물 없이 무엇으로 해독하고 정화시킬 수 있겠는가. 이른 새벽 장독대 위, 어머니의 정화수(井華水) 한 사발은 우리네 삶의 온갖 고뇌와 액운을 물리치고 세상을 맑게 하는 염원이고 그 기운이다. 오직 맑은 물만이 세상의 온갖 더러운 것들, 그 삿되고 악한 기운과 독소를 씻어내고 정화시킬 수 있기 때문이다. 거듭남의 의식인 종교의 세례(洗禮)의식이 물로써 이루어지는 것도 이런 까닭이다.

우리의 몸과 마음은 지금 매우 거칠고 많은 노폐물과 독소로 가득차 있어 그 어느 때보다 정화가 절실한 상태이다. 우리의 생명력을 고양시키고 우주 자연생태계와 동화시키기 위해서는 시급히 우리의 육신을 정화시켜 나가지 않으면 안 된다.

영국 북부의 거친 황무지 모래땅에서도 이 지상에서 가장 생명력이 충만한 공동체를 이루고 있는 핀드혼(Findhorn)농장의 기록에는 "순수한 물을 더 많이 마시도록 하라. 이 물은 몸 속의 불순물을 깨끗이 해 줄 뿐만 아니라 생명의 에너지인 우주의 빛을 직접 받아들이는 몸으로 재정화시켜 나가는 데 필수적인 것이다"라는 내용의 계시가 있다.

## 생명의 강, 죽음의 강

큰 바다, 큰 강을 이루는 기본요소도 한 방울의 물이다. 골짝의 작은 샘에서 솟아난 물이 내(川)를 만들고 강을 이루어 마침내 큰 바다에 이르는 것인 까닭이다. 천 삼백 리의 낙동강도 황지(黃池)라는 작은 못에서 발원된다. 남상(濫觴)이라 했던가. 한 방울의 물, 한 잔의 물이 강과 바다의 근원인 것이다.

강은 무엇인가. 강은 지구의 핏줄이자 대지의 젖줄이다. 강이 흐르는 곳마다 생명들이 태어난다. 인류의 발생, 인류문명의 근원도

강 유역이다. 지금도 전체 인류의 70%가 강과 바닷가에 살고 있다. 그런데 지금 그 생명의 강이 죽어가고 있다. 강이 오염되고 병든다는 것은 지구가 오염되고 병들었다는 것이다. 강이 죽어간다는 것은 지구생태계 전 생명이 죽어간다는 말이다. 물이 오염되는 것은 생명의 근원이 오염되는 것이기 때문이다. 피가 맑아야 건강하게 살 수 있듯이, 그리고 만병의 근원이 탁하고 흐린 피(瘀血)로 인한 것이듯이, 지구의 핏줄인 강이 병들면 대지 또한 제대로 생명을 낳고 기를 수 없게 됨은 자명한 이치이다.

지금 이 땅의 핏줄인 낙동강, 한강, 영산강, 금강 등 4대 강이 모두 오염되어 썩고 병들어 죽어가고 있다. 더 이상 이 땅의 강은 생명의 강이 아니다. 우리의 산천이, 우리의 생명이 병들어 죽어가고 있는 것이다. 산업폐수와 생활하수, 축산폐수가 온갖 독성물질과 유해물질로 범벅되어 제대로 정화되지 못한 채 마구 쏟아져 나와 4대 강은 물론, 이 땅의 102개의 샛강과 3,847개의 지역 하천을 송두리째 죽음으로 몰아넣고 있다.

샴푸와 합성세계의 흰 거품, 들판과 골프장의 맹독성 발암성 농약, 소, 돼지의 똥오줌과 가두리 양식장의 항생제 방부제로 뒤섞인 사료 찌꺼기, 공장의 중금속과 독성물질들이 쉴새없이 흘러 들어 강을 죽이고 물고기를 죽이고 우리를 죽이고 있다. (강으로 유입되는 폐하수 실태를 보면 91년 경우, 산업폐수 1일 810만 $m^3$등 1,819만 $m^3$으로, 발생되는 폐하수의 구성비는 발생량을 기준으로 하면 생활하수 55.5%, 산업폐수 44.0%, 축산폐수 0.5%이나 실제로 강을 오염시키는 유기성 오염물질의 부하량을 기준으로 할 경우, 생활하수 39%, 산업폐수 44%, 축산폐수 17%로 보고되고 있다. 93년:한국수자원공사).

남한 최대의 젖줄, 1천만 명의 목숨이 달린 낙동강을 보자. 태백의 황지에서 발원하여 부산의 낙동강 하구언에 이르는 천 삼백여 리의 낙동강은 이미 회생하기 어려운 죽음의 상태에 이른 지 오래이다. 상류부터 오폐수로 오염되어 죽어가기 시작한 낙동강은 금호강과 만나는 곳에 이르면 이미 농업용수로도 사용할 수 없을 정도로 썩어 버렸다. 낙동강 하구 강바닥 토양엔 암과 태아의 기형을 유발하고 고엽제(枯葉劑)의 원료로 사용되는 다이옥신이 검출되고, 각종 중금속이 허용기준치보다 최고 4천3백 배가 넘게 검출되고 있다. 인간이 합성해 낸 독극물 중 가장 맹독성이라는 다이옥신은 1g의 양으로 2만 명의 인명을 죽일 수 있을 만큼 치명적인 독극물인데, 이 같은 다이옥신이 이 지역의 철새와 어류와 패류 등 서식생물의 몸 속에 중금속과 함께 축적되어 있는 것이다. 이제 우리의 강은 더 이상 생명의 강이 아니다.

마실 물이 없다. 강이 죽었기 때문이다. 수도꼭지에서 발암물질이 쏟아져 나오는 가운데 온전한 건강과 생명은 없는 것이다. 89년 수돗물 중금속 파동, 90년 발암물질인 트리할로메탄(THM)검출 파동, 91년 낙동강 페놀오염 파동 등 수질오염 파동을 겪지 않은 해가 없다. 94년에도 벌써 몇 차례나 온 나라가 떠들썩할 정도로 수돗물 파동을 겪었지만 수질이 나아지기는커녕 급기야 이 해 6월에는 발암물질인 벤젠, 톨루엔 등에 이어 디클로로메탄이란 유독성 발암물질마저 대량으로 쏟아져 나와 취수 중단 등의 소동을 벌이는 지경에까지 이르렀다.

어쩌다 이렇게 되었는가. 책 보따리를 던져 놓고 시리도록 투명한 물 속에 개구리처럼 첨벙 뛰어들어 미역을 감고 목이 마르면 두 손으로 그 물을 떠서 마시던 냇물, 개울 상류에는 가재와 엿새우가

기어다니며 냇물에는 피리, 송사리, 버들치, 은어가, 강바닥에는 모래무지, 꺽지가 헤엄쳐 다니고 돌 방죽엔 뱀장어, 메기들이 터를 잡았지. 보리밥풀로 붕어를 낚던 둠벙에는 물방개와 망근쟁이가 물위를 신나게 헤쳐 다니던 곳. 그 맑고 달콤하던 물맛. 은빛 비늘도 눈부시던 그 개울은 그렇게 먼 날의 기억이 아니다. 아직도 우리는 그 물빛, 그 물맛을 잊지 않고 있다. 그런데 언제, 어쩌다 이렇게 되었는가. 마실 물은커녕, 천렵은커녕 미역감을 수 있는 개울조차 사라졌는가. 개울을 죽이고 냇물을 죽이고 강과 바다를 죽이고 그래서 얻은 것은 무엇인가.

**물을 살려야 우리가 산다**

올 여름만큼 물의 소중함을 절감한 때도 없다. 불볕 가뭄으로 저수지가 말라붙고 작물이 타 죽어가고 오염된 수돗물조차 제한급수를 할 수밖에 없는 상황 속에서 물이란 우리가 아무렇게나 쓰고 함부로 버려도 좋을 그런 것이 아님을 조금은 체감했으리라 싶다.

지금 지구촌 곳곳에서 물 부족으로 인한 문제가 매우 심각한 지경에 처해 있다. 전 세계 인구의 40%가 물 부족에 시달리고 있으며 5분의 1 이상의 인구가 매일 그날의 식수를 구하기 위해 생존투쟁을 벌이고 있다. 개발도상국의 경우, 질병의 90%는 불결한 물 또는 물 부족에서 비롯되고 있다. 물 부족 문제는 인류평화를 위협하는 가장 중요한 문제의 하나라는 지적처럼 지금도 아프리카와 중동의 경우 분쟁의 핵심이 대부분 물 문제로 인한 것이다. 물 부족으로 인한 이같은 분쟁은 21세기에는 더욱 치열할 수밖에 없을 것으로 전망하고 있다.

이는 우리나라도 예외는 아니다. 유엔세계인구 환경조사위원회의 보고에 의하면 우리나라도 중동의 여러 국가들과 함께 《물 부족으로 압박받는 나라》로 분류되고 있다.(우리나라의 경우, 1인당 사용 가능한 용수가 지난 55년엔 연간 2,940톤이었으나 90년엔 1,452톤이었고, 2025년에는 1,253톤으로 줄어들 것으로 추정되고 있다.)

물은 유한한 자원이다. 지구의 많은 물 중에서 우리 인류가 활용할 수 있는 담수는 고작해야 전체의 1%에 불과하며, 그 중에서도 정작 사용할 수 있는 양은 그리 풍족하지 않다. 지하수 개발이 유일한 대안이긴 하지만 과도한 지하수 개발은 또 다른 환경 문제를 야기한다. 중국 북경의 우물 수위가 매년 1m씩, 필리핀 마닐라에서는 4~10m씩 낮아지고 있다. 뿐만 아니라 지하수가 한번 오염되면 그것을 정화시킬 수 있는 방법이 없기 때문이다. 지금 우리의 산하 곳곳에 걸친 마구잡이 지하수 개발로 이제 마지막 남은 그 맑은 물마저 오염되어 가고 있다.

생명의 근원인 물은 유한한 것이며 살아 있는 것이다. 이처럼 물이 살아 있기 때문에 온갖 것들에 생명을 불어넣을 수 있다. 이 물이 죽을 때, 그 생명력을 잃을 때 우리의 생명 또한 잃어버릴 수밖에 없다. 이제 우리가 물을 지키고 살려야 한다. 물을 지키고 살리는 것이 곧 우리의 생명과 이 땅, 이 지구생태계, 우리의 내일과 후손들의 생명을 지키고 살리는 것이기 때문이다.

그대가 부엌에서 무심코 쏟아 버린 김칫국물 반 컵(100cc)을 물고기가 살 수 있는 물(상수원수 3급수 기준)로 만들기 위해서는 11,400리터의 물이 소요되고, 개수대에 버린 폐식용유 1잔(20cc)을 정화시키기 위해서는 그것의 20만 배인 4톤의 물이 필요함을 명심해야 한다. 먹다 남은 소주 1잔의 정화를 위해선 그것의 5만 배인 1톤의 물이 또한 필요한 것임을, 그리고 신문지 1톤 생산을 위해서

150톤의 물이 소요되고 레이온 섬유를 얻기 위해서 그 2천 배의 물이 소요된다는 사실을 이제는 자각해야 한다.

우리의 생명인 물, 그 강은 우리의 탐욕, 우리의 무지와 교만과 이기심이 죽인 것이다. 가재와 버들치가 살던 1급수이던 우리의 개울에서 4급수에도 살 수 있는 붕어, 메기조차 사라져 버리고 붉은 실지렁이, 장구벌레만 우글거리는 썩고 죽은 물이 된 것은 다름 아닌 우리의 탓이다. 그 강에, 그 개울에서 물고기가 살지 못하는 것은 더 이상 물고기의 생존 문제가 아니라 이제 우리 자신의 생존 문제이다. 물고기가 살아야 우리도 산다. 우리의 강에 다시 버들치와 피라미가, 은어와 뱀장어가 돌아와야 우리가 산다.

물은 돌고 돈다. 어제 내가 버린 물이 내일이면 다시 우리의 식수로 돌아온다. 강을 살리는 것, 우리의 생명을 살리는 것, 그것은 당신과 우리 집의 하수구에서, 우리 지역 공장의 배출구에서, 농장 축사의 분뇨탱크에서 흘러나오는 그 물이 정화되기 시작할 때 살아날 수 있는 것임을 새롭게 명심하자.

한 방울의 물에 천지간 생명의 기운이 담겨 있다. 상선약수(上善若水)라, 만물을 살리고 이롭게 하면서도 다투지 않는 물처럼 살아야 물을 살리고 생명을 살리고 세상을 살릴 수 있으리라.

| 1994년 7월 |

# 한 그루 나무와 생명

　　　　　　　　　　무릇 이 지구상에 있는 것치고 생명과 연관되지 않은 것은 없다. 물과 공기와 흙과 이 모든 것들에 의해 생명이 태어나고 그 목숨들을 유지해 간다. 그러므로 물과 공기와 흙 등 지구를 구성하는 이같은 기본 물질이 곧 모든 생명의 원천이다. 지구를 구성하는 물질이 다름 아닌 생명을 구성하는 물질인 것이다. 하늘(공기)과 땅(흙)과 불(온기)의 기운을 받아 생명의 싹을 틔우니 지, 수, 화, 풍(地水火風)이 곧 생명을 이루는 4대 요소라 일컫는다.

　생명의 싹, 그것은 식물이다. 하늘과 땅이 그 기운을 합쳐 만든 최초의 생명이 풀과 나무인 것이다. 그러므로 나무는 생명의 표징이요, 모든 생명의 시원(始源)이다. 이 지구상에 있는 모든 생명체들은 한 그루 생명나무에서 돋아 난 여러 가지들인 것이다.

　"지구상에는 하나의 생물이 존재한다. 이 지구상의 모든 생명은 하나의 큰 생명나무에서 분화되어 온 여러 가지이다. 모든 것은 자연을 몸체로 하는 하나의 거대한 전체의 부분들일 뿐이다." (알렉산더 포프)

한 그루 생명나무에서 파생된 모든 생명체들은 다시 그 나무로부터 자양분을 얻어 살아간다. 모든 생명체들의 밥은 나무(식물)에서 나온다. 그렇다. 우리를 살아 있게 하는 것, 우리에게 생명을 주는 것 그것은 나무이다.

나무는 흙과 물과 공기에 의해 그 태초의 생명을 얻었지만 살아 있는 나무는 다시 흙과 공기와 물에 그 생명력을 부여한다. 이 지구상에 나무가 없으면 흙과 물과 공기 또한 그 생명력을 지닐 수 없기 때문이다. 지구를 생명이 살아 있는 푸른 행성이게 하는 것은 나무가 있기 때문이다. 어머니가 자식을 낳아 기르고 다시 그 자식이 어머니를 돌보는 이치가, 생명의 법칙 그 순환과 조화의 원리가 여기에 있다.

생명계의 순환의 원리를 가이아(Gaia) 경제학에서 호세 루첸버거는 이렇게 말한다.

"생태권, 살아 있는 체계가 이용하고 있는 모든 자원들은 에너지만을 예외로 하고 항구적으로 영원히 재순환된다. 자연의 살아 있는 체계는 하나의 닫힌 원의 모델에 따라 움직인다. 식물은 산소를 생산하고 동물은 소비하며 다시 동물은 탄산가스를 생산하고 식물은 소비한다. 그러므로 한 그루 나무는 나의 간이나 콩팥이나 허파와 같이 내 유기체의 한 기관이다. 그것은 나의 외부기관이고 나는 나무의 외부적 기관이다. 우리는 하나의 체계이다."

## 한 그루 나무는 나의 허파이다

우리가 열대우림을 지구의 허파라고 하는 것은 이 때문이다. 나무가 죽으면, 삼림이 파괴되면 지구는 숨쉴 수 없다. 그렇다. 창밖의 저 한 그루 나무는 나의 허파이다. 저 나무가 시들어 죽어가는 것은 곧 나의 허파가 그렇게 병들어 죽어가는 것이다. 나무가 없이는 우리는 숨쉴 수 없는 것이다. 그런데 지금 우리의 허파가, 지구 전 생명계의 허파인 삼림이 급속히 파괴되고 황폐화되고 있다.

울창한 삼림이 산성 비로 말라죽는가 하면(산성 비로 인한 삼림의 황폐화를 보면 북유럽의 경우 86년 현재, 네덜란드 55%, 서독 54%, 체코 41% 등 삼림의 절반 가까이 파괴되었다), 열대우림의 수백 수천 년이 된 삼림이 인간의 탐욕과 편의 앞에 마구잡이로 파괴되어 사라지고 있다. 아마존의 밀림은 지구 산소 보존량의 4분의1을 차지하고 있으며 세계 산소량의 절반을 생산하고 있다. 그런데 지난 10년 동안 이같은 열대우림지역의 남벌은 50%나 늘어났으며 전체 남벌의 70%가 열대우림지역에서 발생하였고 이로 인해 매년 13만 평방 킬로미터(남한의 1.5배)의 삼림이 영원히 이 지구상에서 사라지고 있다(93년: 유엔환경회의 보고).

현재대로의 남벌이 계속된다면 2000년에는 열대우림의 80%가 파괴될 것으로 예상되고 있다. 삼림의 파괴는 단지 산소공급 문제에만 국한된 것이 아님은 자명하다. 나무와 숲은 숨쉴 공기와 먹을 양식을 제공하는 것일 뿐 아니라 모든 생명의 서식처, 그 보금자리인 것이기 때문이다.

불모지, 생명이 살지 않는 땅이란 다름 아닌 풀과 나무가 없는 땅을 일컫는 말이다. 식물이 없다는 것은 곧 그 땅이 생명이 살 수 없는 죽은 땅이란 말이다. 나무(식물)가 있어야 비로소 거기에서 다른 생명의 종(種)들이 생겨나고 살아갈 수 있기 때문이다. (삼림의 황폐화로 불모지, 죽음의 땅으로 된 사막이 현재 지구 면적의 25%에서 금세기 말에는 35%로 확대될 것으로 예측되고 있다. 이디오피아의 경우 국토의 50%에 달하던 삼림이 현재 4%만 남고 나머지는 사막화되었다.)

삼림 등 자연생태계의 파괴로 지구상에 매년 2만 5천~5만 종의 생물이 멸종하고(국제자연보전연맹), 이로 인해 생명의 공존성(共存性), 생명계의 상호 연결고리는 파괴되어 인간의 생존 가능성과 지구생태계의 안정이 심각히 위협받는 상태에 이르고 있다.

하나의 종이 사라진다는 것은 무엇인가. 하나의 종은 수억 년 동안 계속되어온 진화의 축적된 지혜를 가지고 있을 뿐 아니라 우리 생명과 연결된 고리인 까닭에 한 종의 멸종은 곧 전 지구의 지적 역량을 빈곤케 하며 생명력을 약화시켜 우리의 생존 자체를 위태롭게 하는 것이다. 지구 자체가 생물과 무생물이 결합된 살아 있는 유기체라는 학설을 제창하여 반생태적인 인류의 교만과 무지에 경종을 울리고 있는 러브 록은 방대하고 긴급하고 확실한 위험은 열대림의 제거로부터 온다고 경고한다.

"지금 지구는 임박한 기후변화의 초입에 돌입해 있는데, 이는 빙하시대부터 지금까지보다 2~6배 큰 변화를 일으킬 것이다. 열대림은 방대한 양의 수증기, 구름의 형성을 돕는 가스와 입자들을 엄청나게 발산하여 햇빛을 반사시키는 흰 구름 그늘을 형성하여 숲을 유지시키고 비를 내리게 하고 있다. 그런데 열대림의 70~80%가 파괴되면 지구의 기후를 지탱시키는 이같은 작용을 할 수 없게 되어 현재와 같은 지구 기후의 지탱이 불가능하게 되고 이로 인해 전체 생태계가 붕괴되어 순식간에 사막화가 되고 수십 억의 인류가 기아상태로 사막에 방기될 것이며 이런 재앙은 핵전쟁보다 더 큰 피해를 가져올 것이다."

러브 록의 이러한 경고는 지난해 리우 유엔환경회의에서도 삼림 보전 문제가 환경적으로 건전하고 지속 가능한 개발을 위해서 지금 인류가 해야 할 가장 주요한 과제로 제기된 것에서도 확인되었다.

그렇다. 생물 종의 다양성을 보존하기 위해서나 온난화 등 기후변화로 인한 지구 재앙을 방지하기 위해서도 그 근본적인 대책은 삼림을 지키고 나무를 심는 것뿐이다. 지구 기후변화의 방지를 위한 핵심과제로 대두된 이산화탄소 배출량 감소의 문제도 화석연료 사용의 제한과 함께 더 근본적으로 이산화탄소 저장고인 삼림을 육성하는 길 이외는 다른 방법이 없기 때문이다(1억 그루의 나무는 연간 500만 톤의 이산화탄소를 흡수한다. 지구온난화, 온실효과란 탄소순환계의 균형을 파괴한 것에서 발생하는 것이다. 산업문명으로 발생하는 탄산가스의 양이 식물이 소비하는 양을 초과하여 공기 중의 탄산가스 농도를 높이는 것에서 기인하는 것이다).

### 숲의 파괴는 온 생명의 재앙이다

생명인 나무들이 모여 생명의 숲을 이룬다. 숲은 생태계의 보고이다. 인류역사의 비극은 숲의 파괴로부터 시작되었다. 문명, 개발과 발전이란 미명하에 저질러진 인간의 범죄는 자신들의 요람이자 서식처였던 숲을 파괴하기 시작함으로써 순간적인 물질적 풍요와 감각적인 편리를 얻었으나 인간을 포함한 지구 전 생태계를 파멸시키는 값비싼 대가를 치르지 않을 수 없게 되었다.

숲을 베고 농업이 시작된 역사는 1만 년이 채 안 되는 것이다. 이는 지구 46억 년의 역사나 이 지구상에 생명체가 탄생한 20억 년의 역사에 비해, 아니 현재의 자연환경이 조성된 3억 5천만 년의 역사나 200만 년의 인류의 존재사(存在史)에 비추어 볼 때도 극히 짧은 기간일 뿐이다. 그러나 농업 1만 년의 역사 중에서도 숲이 본질적으로 파괴된 시기는 200년도 채 안 되는 기간에 불과하다. 더구나 생태계의 급격한 파괴의 역사는 불과 30년 정도에 지나지 않는다. 이는 생태계 속의 생물 종의 멸종실태를 통해서도 입증되고 있다.(1900년대 이후 1975년까지 1년에 약 1종 정도가 멸종되던 것이 1992년~2000년에는 600만 종, 전체 생물 종의 1/5정도가 멸종될 것으로 예상되고 있다. 92년:국제자연보전연맹). 생명의 위기는 다름 아닌 나무의 위기, 숲의 위기이다.

**나무의 생명력과 신비**

돋아 나는 새싹은 싱그럽고 기운차다. 우주 생명의 기운이 한 촉의 새싹 속에서 솟구치고 있다. 식물의 생명력은 엄청나다. 호밀 한 포기에는 약 1,300만 개의 잔뿌리가 있고 그 길이의 총 연장은 약 600km에 달한다. 또 이 잔뿌리에 달려 있는 140억 개의 가는 실뿌리의 총 연장은 무려 16,000km로 거의 남극에서 북극에 이를 만한 것이라고 한다.

『식물의 정신세계』를 쓴 피터 톰킨스와 그리스토퍼 버드에 의하면 이러한 식물들이 갖고 있는 생명력은 참으로 놀라운 것이 아닐 수 없다. 식물은 광합성작용을 위해 잎사귀 뒷면마다에 있는 약 100만 개의 공기구멍을 통해 이산화탄소를 들여 마시고 산소는 내뿜는다. 그대와 나는 나무의 이같은 노력에 의해 시방 산소를 마시며 살 수가 있는 것이다. 식물이 지니고 있는 강인한 생명력은 가늘고 연약한 뿌리가 콘크리트같이 단단한 땅까지 뚫을 수 있도록 그 힘이 강해지는 것에서도 볼 수 있다.

나무는 대지 깊숙이 뿌리를 박아 물을 빨아올려 잎사귀의 광합성 작용을 통해 배출한다. 인류의 삶의 진정한 모체는 이 대지를 뒤덮고 있는 녹색식물이다. 이 녹색식물이 없다면 우리는 숨쉴 수도 먹지도 못할 것이기 때문이다. 우리가 연간 소비하는 3,750억 톤에 달하는 식량의 대부분은 바로 이 식물이 햇빛의 도움을 받아 공기와 흙으로부터 만들어 낸 것이고 그 나머지 동물성 먹거리들도 그 근원은 결국 식물로부터 얻어진 것이기 때문이다. 어디 먹거리뿐이랴. 인간이 살아가는 데 필요한 모든 것들이 식물에서부터 얻어진 것이다. 의약품, 옷, 집, 가구, 종이 등등 이 모든 것들이 그러하다.

우리가 무더운 여름 시원한 나무 그늘에 쉬고 있을 때 나무는 그 서늘함을 유지시키기 위해 수백 리터의 물을 쉴새없이 빨아들여 잎사귀를 통해 증발시키지 않으면 안 된다는 사실을 알고 있는가.(해바라기 한 그루가 하루에 잎사귀를 통해 증발시키는 수분의 양은 한 사람이 흘리는 땀의 양과 맞먹으며, 한 그루의 자작나무가 무더운 날에 서늘한 상태를 유지하려면 약 380리터나 되는 물을 부지런히 빨아올려 잎사귀를 통해 수분을 증발시켜야 한다. 『식물의 정신세계』)

## 나무의 고귀한 혼과 예지

젊은 나무는 생기차다. 힘차게 솟구쳐 오르는 생명의 기운을 느낀다.

오랜 나무는 의연하다. 거기에 세월의 무게와 예지가 있다. 오랜 나무에서 우리는 지구의 정신, 대지(大地)의 혼이 깃들어 있음을 본다. 그렇다. 오랜 나무는 대지의 정신이다. 거기에 신령함이 깃들어 있다.(산림청 조사를 통해 우리나라에서 제일 나이를 많이 먹은 나무로 밝혀진 경남 울산군 웅촌면 고연리의 2천 살 된 떡갈나무는 봄에 잎이 잘 피면 풍년이, 잎이 잘 피지 않으면 흉년이 들며, 나무가 울면 시국이 어지럽거나 마을에 흉한 일이 생기는 것으로 알려져 있다.)

오랜 나무의 신령함. 나무는 우리의 수호신이다. 대자연의 숨결을 느낄 줄 알았던 종족치고 나무를 숭배하지 않았던 종족은 없다. 마야의 우주목(宇宙木) 신앙. 아프리카 부족들의 조상나무 숭배, 인디언과 시베리아 여러 종족들의 수목 숭배사상, 당산(堂山)나무와 신목(神木)에 대한 신앙 등이 그러하다. 우리의 시조 단군 할아버지는 신단수(神檀樹) 아래에서 신시(神市)를 열었다. 이처럼 숲과 나무는 신이 거처하는 신령한 장소인 성소(聖所)이며 모든 생명의 근원자리요, 조상들의 요람인 것이다.

오랠수록 더욱 의연하고 당당한 나무, 그 나무의 품은 넉넉하다. 그 품속에 모두를 받아들인다. 그 품에서 아무도 내치지 않는다. 움직이는 모든 것들이 거기에 깃들어 있고 거기에서 휴식과 생명의 활기를 얻는다.

나무는 대지가, 지구 생명이 피워 낸 가장 찬란한 꽃이다. 가장 위대한 영혼이다. 이 영혼의 위대함을 읽는 이가 곧 성스러운 사람이다. 석가모니는 보리수(菩提樹) 아래서 영원한 깨달음을 얻고 사라쌍수 아래서 열반에 들었다. 장자(莊子)는 가죽나무 이야기와 토지신(土地神)나무 이야기를 통해서 우리에게 겸손의 의미를, 재능과 수완의 과신이 오히려 자기를 해친다는 것을, 무용(無用)이 참 유용(有用)인 이치를 가르친다.

고목이 될수록 더욱 넉넉하고 의연해지는 나무에 비해 우리 인간은 얼마나 초라한가. 늙을수록 욕심으로 더욱 추해지고 왜소해지는 인간이 도대체 어떻게 나무보다 잘났다고 할 수 있는 것이며 어떻게 함부로 나무를 베고 숲을 망가뜨릴 수가 있는 것인가. 인간의 교만과 무지로 자연생태계가 파괴되어 가이아의 운명이 위태로운 이 세기말의 위기 앞에서 우리는 대자연의 질서에 겸허하게 따르며 사는 식물의 삶을 배워야 한다.

식물은, 나무는 정해진 모양이 없다. 외형적으로 고정된 자기의 모양을 고집하지 않고 자라는 환경에 유연하게 대응한다. 그 결과 놀랄 만큼 외형을 바꾸어 생활한다. 같은 나무일지라도 평지에서 자라는 나무와 산비탈 또는 산마루에서 자라는 모습은 판이하다. 꼿꼿이 하늘을 찌를 듯 치솟는 나무도 바람이 부는 곳에선 바람 따라 누워서 자란다.

식물은 기다릴 줄을 안다. 식물의 종자나 포자는 환경조건이 적당하지 않으면 언제나 휴면하고 기회가 오기를 기다린다. 흙 속 깊이 묻혀서 몇 년이나 몇십 년을 잠자는 종자도 있다. 나무는 때를 아는 예지를 갖고 있어 어려울 때는 잠자코 산다.

식물적 성질이 가장 적은 것이 인간이란 종이다. 인간이란 생물은 기술을 무기로 환경을 자신에게 편리한 방향으로 바꾸어 지금까지 살아왔다. 지금 우리가 당면한 재앙은 우리 자신의 모태인 식물의 겸손과 예지를 저버린 업보이다.

누가 식물은 운동도 없고 감각도 없다고 하는가. 식물은, 나무는 이 지상의 어느 생물보다 더 예민한 감수성과 풍부한 예지와 고귀한 영혼을 갖고 왕성한 활동을 하고 있다. 식물이 자기 생존을 지키고 번식시키기 위한 능력은 참으로 놀랍다. 식물이 음악에 따라 예민하게 감응한다는 사실은 이제 널리 알려진 사실이다. 『식물의 정신세계』에 따르면 식물은 방향이나 미래에 대한 뛰어난 지각능력이 있으며 자신을 학대하는 것에 대해 격렬하게 반발하고 사랑과 친절에 대해서는 진지한 경의와 감사를 표현할 줄 아는 생물이다. 이처럼 식물은 맑은 영혼, 깨어 있는 영혼을 갖고 있다.

이 지구상에 꽃보다 더 아름답고 사랑스러운 것이 있는가. 한 송이 꽃은 고귀한 영혼의 표현이기 때문이다. 그렇다. 식물은 단순히 살아 숨쉴 뿐만 아니라 서로 교감을 나눌 수 있는 존재, 혼과 개성을 부여받은 거룩한 창조물인 것이다.

**나무를 살리는 것이 생명을 살리는 것이다**

이 지구상의 모든 생물들은 서로 교감하면서 생명의 한 끈으로 이어져 있다. 다만 인간만 제외된 채. 인간은 스스로 그 연결의 고리를 잘라 버렸기 때문이다. 인간이 끊어진 생명의 고리를 다시 잇고 찌들어 버린 영혼과 육신을 맑고 건강히 회복하려면 나무에게서 배우고 나무를 살려야 한다.

아마존의 원시림을 지키기 위해 나무에 자신의 몸을 쇠사슬로 묶어 놓고 벌채에 항의하는 모습, 사이프러스 고목이 잘려진 데 항의하기 위해 잘려진 나무 위에서 농성하고 있는 모습, 그리고 도봉산 방학동의 은행나무 고목을 지키기 위한 농성과 스웨덴의 4천 개 초등학교에서 전개하고 있는 어린이를 위한 열대림보호운동(어린이들의 고사리 손으로 코스타리카의 열대림 7천 헥타르를 살려내었다.) 등은 생명인 나무를 지키기 위한 인류양심의 표현이다. 그것은 짙은 어둠과 거친 풍랑 속에서 뱃길을 비춰 주는 작은 등불이다.

지금 우리는 선택의 갈림길에 서 있다. 식물의 삶이냐, 지구의 죽음이냐. 나무를 살려서 함께 살 것이냐 아니면 모두 함께 죽을 것이냐.

이 지구라는 행성을 오염과 질병으로부터 구출하여 생명이 활기찬 본래의 푸르른 낙원으로 환원시키는 방법은 나무를 살리는 것, 나무를 지키고 가꾸는 것밖에 없다. 나무를 살리는 것이 땅을 살리고 물을 살리고 대기를 정화시키는 것이고 지구를 살리는 것이기 때문이다.(우리나라 산림이 우리 국민에게 주는 공익효과는 대기정화 8조 3천 7백억 원, 토사유출 방지 5조 7천 6백억 원, 수자원 함양 7조 9천 3백억 원, 보건휴양 3조 5천 4백억 원 등 총 27조 6천 14백억 원에 달한다. 94년:임업연구원). 나무를 살리는 것이 곧 생명을 지키고 살리는 것이기 때문이다. 우리가 나무를 살릴 때 나무는 우리를 살린다.

　이제 숲으로 가자. 가서 한 그루 나무 앞에 앉아 우리의 교만과 무지를 반성하고 나무의 이야기에 귀기울이자. 한 그루 나무를 심자. 한 그루 나무를 심고 가꾸는 것이 우리 자신과 우리의 아이들, 하나뿐인 생명의 별을 살리고 지키는 일이다. 나무가 생명이다.

| 1994년 11월 |

# 정자나무와 신명과 마을공동체

### 고향마을과 숲

국도인 큰길에서 보면 마을은 숲에 가려 보이지 않는다. 큰길과 연결된 마을 입구의 진입로에서 마을까진 거리가 200m 정도에 지나지 않는데도 4차선 포장도로를 쉴새없이 내달리는 차량들의 소음이 마을에서 거의 들리지 않는 것은 마을 언덕에 있는 숲 덕분이다.

마을은 숲을 등지고 남동쪽의 들녘을 향해 앉았다. 앉은자리에서 보면 먼 산의 맥을 따라 내려온 산룡(山龍)이 오른쪽과 뒤쪽으로 그리 높지 않은 산등성이를 이루고 왼쪽으로 흘러서는 그보다 더 얕은 구릉을 에둘러, 마을이 그 품에 감싸 안겨 있는 형세를 이루고 있다.

전에는 바닷가였던 마을 앞쪽을 간척해 마련된 들판이 그 전의 너른 바닥들과 연이어져 있어 마을에서 바라보면 들녘이 사뭇 가뭇하게 펼쳐져 보인다. 마을 앞을 조금 비껴나 왼편으로 제법 큰 제방이 있는 하천이 흐르고 마을은 산에 기대어 있으니 배산임수(背山臨水)의 형국인데, 풍수에서 주산(主山)이라고 할 마을 뒷산의 왼쪽과 청룡맥이 오른편의 백호에 비해 처져 있어 허한 느낌을 준다. 마을의 숲은 마을 뒤쪽, 주산의 그 처져 있는 부분에 조성되어 있다. 그러니까 이 숲은 마을 형세의 균형을 이루는 역할을 하면서 바깥에서 마을로 통하는 주된 길의 진입로를 가려 주고 있을 뿐 아니라 겨울에는 북풍을 막아주는 방풍림도 겸하고 있는 셈이다.

지금도 연세 많은 이들에 의해 신작로라고 불리기도 하는 동구 밖 간선도로에서 마을로 들어서는 길은 가부골(加富谷) 참샘에서 솟아나는 물이 이룬 개울을 따라 함께 흐르다가 숲이 있는 언덕 밑에서 헤어져 개울은 숲 언덕을 휘돌아 오른편으로 멀리 보이는 조류지 쪽으로 내려가고 길은 곧장 언덕의 숲을 지나 마을에 이르게 된다. 이 진입로가 개울과 헤어지면서 건너게 되는 작은 다리에서부터 마을의 실제적인 영역이라고 할 수 있다.

이처럼 마을 집입로가 시작되는 동구 밖에서부터 마을사람들이 생활하고 있는 주거공간의 입구까지를 외부공간으로, 그 안을 내부공간으로 생각해 볼 수 있는데, 이 외부공간에는 최근에 간선도로인 국도를 다시 정비하는 바람에 좀 달라지긴 했지만, 마을의 경계가 시작되는 입구에 우리가 흔히 백일홍이라고 불렀던 오래된 배롱나무 여러 그루가 에워싸고 있는 정려문(旌閭門)과 마을 윗대 어른을 기린 신도비(神道碑) 등이 있다. 이 진입로를 따라가다가 다시 마을의 내부공간이 시작되는 숲의 입구에 이르면 오른쪽으로 비각(碑閣)이 있고 그 윗쪽, 마을의 당산에 해당되는 곳에 조상을 모시는 사당(敬德祠)과 서원(德山書院)이 자리하고 있다.

여기서 다시 숲을 지나야 비로소 마을 안으로 들어설 수 있는 것이다. 이처럼 숲은 마을을 바깥으로부터 보호하는 마지막 경계지역일 뿐 아니라 마을과 외부와의 완충공간이며 동시에 마을의 신성공간이라고 할 수 있는 사당과 서원을 지키는 당숲의 기능을 함께 하고 있다고도 볼 수 있다.

이 숲이 정확히 언제 이루어진 것인지는 모른다. 이곳에 마을을 처음 이룬 이는 이웃 군에 사시던, 나에게는 13대 웃어른인데, 임난(壬辰倭亂) 때 당항포(塘項浦) 해전에 의병을 일으켜 참전하였다가 그 후 이곳에 터잡으셨다고 하니 마을의 역사가 400여 년 남짓한 것으로 미루어 숲은 그 후에 조성된 것임이 분명하다.

마을사람들은 이 숲의 역사를 대략 300년 전후로 보고 있다. 이 마을 숲은 규모가 크거나 그리 울창하지는 않지만 그래도 근 300여 년 세월 가까이 유지되어 올 수 있었던 것은 예사로운 일은 아니리라 싶다. 이처럼 오랜 동안 숲이 그나마 유지될 수 있었던 것은 숲이 주는 혜택을 체험해 온 마을사람들의 숲에 대한 애정과 이를 지키기 위한 공동체적 노력이 있었기 때문임이 분명하다.

이 숲을 이루고 있는 나무들은 주로 팽나무, 느티나무, 서나무 등인데(간혹 소나무 등도 섞여 있기는 하지만 이는 일부러 심은 것은 아니고 주변 산에서 씨앗이 날아와 싹터 자란 것으로 생각된다), 이들 중에서 대표적인 나무 종류는 이곳에서 포구나무로 불리는 팽나무다. 그래서, 흔히 당산나무라고도 하는 마을의 정자나무 두 그루도 모두 팽나무들이다. 한 그루는 마을에서 숲이 시작되는 언덕의 길 첫머리, 그러니까 바깥에서 마을로 오게 되면 숲이 끝나고 마을 안으로 들어서는 길의 끝머리에 숲의 어른으로 의연하게 자리잡고 있고, 또 한 그루는 숲을 벗어나 마을 왼쪽 언덕 들판 위에 홀로 우뚝 솟아 있었다.

### 할머니와 정자나무

　그런데 이 정자나무 중에서 마을 숲에 있는 팽나무는 할아버지 등 주로 마을 남자어른들의 쉼터 겸 놀이터이고, 마을 왼쪽 팽나무는 할머니를 비롯한 동네 여인들의 쉼터였다. 이 두 그루의 정자나무는 장정 서너 아름에 달하는 둥치의 우람함과 그렇게 큰 몸집의 나무이면서도 마치 우산을 펼쳐 놓은 듯이 균형 잡힌 자태의 아름다움을 가졌는데, 여름 한더위 때도 그 나무 그늘에만 서면 어찌나 시원한지 사람들은 여름 한철을 아예 나무 밑에서 살다시피 했다. 이를테면 마을회관이나 사랑방을 정자나무로 옮겨 놓은 셈이다.

　남자들은 장기, 바둑을 두거나 낮잠을 즐기고 여자들은 여자들대로 길쌈을 하거나 무슨 내용인지 하루종일 지치지도 않고 이야기로 보내기도 했다. 또 아이들은 아이들대로 나무에 올라가 매달리거나 가을에 포구(팽나무 열매)가 익으면 그것을 따먹기도 하고 가지 끝을 그네처럼 흔들며 놀기도 했다. 마을에 제사가 들었거나 어른들의 생신이라도 있은 날이면 정자나무 밑에선 으레 작은 잔치가 벌어졌다. 이때면 제일 먼저 술과 음식을 받아 드시는 이가 정자나무였다.

　참으로 오래된 팽나무의 넉넉함과 의연함은 마을의 정자나무로, 당산나무로 손색이 없었다. 비록 일제 이후에 마을의 당산제나 마을굿이 공식적으로 치러지지 않았다 하더라도 마을 숲과 그 중에서도 특히 정자나무인 두 그루의 팽나무는 마을의 신목(神木)으로서 신령함과 영험함을 잃지 않았다. 마을이 한 성씨(姓氏) 일색의 집성촌(集姓村)인데다가 마을에 신당이나 당집이 없고 대신에 유교식으로 조상을 모시는 사당과 서원이 있던 관계로 마을 안에서 굿을 벌이는 일이 드물기는 했지만, 어쩌다 한번 굿판이 있거나 치성을 드리게 되면 정자나무는 단숨에 함부로 범접할 수 없는 신목이 되었다. 정자나무 밑등걸에 새하얀 한지를 접어 꽂은 왼 새끼줄을 두르고 바닥에 깨끗한 황토를 깔고 치성을 올리거나 굿판을 열면 정자나무는 마을에서 살아 있는 것 중에서는 가장 신령한 존재가 되었다.

아버지의 아버지가 매달려 놀았던 나무였으며 그 아버지의 아버지의 생애를 지켜 온 마을의 수호신으로서, 그리고 어머니의 어머니가 치성을 드렸고 그 어머니의 어머니의 소원을 들었던, 해마다 새롭게 태어남을 통해 영원히 소생(蘇生)하는 영험한 신으로서 정자나무는 마을사람들, 특히 어머니들의 가슴 깊숙하게 자리잡은 살아 있는 가장 원초적인 신앙의 대상이었다. 그랬다. 정자나무가 신목으로서 우리들의 조상님들과 함께 살아오면서 그 분들의 삶을 지켜 온 것처럼 유한한 우리의 생이 끝난 후에도 우리 다음에 올 후손들의 삶터 또한 그 신령함으로 돌보아 주실 것임을 믿는 것이다.

잎이 돋고 잎이 지는, 삶과 죽음을 수없이 되풀이하면서도 결코 소멸하지 않는 정자나무의 무한한 생명력을 통해 우주 생명력의 영속성을 깨닫고 자연에 대한 경외감을 가지며 우리 인간 스스로에 대한 겸손함을 배우는 것이다.

뿐만 아니라 이러한 정자나무의 신령함은 또한 그 잎이 피어나는 여러 모양새에 따라 일년 농사가 풍년이 될 것인지 흉년이 될 것인지의 여부를 알아보는 농사점(農事占)과 농사일을 어떤 순서로 해야 할 것인가를 판단하는 자연력(自然曆)의 역할도 함께 했다. 이를테면 정자나무인 팽나무 잎새가 봄에 한꺼번에 싹이 트면 풍년이 들고, 동쪽에서 먼저 싹이 트면 마을 동쪽에 풍년이 든다거나, 잎새가 고르지 못하게 돋거나 아래 잎부터 먼저 피어나거나 하면 흉년이 든다든지 또는 잎새의 돋는 순서에 따라 가뭄이 어떻게 들 것인지의 여부를 판단하는 것 등도 정자나무의 영험함을 드러내는 것 중의 하나였다.

나는 마을 왼쪽의 정자나무를 할머니 나무로 불렀다. 할머니들의 정자나무일 뿐 아니라 우리 할머니의 정자나무이기도 했기 때문이다. 호산정(湖山亭), 그것은 할머니들의 정자나무를 일컫는 말이었다. 정자나무 밑에는 사람들이 앉아 쉬고 놀기 좋겠끔 둥그렇고 널찍하게 시멘트로 단을 두르고 앞 편에 계단을 마련하여, 말 그대로 살아 있는 나무로 정자를 세웠는데 그 정자나무 한켠에 '호산정'이라고 커다랗게 쓴 글 옆에 우리 할머니 이름과 '증(贈)'이라는 글자가 새겨진 표석이 서 있었다. 아마도 마을에서 할머니들의 정자나무 쉼터를 다시 만들 때, 아버지께서 그 비용을 맡았다고 세워 준 모양인데 그런 인연(?) 때문인지 할머니께서 돌아가신 뒤에도 한 번씩 정자나무 밑을 지나다가 그 표석을 보면 마치 할머니가 정자나무 자락에 쉬고 계시는 듯한 느낌을 받곤 했다.

어쩌면 그것은 단순히 느낌만이 아닐지도 모른다. 사람이 몸으로만 이루어진 존재가 아니라면 비록 눈에 보이는 육신이 없어졌다고 해서 그 존재 자체가 함께 없어졌다고는 할 수 없기 때문이다. 생전에 당신의 말벗들과 함께 지내던 자리이고, 또 당신의 이름이 새겨져 있어 더욱 아끼고 돌보던 곳이고 보면 할머니와 정자나무는 누구보다 친숙한 사이였다고 할 수 있고, 그래서 육신을 벗어 존재가 한결 가벼워진 뒤에는 정자나무 신령과 더욱 친밀해졌을지도 모를 일인 것이다. 그러나 이 할머니 정자나무가 최근 몇 년 사이에 시름시름 앓더니 마침내 그 수명을 다하고 말았다.

정자나무가 왜 고사(枯死)했는지 그 원인을 나는 모른다. 마을사람들의 정성과 관심이 부족했기 때문일까. 그러고 보니 마을회관이 새롭게 세워지고 난 뒤로는 할머니 정자나무에 찾아오는 사람이 거의 없어졌던 것 같다. 할머니께서도 저 세상으로 가신 지 오래되었고 전처럼 그렇게 정자나무를 돌보는 사람도 없어져 버린 것이다. 뿐만 아니라 땅에 닿을 듯이 낮게 드리워진 가지를 타고 매달려 놀 어린아이들조차 이제 마을에서 거의 찾아보기 어렵게 되었다. 찾아오는 이 없고 재롱떠는 아이들의 방울 같은 웃음소리를 들을 수 없게 된 것, 그것은 이제 더 이상 정자나무로서의 소임이 필요치 않게 되었다는 것이다.

영험한 정자나무가 이런 사실을 어찌 모를 리 있겠는가. 정자나무에게 이같은 사실은 감내하기 어려운 상실감과 고통이 아닐 수 없었으리라.

이처럼 상실감과 실의로 앓고 있는 정자나무에게 마을사람들은 별다른 관심을 보이지 않았다. 정자나무에게 더 이상 고사나 치성을 드리지 않는 것처럼 정자나무의 신령함을 마을의 발전과 연계해서 공동의 운명체로 믿는 마음들이 사라져 갔기 때문이다.

## 마을굿과 공동체신명

세상일 가운데 어느 것 하나 온전히 사람의 힘만으로 되는 일은 없는 것이었다. 그 중에서도 특히 농사일이 더욱 그랬다. 농사일이란 하늘의 도움 없이는 사실상 아무 것도 할 수 없는 일이었다. 씨앗이 싹트고 자라고 열매맺고 마침내 우리의 양식으로 되기까지에는 온 우주가, 천지대자연이 인간의 노력과 함께 하지 않으면 안 되었다. 농사일이란 물건을 만드는 일이 아니라 자연과 관계해서 생명을 낳고 기르는 일이기 때문에 그랬다.

땅에서 씨앗을 움틔워 가꾸는 일이나 가축을 길러 새끼치는 일이나 모두 이 일을 관장하는 신령들의 도움이 필요했다. 세상을 관장하는 조물주신에서부터 지신, 산신, 용왕신에 이르기까지, 마을의 길흉화복을 담당하는 당산신이나 성황신 등에서 개인과 집안의 명운(命運)을 담당하는 조상신, 성주신, 조왕신, 삼신 할머니 등등에 이르기까지 비록 그 위계나 신통력에 다름이 있다고 할지라도 어느 신령 한 분의 도움이라도 필요치 않은 경우란 없었다.

농사일은 이처럼 하늘의 뜻과 자연의 이치에 따르는 것을 그 본으로 삼았다. 그래서 절기에 맞추어 씨 뿌리고 절기에 따라 거두어 들였으며 이때를 놓치지 않고 농사지으면서 그 노력이 풍성히 이루어지기 위해서 함께 일하고 함께 축원했다. 말하자면 농사란 본래 사람들과 함께 두레와 울력으로 짓는 일이며, 동시에 자연과 함께 순응과 조화로 짓는 일이었다. 이렇게 보면 마을공동체 그 자체가 원시공동체 최후의 단계인 농업공동체를 바탕으로 이루어진 자연집단이라 할 수 있는 것이다. 함께 일하고(공동생산), 함께 기원하고(공동제의), 함께 놀고(집단신명), 함께 이용하고 관리(공동재산, 집단소유)하는 마을공동체란 말 그대로 농업을 기본으로 하는 공동의 운명체라고 할 수 있었다.

개인이나 가정의 행불행은 그 대부분이 마을 전체 차원에서 좌우되었다. 이를테면 마을에 돌림병과 괴질 등의 발생 여부나 기상재난과 이에 따른 농사의 흉풍 여부에 의해 각 개인과 가정의 행불행이 결정될 수밖에 없는 것이었다. 이처럼 마을 구성원 개개인의 길흉화복이나 집안의 안녕과 마을 전체의 안녕과 풍요는 결코 분리된 별개의 일이 될 수 없기 때문에 마을의 구성원들이 마을의 길흉화복과 대소사를 관장하고 있는 신(국수당, 당산 등)에게 제를 올려 마을의 풍요와 안녕을 기원하는 마을굿은 그 굿의 이름이나 형식이 어떠하든지 간에 마을공동체의 형성과 유지에 중심적인 역할과 기능을 담당하는 것은 당연한 일이었다.

그런 의미에서 마을굿이란 마을 공동의 신앙 대상을 위한 제의(祭儀, 洞祭)에만 머무는 것이 아니라 제의를 중심으로 공동 농사일(두레노동)과 집회(洞會, 大同會議)와 집단놀이(風物, 祝祭)가 함께 어우러지는 내용을 가질 수밖에 없는 것이었다. 이런 구조 속에서는 개인과 공동체가, 일과 놀이가, 인간과 자연이 서로 분리된 별개의 관계가 아니었다. 말 그대로 대동의 판, 모두를 함께 어우르는 한마당이었다.

그때는 신이 났다. 참으로 신바람이 났다. 천지신명에게, 산신과 당산신에게 제를 올려 감사와 축원을 드린 후 술과 음식을 나누어 함께 음복(飮福)하고 북과 꽹과리를 울리면서 온 마을사람들이 하나되어 땅을 밟고 뜀뛰며 춤추고 놀았다.

우리가 이렇게 술과 음식을 나누고 노래하고 춤추며 뛰노는 것은 이런 우리의 모습을 신이 좋아하시고 즐거워하시기 때문이다. 신이 좋아하시는 일은 우리 인간에게도 좋은 일이다. 한동안 우리들의 춤판을 즐겁게 바라보시던 신은 이윽고 우리들 사이로 들어오시어 이제 우리의 춤판은 신과 우리가 하나되는 집단신명의, 대동의 굿판이 되었다. 우리 모두에게 신이 내려 신명이 솟구치고 신과 우리는 하나되었다.

이 신지핌, 이 집단신명의 열기 속에서 그 동안 우리 사이를 가로막고 있었던 장애들이 사라졌다. 고달픈 세상살이 가운데서 어쩌다 서로에게 맺혀서 풀리지 않았던 응어리들이 한 순간에 녹아 내리고 성과 속의 경계가 사라졌다. 인간과 인간의, 인간과 자연의, 인간과 신의 일체감. 이것이 진정한 해방과 구원이 아니던가. 우리들의 신명에 놀라 악귀들과 온갖 부정거리와 재앙들은 모두 달아났다. 춤판이 신명날수록 풍물 또한 신명이 나고 풍물소리가 신명날수록 놀이판은 더욱 무르익는다. 이렇게 신명 오른 몸과 신명 오른 풍물로 하는 농사일 또한 신명나리라. 풍물을 울리며 두레를 모아 신바람으로 모를 내고 김을 매는데 어찌 농사 또한 신바람 나게 되지 않겠느냐. 어찌 한 해 농사가 풍년이 들지 않겠느냐.

마을에서는 당산이나 성황 등을 특별히 모시지 않았기에 마을굿이란 이름으로 이루어지는 행사는 따로 없었다. 일제가 미신이란 이름으로 굿판 등을 몰아내기 전에도 그랬는지는 모른다.

그러나 마을에는 근동(近洞)에서 최고로 알아주던 마을풍물이 있었고 정월 대보름까지 풍물패는 매구를 치며 놀았다. 마을사람들은 풍물을 친다고 하지 않고 매구를 친다고 했다. 마을풍물패는 사물과 벅구패와 잡색으로 구성되었는데 마을풍물로서 특이한 것은 사물을 잡은 사람이나 벅구놀이를 하는 사람들이 고깔을 쓰지 않고 모두 상모를 썼다는 점이다. 마을풍물패는 특히 벅구놀음를 잘했다. 상모를 휘휘 돌리며 앉았다 일어섰다 하다가 비스듬히 몸을 날려 마당을 획획 가로 뛰는 재주는 어지럽고 눈부셨다.

걸립(乞粒, 동네 경비를 마련하기 위해 패를 짜 각 처로 돌아다니며 풍악을 치고 전곡을 얻는 일)을 겸해서 이루어지는 지신밟기는 보통 정월 대보름 직전에 이루어졌는데, 마을 집집을 돌며 액을 물리치고 안택(安宅)을 비는 지신밟기를 하기 전에 우선 동네 정자나무에 간단한 문안 고사를 지내고 농기를 앞세운 길놀이를 시발로 지신밟기는 시작되었다. 문굿을 시작으로 성주신과 조왕신뿐 아니라 마당과 우물과 부엌과 뒷간과 외양간에 이르기까지 집안 요소요소에 있는 모든 신들에게 액을 막아내고 집안을 편케 해 줄 것을 축원하는 지신밟기는 그 자체가 마을의 공동축제이자 또 하나의 마을굿이었다.

풍물을 중심으로 한 정월의 축제는 초이튿날부터 시작하여 보름날이면 그 단원의 막을 내렸다. 대보름날은 축제의 정점이었다. 풍물패들이 동사(洞舍)를 중심으로 놀이판을 펼치는 가운데 마을 젊은이들은 아침나절부터 바빴다. 집집을 돌며 볏짚을 추렴하고 소나무와 대나무를 베어 와 마을 숲 언덕의 둥근 마당에다 장정 서너 길 높이로 커다란 달집을 세웠다. 오후 참 때가 되면 마을사람들이 모두 숲의 동산으로 모여들었고 달맞이가 시작되면서 풍물놀이는 절정에 달했다. 활활 솟구치며 타오르는 불꽃과 달집을 엮을 때 옆 기둥으로 세웠던 대나무가 타면서 뻥뻥하고 마디 터지는 소리는 풍물의 자진가락과 어울려 온 마당 사람들을 한층 들뜨게 했다.

어른들은 보름달이 떠오른 위치와 달의 모양과 빛깔로 한 해 농사일을 점치고 마을 여인네들은 달을 보며 소원을 빌며, 남정네들은 옷의 동정 깃을 떼어 불에 던져 태우고 아이들은 풍물패를 따라 달집 주위를 정신없이 뛰어다녔다. 달이 높이 떠오르고 달집의 불길이 사그러질 때면 사람들은 한 해 농사의 걱정을 접어놓고 아쉬움에 더욱 신이 나게 놀았다. 이러한 마을풍물이 새마을운동 이후 한동안 사라졌던 것을 마을사람들이 뜻을 모아 다시 살려내었다.

마을동회는 1년에 음력 12월과 7월 두 차례 열렸다. 음력 12월에 열리는 동회는 마을의 이장을 뽑고 마을의 각종 품삯, 마을공동행사를 위한 모곡(募穀) 등을, 음력 7월 백중 전에 열린 동회에서는 주로 마을 대소사에 관련된 일을 의논했다. 지금도 마을동회는 계속되고 있는데 7월 동회와는 별도로 7월 백중을 '마을의 날'로 정하여 지금은 '민주동산'으로 이름 붙여진 마을 숲에서 온 마을잔치가 열리고 있다.

아직까지 마을에 남아 있는 동답(洞畓)으로는 서원, 더 정확히 말하면 전에 서당의 운영을 위하여 마련했던 학계답(學契畓)이 마을 공동답으로 남아 있고 상포계(喪布契), 수반계(隨伴契), 농악계(農樂契) 등이 지금도 운영되고 있다. 이런 것들을 가만히 보면 마을공동체의 결속 여부와 풍물이나 동회, 각종 계 등의 활성화와 신명 정도가 함께 잇대어 있음을 알 수 있다.

이제 마을에서 젊은이들이 대부분 도시로 떠나가고 품앗이보다는 기계에 의존하고 정자나무에 앉아 이야기를 나누는 대신에 안방에서 선풍기 바람을 쐬면서 텔레비전 연속극 보는 것에 더 재미를 붙이게 되면서 마을공동체가 쇠퇴하고 이에 덩달아 집단신명 또한 사그러들 수밖에 없게 되었다. 이처럼 신명과 활력이 사라진 자리에서 할머니 정자나무의 고사는 어쩌면 필연적인 운명일지도 모른다.

**금기의 사라짐과 자연의 파괴**

마을사람들의 여름 휴식처이며 공동사랑방이기도 하고 지나는 길손의 쉼터이며 아이들의 놀이터이기도 한 정자나무는 사람과 가장 가까운 살아 있는 자연이었다.

그러나 이처럼 사람의 곁에서 친근한 관계를 유지하고 있는 정자나무도 누가 그 작은 가지 하나라도 꺾게 되면 그는 목신(木神)의 노여움인 '동티'를 피할 수 없게 된다. '동티'는 신에 대한 인간의 불경을 징계하는 신벌(神罰)인 것이다. 농사의 흉풍 뿐 아니라 길흉화복 등 인간사의 행불행도 인간의 의지로만 될 수 있는 것이 아닌 것이며 우리네 삶의 많은 부분이 불확실하고 불안할 수밖에 없는 까닭에 신들의 애정 어린 가호와 배려는 인간들의 안정적인 삶을 보장하는 데 필수적이지 않을 수 없었다.

따라서 농사일과 세상사에 최선을 다하되 항상 삼가고 근신하는 마음을 잃지 않는 것, 그것이 신의 뜻을 거스르거나 또는 신을 노엽게 하지 않는 일이었다. 이처럼 삼가고 근신하는 마음으로 자연을 볼 때, 모든 만물이 신령한 것으로 인간이 함부로 할 수 있는 것은 없었다. 살아 있는 것, 생명 그 자체가 신비한 것이었고 그런 생명을 낳고 기르고 다시 거두어 가는 자연은 그래서 경외스러울 수밖에 없었다.

모든 만물 속에 신령함이 깃들어 있음을 믿고 그 신령함을 거슬러 함부로 하지 않는 마음가짐, 이것이 인간과 자연이 조화를 이루며 함께 살아갈 수 있는 마음이자 삶의 지혜였다. 이같은 신령함에 대한 삼가는 마음을 지켜 가기 위한 노력, 그 행동규범이 곧 금기가 되었다. 그래서 모든 제의 - 그것이 유교식의 정숙형 제의든 당산굿이나 거리제처럼 떠들썩한 축제형태이든 간에 반드시 시작 전에는 금기, 금제(禁制)가 있었다. 금기는 당이나 당산나무 등 신체(神體)가 있는 장소(神聖空間)에 대한 금기뿐 아니라 제관인 당주의 선출과정에서부터 당주(祭官) 자신의 행동 일체에 대한 금기, 그리고 금기 주간의 설정을 통한 마을 전체의 공동금기에 이르기까지 지켜졌다.

일상적 삶에서도 금기는 지켜졌다. 그것이 신령함에 대한 경외심의 표현이었다. 볍씨를 넣고 장(醬)을 담그거나 혼사를 치르는 일 등 크고 작은 모든 일에, 농사일에서부터 사람들 사이에 서로 살아가는 일상사에 이르기까지 삼가고 근신할 줄 알았다.

모든 것에 감사하는 것, 목숨을 준 것에, 목숨을 잇게 해 주는 모든 것에, 그리고 무엇보다 살아 있음 그 자체를 감사하는 것. 쌀 한 톨, 푸성귀 한 잎, 물건 하나를 아껴 쓰며 버리지 않는 것, 다른 생명으로부터 먹거리를 구하되 그 종을 이어 갈 수 있도록 반드시 씨는 남겨 두는 것, 다른 생명에 대해 결코 모질게 하지 않는 것, 아무리 하찮은 것이라도 어딘가 쓸모가 있는 법이며 세상엔 공짜가 없는 법이니 반드시 그 대가를 치러야 하고 잘못에 대해선 반드시 되갚음이 따름을 알아 삶을 감사와 삼감과 섬김과 아낌으로 사는 것, 이런 마음과 자세가 곧 가난함과 재난 속에서도 넉넉함을 잃지 않고 건강하게 살아갈 수 있는 바탕이 되었다.

할머니는 들판에서 참이나 밥을 나눌 때면 언제나 사람들이 먹기 전에 "고수레" 하고 전답을 돌보는 신과 주변의 미물들에게 먼저 드렸다. 밤에 새앙쥐들이 천장에서 부스럭거려 잠을 깨울 때에도 벽을 쳐서 놀라게 하여 내쫓는 대신 할머니는 "서생원님, 밤이 깊었으니 딴 곳에 가서 노세요" 하고 쥐들을 가만히 달래 보냈다. 다른 생명들을 놀라게 하거나 다른 생명들에게 모질게 해서는 안 된다. 할머니가 입버릇처럼 하신 말씀이었다. 그래서 뜨거운 물이 식지 않으면 땅에 부을 수 없었다. 참으로, 믿는 것과 사는 일이 둘일 수 없었다.

생태맹(生態盲)이란 무엇인가. 그것은 생명의 소중함, 자연 속에 깃들어 있는 신령함을 자각하지 못하는 마음이자 금기할 줄 모르는 삶의 자세가 아니겠는가.

지금 금기가 사라진 자리, 자연에 대한 신비와 생명에 대한 외경심 대신 인간의 오만과 눈먼 탐욕이 자리잡은 곳에서 자연은 더 이상 신령한 존재가 아니다. 오로지 자연을 지배하고 관리하고 착취하는 기술과 능력만이 숭상되는 곳에서 숲은 사라지고 새들은 그 노래를 잃었다. 당산이 없어지고 당산나무가 그 신령함과 생기를 잃은 곳에서 풍물소리와 비나리는 들리지 않고, 그렇게 신명이 사라진 곳에 사람들은 병들어 가고 마을공동체 또한 와해되었다. 이제 더 이상 금기가 없고 동티 또한 없다. 오래된 나무는 다만 나이 많은 늙은 나무일 뿐이다. 성장과 개발의 논리에 따라 마을이 해체되듯 당산나무, 그 정자나무 또한 골동품처럼 뽑혀 가거나 그렇게 시들어 가고 있다.

지금 그나마 얼마 안 되는 노거수(老巨樹)들이 살아남을 수 있었던 것은 그 나무에 대한 삼가는 마음, 그 금기 때문이었다. 금기의 사라짐, 그것은 인간정신의 해방이 아니라 인간과 인간이, 인간과 자연이 조화를 이루어 더불어 살아가는 삶의 지혜와 신명의 상실에 다름 아닌 것이다. 자연에 대한 신령함과 생명에 대한 외경심과 살아 있음에 대한 감사함을 잃어버린 곳에서 어찌 신명이 살아날 수 있겠는가. 금기가 사라진 곳에서 생태맹이 생겨나고 자연에 대한 도륙(屠戮)이 자행된다.

## 마지막 별신굿과 숲 살리기

이제 땅은 더 이상 예전의 그 신령한 땅이 아니다. 마을 또한 당산신이나 서낭신이 지켜 주던 그런 공동체마을이 아니다.

전국 어느 곳보다 먼저 공업화가 시작된 고장, 그래서 이 땅에서 근대화의 상징으로 부러움의 대상이었던 울산의 한 마을에서, 땅이 죽고 나무가 죽고 개울이 죽고 이윽고 하늘 마저 병들어 죽어가 모진 생명인 인간조차 살 수 없게 된 그 마을에서 눈물의 별신굿이 열렸다. 인근의 다른 마을들이 모두 떠나갔을 때도 마지막까지 남아 조상 대대로 살아왔던 터전을 지키겠다고 안간힘으로 버텨 왔던 그 마을에서 마침내 사람들이 더 이상 견딜 수 없게 되자 집단이주를 앞두고 마을이 흔적 없이 사라지는 안타까움을 달래기 위한 별신굿이 열린 것이다.

마을신인 서낭당에게 고별 인사를 올리는 별신굿이 열렸을 때 이 마을 120가구 500여 명의 주민들은 모두 부둥켜안고 울었다고 한다. 이제 마을사람들이 떠나면 서낭당신 또한 떠나야 한다. 마을이 없는 곳에 마을신 또한 있을 수 없기 때문이다. 마을주민들만이 고향을 잃은 것이 아니다. 마을의 신 또한 돌아갈 곳을 잃은 것이다.

마을의 오른쪽 백호 맥을 위엄 있게 지켜 주던 할머니 정자나무가 고사한 후, 마을의 청룡 맥이 흐르던 자리를 따라 지금 고속도로 공사가 한창이다. 마을에 닿아 있는 산의 용이 흘러온 맥을 따라가면 어디로 해서든 필시 백두대간으로 연결되어 있을 터, 그 신령한 정기가 이어 내리던 산의 용이 이제 무참히 끊어지고 시뻘겋게 파헤쳐져, 숲으로 가려져 있던 마을이 졸지에 그 치마 속까지 들추어진 꼴이 되었다. 머지 않아 고속도로가 다 뚫리게 되면 지기가 흐르는 대신 소음과 매연과 분진이, 쓰레기와 온갖 공해가 마을로 밀려들기 마련인데 마을 숲은 언제까지 지켜질 수 있을까.

숲은, 숲의 정자나무는 이제 마을의 마지막 남은 자연, 마지막 신화이다. 그렇다. 이제 숲은 마을의 마지막 희망이다. 숲이 살아 있는 한 마을 또한 살아남을 수 있을 것이다. 이 숲을, 마지막 남은 이 정자나무를 지켜 낼 수 없다면 마을 또한 지켜 낼 수 없으리라.

숲을 지켜 내는 길, 그것은 무엇인가. 그것은 다시 공동체의 신명을 되찾는 일이다. 공동체의 신명을 되찾는 일, 그것은 다시 숲을 지키는 일에서부터 시작될 것이다. 숲과 정자나무와 마을공동체, 그것은 하나의 역사, 하나의 신명이기 때문이다. 마을 숲에서 다시 풍물을 울리는 일은 숲을 살리고 마을을 지키는 그 시작일 것이다. 그래서 1년에 몇 차례, 아니 단 한 번만이라도 마을 숲에서 풍물이 울릴 수 있다면 숲은 그 생기를 이어 갈 수 있으리라. 300여 년 이어 온 그 끈질긴 생명력으로 그렇게 숲은, 정자나무는 다시 마을을 지켜 갈 수 있을 것이다.

이 여름의 유난한 더위 때문인지 할아버지 정자나무에는 여느 해보다 더 많은 사람들이 모여 지낸다. 정자나무는 사람과 자연이 함께 어울리는 생태적 공동체이자 그 마지막 문화공간이다. 새로운 문화와 그 숲을 이룰 그루터기이다.

아직도 국도에서 보면 마을은 숲에 가려 보이지 않는다.

| 1999년 7월 |

후기 · 발문

• 후기 •

# 지리산에는 오르막 내리막이 없다

지리산은 만날 때마다 과연 큰 산임을 새롭게 느끼게 합니다. 크고 넉넉한 산, 그래서 지리산을 한민족의 어머니 산이라 일컫는 것 같습니다. 그 어머니 지리산에 철쭉이 꽃망울을 터뜨릴 때 아내와 노고단을 올라 반야봉을 거쳐 천왕봉에 이르는 1백여 리의 능선 길을 걷는 종주산행(縱走山行)을 다녀왔습니다. 그리고 이 가을, 지난 봄에 연분홍으로 수줍던 그 철쭉이 이제 잎새가 꽃처럼 붉게 물들고 있을 때 칠순 부모님과 같이 다시 그 능선을 걸어 종주했습니다.

지난번 아내와 종주하면서는 산행의 주제를 만나기, 느끼기, 하나되기라고 정하고 걸었습니다. 그렇게 능선 길을 걸으면서 그 동안 여러 차례 종주를 하면서도 미처 느끼지 못했던 새로운 사실 하나를 깨닫습니다. 그것은 지리산 종주에는 오르막 내리막이 없다는 사실에 대한 자각입니다.

우리가 깨닫는다는 것은 이미 알고 있는 사실을 새롭게 인식하는 일이라고 합니다만, 해발 1천 미터가 넘는 산봉우리들을 10여 개도 넘게 타고 오르내리면서 지리산에는 오르막 내리막이 없다는 사실을 문득 깨닫습니다. 등에 한 짐을 지고 힘겹게 오르고 있는 이 오르막 능선 길이 시방 나와는 반대로 산봉우리에서 내려오는 사람에게는 한결 산행이 가벼운 내리막길이기도 하다는 사실이 새로운 인식으로 다가온 것입니다. 결국 산에 고정된 오르막 내리막이란 없다는 것입니다. 다만 산을 올라가는가 내려가는가 하는 그 사람의 입장(조건)이 있을 뿐이지요. 입장의 차이에 따라 오르막 또는 내리막이라고 생각되어질 뿐이라는 사실입니다.

이는 종주산행 전체를 볼 때도 마찬가지라 할 수 있습니다. 지금 천왕봉을 향해 가는 이 길은 한 봉우리를 올랐다가 비록 내려가는 길이라도 천왕봉이라는 정상을 향해 올라가는 길, 큰 오름의 길이기 때문입니다. 내리막이 곧 오르막이라는 것이지요. 정상에서 내려가는 길 또한 이와 같습니다. 지리산 종주산행의 경우 천왕봉에서 하산하는 주요한 코스의 하나인 대원사 계곡 코스를 보면 천왕봉을 내려서자마자 곧 이어 지리산 제2봉인 중봉을 올라가야 합니다. 그런데 이 봉우리를 올라가는 것이 곧 지리산을 내려가는 것이라는 사실입니다. 어디 그뿐입니까. 사실 오르막이나 내리막이라는 것도 자세히 보면 그 자체가 오르막 내리막의 연속입니다. 완전한 오르막, 내리막이란 없는 것이지요. 오르막 속에 또한 내리막이 있다는 것입니다.

지금 내가 걷고 있는 이 산길은 산행의 힘듦 여부를 떠나, 올라가거나 내려가거나의 여부를 떠나 산의 푸르름, 들꽃의 아름다움, 새소리의 영롱함, 바람소리 물소리의 청량함 등 온 산에 가득차 있는 생명의 기운은, 자연의 풍요로움은 항상 그 자리에 있는 것입니다. 그런데 내려올 때와는 달리 올라갈 때는 이같은 풍요로움을 제대로 느끼지 못하고 맛보지 못하는 것은 다만 내가 오르막이라고 생각하는 그 힘듦에 빠져 있기 때문이라고 할 수 있습니다. 다시 말하면 이처럼 오르막과 내리막이라는 것은 산이, 산길이 달라진 것이 아니라 산을 오르고 내리는 사람의 입장이 달라진 것입니다. 물론 중력을 거슬러 오르는 것과 그렇지 않는 것에는 분명 역학적인 차이가 있을 수 있겠지요. 그렇지만 오르막인가 내리막인가 하는 것은 고정된 실재가 아님은 분명합니다. 실재하는 것은 입장의 차이뿐이라는 것이지요. 그런데 똑같은 길을 가면서도 어떤 이는 오르막 산행이 힘들다는 것 때문에 거기에 빠져 허우적이느라 아무 것도 보지 못하는가 하면 다른 어떤 이들은 산을, 자연을 음미, 감상하며 그 풍요를 즐기고 있습니다. 그렇다면 입장의 차이란 대체 무엇이겠습니까.

단순히 생각해 보더라도 입장이란 우선 가고 있는 이 능선 길이 지금 산봉우리를 올라가고 있는가, 내려가고 있는가에 따라, 그리고 또한 이 산행의 과정이 정상을 향해가고 있는가, 정상에서 내려가고 있는가에 따라 달라질 수 있을 것입니다. 이러한 입장의 차이를 쉽게 처지 또는 조건의 차이라고 생각할 수 있습니다. 이와 함께 또 하나의 입장으로 생각할 수 있는 것은 지금 어떤 동기로, 어떤 마음으로 산행을 하고 있느냐 하는 것입니다. 이를테면 스스로 원해서 하는 산행인가 아니면 마지못해서 하는 것인가에서부터 함께 하는 사람에 대한 관계가 어떤가에 이르기까지 많은 경우들이 있을 것입니다. 이러한 것들을 한마디로 말한다면 지금 이 산행을 즐기고 있느냐 아니냐에 따라, 산행의 자세라고도 할 그러한 마음가짐에 따라 같은 오르막일지라도 그 힘듦의 강도나 느낌이 판이하게 다를 수 있다는 사실입니다.

이것을 삶의 태도에 따른 차이라고 할 수 있을 것입니다. 다시 말하면 같은 조건일지라도 삶의 태도에 따라 느낌과 강도가 얼마든지 달라진다는 것입니다. 이 말은 입장의 차이란 궁극적으로 보면 결국 마음의 문제이고 삶의 방식의 문제라는 사실입니다.

부모님을 모시고 가는 이번 산행에선 그 입장의 차이에 대해 생각합니다. 한결 산행이 편안합니다. 칠순을 넘기신 연세에도 두 분이 이렇게 종주를 할 수 있다는 것은 두 분뿐에게만 아니라 제게도 자랑스러운 일이기 때문입니다. 산행의 오르막 내리막의 차이가 크질 않습니다. 지리산 종주 능선에는 오르막 내리막이 없다는, 아내와의 산행에서 느꼈던 사실을 이번 산행에서도 다시 확인합니다. 오르막 내리막이 없다는 게 어디 지리산뿐이겠습니까. 모든 산이 다 그러합니다. 아니 생각해 보면 우리의 삶, 인생 길이란 것 또한 이와 같습니다.

이미 모두가 잘 알고 있는, 새삼스러울 것도 없는 이러한 사실을 천왕봉을 오르내린 지 꼭 30년이 되었어야 비로소 깨닫습니다. 참으로 철 늦은 자각입니다. 생각해 보면 이러한 느낌을 깨달음이라고도 할 수 없을지 모르겠습니다. 그러나 산에, 아니 인생에 고정된 것이 없다는 사실에 대한 자각은 그것이 비록 뒤늦은 것이긴 해도 저에게는 소중한 깨달음입니다.

생각해 보면 우리의 현상계에서 고정된 것, 불변의 것, 절대적인 것이란 존재하지 않습니다. 우리가 감각하고 인식하는 모든 것이 항상 상대적인 것으로 그것은 스스로 생각하기에 달려 있을 뿐이라고 할 수 있습니다. 고정되어 있는 실체란 없다는 것이지요. 어쩌면 우리가 인식하는 현상계, 그 모든 상대계란 우리의 생각하기로 지어낸 것에 불과한 것인지도 모르겠습니다. 그렇다면 우리가 삶에서 부딪히는 모든 갈등과 어려움이란 결국 그것을 받아들이는 마음, 그 자세에 달려 있다고 할 수 있습니다. 다만 집착을 놓고, 두려움을 놓고 매순간을 사랑하기, 오직 삶의 매순간에 충실하기, 그렇게 삶의 모든 과정을 즐기는 일이 어쩌면 이 현상계에서 우리가 할 수 있는 일의 전부일지도 모른다는 생각입니다.

우리가 꿈꾸고 준비하는 귀농 또한 이와 같다는 생각입니다. 삶의 전환으로서의 귀농은 엄숙한 결단일 수 있습니다. 그러나 너무 비장하게는 생각하지 말았으면 합니다. 삶을 근본적으로 바꾸기 위해 애는 쓰되 거기에 너무 사로잡히지 마십시오. 밝고 가볍게 가십시오. 우리가 근본으로, 근원자리로 돌아가자는 것은 무슨 거창한 이념이나 또는 수행을 하기 위해서가 아니라 삶을 건강하게 제대로 살기 위해서라고 생각합니다. 우리 자신이 스스로의 삶의 주체로서 자신의 삶을 창조하기 위해서라는 생각입니다. 우리는 사실 그 동안 어떻게 사는 것이 제대로 사는 것인지를 잃어버리고 있었는지도 모릅니다. 이제 더 이상 떠밀려 살아가는 게 아니라 스스로 삶의 주체로서 온전히 자기 존엄성을 실현하는 삶이어야 합니다. 길들여져 온 것에서 벗어나 삶을 창조하기 위해선 정말 이제부터 제대로 살기, 행복하게 살기, 삶을 사랑하기를 배워야 하겠습니다.

우리가 이 시대 농촌으로, 흙과 함께 하는 삶으로 돌아가지 않으면 안 되는 많은 필연적인 이유가 있습니다. 이번 산행을 통해 그런 여러 이유들 가운데서도 정말 우리가 자연과 조화를 이루는 삶을 살고자 하는 이유는 마음이 더 풍요로운 삶을 살기 위해서라는 생각이 들었습니다. 더 넉넉한 삶의 자세를 위해서라는 말입니다. 삶이 넉넉해지기 위해선 삶이 더 단순해지지 않으면 안 될 것입니다. 채우기 위해선 먼저 비워야 한다는 말처럼 우리 자신이 더 겸손해지고 더 단순해질 때 작은 것에서도 우리는 큰 기쁨과 풍요를 즐길 수 있을 것입니다. 참으로 자연 앞에서 우리가 겸손해지고 우리의 삶이 검소해질 필요가 있습니다. 농심을 회복하는 삶이 그러하리라 생각됩니다. 그러한 삶의 태도만이 결국 생명의 위기에서 함께 살아날 수 있는 길일 뿐 아니라, 우리의 존재에 합당한 삶을 실현할 수 있는 길이기 때문입니다.

종주의 마지막 날, 천왕봉의 일출을 보기 위한 새벽 산행에서 시각 장애인을 만나 그와 함께 여명의 천왕봉을 올랐습니다. 어둠 속에서 비추는 손전등 불빛은 비록 그가 보지는 못할지라도 함께 손잡고 기대며 가는 길에서 유용한 도구가 되었습니다. 눈이 보이는 내게 필요한 불빛이 나를 통해 그에게도 필요한 것으로 되었기 때문이지요. 제석봉에서 천왕봉으로 오르는 마지막 이 길은 어느 곳보다 가파르고 험한 데도 우리는 오히려 다른 사람들보다 더 빨리 천왕봉 정상에 오른 것 같았습니다. 얼음발이 돋는 추위 속에서 일출을 기다리며 서 있는 우리에게 신새벽의 명징한 기운이 쏟아져 내립니다.

드디어 일출, 지리산 천왕봉의 그 장엄한 일출이 시작되었습니다. 그 동안 천왕봉에서 맞이했던 여러 차례의 일출 중에서도 가장 장관이었습니다. 장엄함과 경이로움 그 자체라고 할까요. 탄성으로 질러대는 그 소리들이 오히려 더욱 부질없는 것이지만 그래도 사람들은 어쩔 수 없는 감격과 탄성으로 마구 소리를 지릅니다. 그러나 나는 압니다. 아무런 말없이 동녘의 일출을 향해 저렇게 서 있는 시각 장애인이 오늘 이 지리산에서 가장 빛나고 가장 장엄한 일출을 보았음을, 그 감격을 온몸으로 느끼고 있음을 압니다. 비록 희미한 빛의 느낌뿐이라 할지라도 그가 본 것은 온 세상을 다 비추고도 남는 가장 완전하고 가장 충일하고 가장 장엄한 일출이었음이 분명합니다.

이번 가을의 지리산 종주산행에서 오르막 내리막의 차이란 결국 삶의 자세의 차이 곧 마음의 차이라는 것을 다시 확인한 것과 지리산 천왕봉에서 어느 시각 장애인의 가슴에 떠오른 장엄한 일출을 보았다는 것이 어머니 지리산이 제게 준 큰 선물이었습니다. 물론 칠순 부모님과 함께 무사히 그리고 즐겁게 종주산행을 마칠 수 있었다는 기쁨과 감사를 포함해서 말입니다.

그리고 지금 모든 것에 깃든 신의 숨결을 느낍니다. 새 천년의 내일이 비록 암울할지 몰라도 대지의 푸른 생명을 위해 누군가가 흙을 보듬고 씨뿌려야 한다면 바로 그 일을 위해서라도 우리는 돌아가야 할 것입니다. 그 길이 우리 자신을 온전히 사랑하는 삶이기 때문입니다. 그렇게 귀농을 준비해야겠습니다. 대지에 뿌리하고 맞는 일출은 언제나 장엄하기 때문입니다.

| 1999년 10월 |

• 발문 •

# 귀농(歸農)은 율려(律呂)의 각비운동(覺非運動)
### … 이병철 형의 귀농론(歸農論)에 부쳐

노겸(勞謙) 김영일(金英一)(옛 이름 김지하)

우선 내 이름이 '김지하'에서 '김영일'(金英一)로 바뀌었음을 알린다. 지난 10월 17일 개명(改名), 벽명(闢名)한 뒤로 처음 이 이름을 써서 남의 글에 대해 한마디 적는다. 이름을 또 바꾸니 웃는 사람도 있을 것이다. 그러나 막상 이름을 바꾼 본인은 심각하다. 20대 초반, '지하'란 이름을 사용하기 시작한 뒤 나의 삶은 그야말로 황량하기 짝이 없었다. 초월적인 빛을 잃고 어두운 중력장 속에 매몰되듯이 감옥 아니면 병원, 아니면 뒷골목의 어두운 술집이거나 허름한 싸구려 여관을 전전하는 삶을 크게 벗어나지 못했고, 또 최근에는 십 년 넘게 중병까지 앓았다.

여러 사람이 이름 고치기를 권했으나 이상한 고집으로 그냥 끌고 왔다. 그러다가 지난 시기 두 번인가 이름을 고쳐 신문에도 발표하곤 했지만 묘하게도 사람들은 여전히 '지하', '지하'였다. 아무래도 세상은 내가 지하(地下)에서 중력장을 내내 벗어나지 못하는 것을 즐거워하는 듯했다. 그럴 리 없다 했지만 사실이 그러했으니 심지어 어떤 외신기자는 처음 만나자 마자 내게, '헬로, 미스터 언더

그라운드 킴!'이라 하며 극도로 유쾌 명랑하게 악수까지 청하던 것이다.

'언더그라운드 킴!'이라!

이런 이름이 세상에 있을 수 있는가?

그래서 이름을 아버지가 지어주신 대로 '꽃 한 송이' '영일(英一)'로 돌아가기로 한다. 작년 음력 개천절에 공언(公言)한 바 있거니와 내 인생과 민족사에 꽃 한 송이 피우겠다는 작고 소담한 마음으로 살겠다는 뜻이다.

'노겸'(勞謙)은 연초 무료한 중에 문득 얻은 나의 호(號)로서 '활동하는 무(無)'를 뜻하니 겸손한 마음으로 열심히 후천 민중세상을 위해 일하라는 뜻이라, 오만 방자하고 경망스러운 내게는 참으로 좋은 호라고 생각해서 그래 이제 와 호를 정하고 이름을 다시 바꾸는 터이다. 그러므로 앞으로는 노겸(勞謙) 김영일(金英一)로 부르고 써 주길 바란다. 그러나 많은 이들이 '노겸'이 느낌이 무던해서 좋다고 하니 그저 '김노겸'이라 불러주면 고맙겠다. 왜냐하면 김노겸의 느낌이 소탈해서 좋고 그 뜻이 근로와 겸손이니 더 아니 좋은가!

왜 이렇게 자리가 자리 아닌데도 이름 고친 얘기를 길게 끄는가? 나이 들수록 '이름'이, '삶'에 대해 가지는 '뜻'이 매우 '크다'는 것을 '알게' 되었음이요, 마찬가지 얘기를 귀농(歸農)에 대해서도 할 수 있을 듯해서다.

도시의 길바닥에서, 대지로부터 뿌리뽑힌 채 하루하루를 떠다니며 생계를 위해 살아가는 유랑민적인 삶은 이름으로 치자면 '지하'와 똑같은 것이다. 언젠가 '지하'란 이름을 들고 한 작명가를 찾아간 내 어머니에게 그 작명가가 소리를 질러대며 가라사대 '이게 이름이야? 감옥에 서너 번은 갔다와야겠구먼!'

그래 아닌게 아니라 그 뒤로 서너 번 이상을 감옥에 갔다왔으니 이름이란 그렇게 이상할 정도로 삶에 특별한 의미를 갖는 것인데, 마찬가지로 대지로부터 뿌리뽑혀 세상을 함부로 아무렇게나 유리하는 길바닥의 삶은 삶 자체가 지닌 깊고 의미심장한 대생명(大生命)의 오묘한 뜻과 그 뜻에 따라 살 때에 비로소 깨달아지는 대영성(大靈性)의 현묘한 깊이로부터 아주 아득히 멀리 떨어져 있게 되는 법이다. 해서 늘 밝고, 맑고, 깊고, 그윽한 우주 생명의 순환적인 삶을 살 수 있는 기회를 얻지 못한 채 밭은 욕망과 그악스런 악다구니로 좁은 길바닥 위에서 눈과 마음이 좁혀진 삶 아닌 삶을 살아가게 되기 일쑤인 법이다.

귀농이란 곧 농심(農心)에로 돌아감을 뜻하지 단지 생업(生業)을 위해 농사를 선택한다는 뜻은 아닐 터이다. 또 요즘 세상에서 귀농한다는 것은 단순한 생계를 위하는 것이 될 수 없다. 도리어 도시노동보다 더 어렵고 힘든 것이 농사이기 때문이다. 이제껏 얘기한 '밝고, 맑고, 깊고, 그윽한 우주 생명의 순환적인 삶을 살 수 있는 기회'라거나 또는 '대생명의 오묘한 뜻', 혹은 '대영성의 현묘한 깊이' 따위의 어쩌면 황당무계한 얘기도 그가 단순한 생업으로서의 농사가 아니라 농사를 통해서 농심으로 돌아가려 애쓸 때에나 고려될 수 있는 말들이라는 것은 누구나 눈치채었을 것이다.

그렇다.

농심이란, 이병철 형이 누누이 강조하고 있듯이, 농업노동과 농사경영을 통해서 대자연과 우주의 리듬, 뭇생명의 미묘한 생성의 역설을 체득함으로써 도리어 그와 똑같은 마음의 깊은 비밀을 깨닫고 '안심입명'(安心立命)하는 것을 말하는 것이다. '안심입명' 이상의 깨달음이 이 세상에 더 있는가?

생명의 안쪽은 소위 영성(靈性)이라 부르는 눈에 안 보이는 마음이고 마음의 바깥쪽은 생명이라, 목숨이라 부르는 눈에 보이는 일종의 물질적 질서다. 바깥쪽의 생명이나 물질의 복잡화가 안쪽의 마음을 깊이있게 하고, 안쪽의 마음의 깊이가 도리어 바깥쪽의 생명이나 물질적 삶을 바꾸고 수정하는 관계, 즉 삶과 세계의 생성이나 진화·변화는 바로 이 안팎의 상관관계 이외에 아무 것도 아니다. 그런데 바로 이 마음을 깨닫고 가라앉혀 안돈하고 이 생명의 질서를 그 본래의 질서대로 바로 세우는 것이 농심이라 한다면 깨달음을 위해 달리 절이나 산에 갈 필요가 없을 터이요 '농자지천하대본'(農者天下之大本)이 도리어 부끄러울 만큼 농(農)은 곧 우주요 농심(農心)은 곧 우주적 지혜를 뜻하게 될 것이다.

내 말이 너무 지나쳤는가? 그러나 결코 그렇지 않다.

지금 현대를 많은 이들이 환경의 시대라, 생태학의 시대라, 문화의 시대라 부르는데 사실은 모두 정확하지 않은 말이고 '생명의 시대'라 불러야 옳고, 그 생명의 내면을 가리키는 '영성의 시대'라 불러야 마땅하다.

'영성'과 '생명'이 이 시대의 화두(話頭)다.

영성은 '숨겨진 질서'요, 생명은 '드러난 질서'다.

'숨겨진 질서'와 '드러난 질서', 또는 '숨은 차원'과 '드러난 차원' 사이의 관계를 동시에 파악하는 논리가 '아니다, 그렇다' 또는 '그렇다, 아니다'라는 역설이다. 역설은 마음의 논리요, 생명의 논리다. 이것을 겉만 모방한 것이 컴퓨터의 디지털적 이진법이다. 기계는 생명을 모방하고 마음을 모방한다. 그래서 컴퓨터에는 변증법이 없다. 왜냐하면 마음과 생명의 생성에는 변증법이 없기 때문이다. 마음과 생명의 생성은 '아니다'와 '그렇다'이며 이 이중성의 거듭된 복잡화 과정에서 문득 숨겨져 있던 차원이 새 차원으로 드러나는 차원 변화가 있을 뿐인데 이 제3의 새 차원과, '아니다, 그렇다'로 생성하는 옛 차원의 관계 역시 '아니다, 그렇다'의 역설적인 관계인 것이다.

왜 이처럼 골치 아픈 논리학 얘기를 하는 것일까?

'밝고, 맑고, 깊고, 그윽한 우주 생명의 순환하는 삶'이라든가, '대생명의 오묘함'이라든가 '대영성의 현묘한 깊이'라든가 하는 무궁무궁한 우주적 삶의 내면적인 생성의 실상은 사실 이같은 '아니다'와 '그렇다'의 역설로 이해되고 판단되는 '숨겨진 질서'나 '마음'과 '드러난 질서'나 '생명' 사이의 그 역시 '아니다, 그렇다'의 역설적 관계 속에서 어느날 문득 솟아나기 때문이다. 이것을 깨닫는 것, 바로 우주 생명의 각성이 곧 농심이라면 지나친 얘기일까?

1860년에 시작된 수운 최제우(水雲 崔濟愚) 선생의 동학(東學)은 철저한 영성(靈性)과 생명의 사상이다. 그리고 농민의 우주관이요, 농심의 철학이다. 바로 이 철저한 농민의 영성과 생명의 사상, 농심의 철학이 오늘 벽에 부딪친 인간 내면의 영성적 황폐와 외면의 인류사회 및 지구와 우주 생명의 오염·파괴·질병·이변을 근원적으로 해결할 수 있는 대생명사상으로 높이 평가되기 시작한다.

그런데 수운사상은 기실 저 아득한 상고의 단군사상, 천부(天符)사상의 근대적, 현대적 부활인 것이다. 상고사상의 핵심이 안으로 보이지 않는 성품을 통달하고 밖으로 눈에 보이는 세상의 질서를 근본적으로 바꾸어 공을 이루는 '성통공완'(性通功完)에 의해 비로소 영원한 기쁨을 얻는다 했으니 말이다.

수운 선생은 자기의 '흥비가'(興比歌)라는 글에서 다음과 같은 심오한 사상을 펼치고 있다. 먼저 본디 시경(詩經)의 육의(六義)에는 부흥비(賦興比)의 원리가 있다. 부(賦)는 역사나 드러난 차원의 사실에 대한 서사(敍事)요, 흥(興)은 숨겨진 차원인 마음의 정열이나 오묘한 깨달음을 표현하는 서정(敍情)이요, 비(比)는 드러난 차원의 이것과 저것을 '아니다, 그렇다'로 비교하고 동시에 그 관계를 파악하는 논리적인 교술(敎述)이다.

그런데 수운 선생은 그때 자기가 깊이 깨달은 후천개벽(後天開闢)의 숨겨진 차원인 그 오묘한 우주의 변화를 남에게 설명하고 설득하기 위해 드러난 차원의 세상 이야기들, 그러니까 공자(孔子)나 맹자(孟子)와 같은 잘 알려진 합법적인 선천(先天)시대 철학의 이치를 이것저것 끌어다가 설명하는 것을 비흥(比興)이라 불렀다. 이렇게 비(比)로써 흥(興)을 전달하는 비흥(比興)으로 설명했을 때 반드시 그것을 듣고 있던 사람이 깜짝 반가워하며 '왜 이제야 우리가 만나게 되었느냐'라든가, 없는 살림에 이것저것 맛있는 음식을 장만해 내놓으면서 어서 드시라고 강권하는 등 태도의 표변을 일으킨다는 것이다. 왜냐하면 비흥은 숨겨진 질서로서의 대후천개벽을 드러난 질서로서의 공자나 맹자류의 정치적 혁명 정도로 오해시키기 때문이고, 그 때문에 이 혁명의 모의에 가담하면 감투를 하나 얻을 수 있다고 착각하게 되거나 아니면 반대로 이것을 밀고하여 상금을 탈 수 있게 된다고 생각하기 때문이라는 것이다. 즉 드러난 차원의 기존의 물질화된 생명의 질서로 숨겨진 차원의 미지의 오묘한 영성의 질서를 설명하지 못하는 데서 오는 유혹과 함정과 오류를 말하고 있는 것이다.

이때 이 유혹과 함정과 오류를 크게 깨닫고 방향을 급전환하는 것을 각비(覺非)라 한다. 어제의 자기 잘못을 깨닫는다는 뜻인데, 각비(覺非)란 본디 도연명(陶淵明)의 귀농(歸農)을 달리 표현한 말이다. 즉 '각작비'(覺昨非)다. 바로 이 점에 심각한 뜻이 담겨 있다. 쉽게 말하면, 어제까지의 도시에서의 삶은 잘못되었고 오늘 농촌에 돌아옴은 잘한 일이라는 깨달음이 바로 각비(覺非)인데, 바로 이 각비라는 수정행위를 통해 수운 선생이 급전환한 설명방법이나 인식논리가 곧 흥비(興比)다. 흥비는 후천개벽의 오묘하고 신령한 우주 변화라는 숨겨진 질서로부터 바로 시작해서 그 질서의 복잡하고 카오스적인 유현한 지혜를 따라 '아니다, 그렇다'로 드러난 질서의 범박한 여러 문제와 이것저것의 이치들을 역설적으로 따져 나가는 '비'(比)를 활용하는 것을 말한다. 즉 내면의 깊은 초월적 영성이 미는 지혜의 빛과 힘으로 외면의 이러저러한 삶의 사회적 질서나 물질의 중력적 조건들을 '아니다, 그렇다'로 따져서 고쳐가는 방법이다.

이 급전환에서 문득 이미 말했던 바 있는 농심의 깊은 내용들, 즉 '밝고, 맑고, 깊고, 그윽한 우주 생명의 순환하는 삶'이라든가, '대생명의 오묘함'이라든가 '대영성의 현묘한 깊이'라든가 하는 흥비가(興比歌)에서 말하는 이른바 '무궁무궁한 우주적 삶의 내면적인 생성'이 바로 내 안에 일어난다는 것이다. 즉 '무궁한 이 울(우주) 속에 무궁한 내(나) 아니냐'라는 큰 깨달음이 일어나는 것이다.

이것이 도대체 무슨 뜻이며 왜 이렇게 되는 것일까?

나는 '각비(覺非)를 통한 비흥(比興)에서 흥비(興比)에로의 급전환에 대해 말했다. 그런데 나는 이미 각비(覺非)를 다른 말로 '귀농'(歸農)이라고도 불렀다. 즉 '농심(農心)에 돌아감'이란 뜻이다. '농심'에 돌아감은 '안심입명'이라는 이름의 민중이 소망하는 바, '무궁신령한 우주적 내면성의 삶의 생성'을 뜻하는 것이다. 곧 요즘의 현대 생명철학이 말하는 '카오스적 삶의 성취'에 도달한다는 뜻이기도 하다.

어렵게 생각할 것 없다.

각비(覺非)는 결단인데, 그것은 결국 단순한 생업을 찾는 행위로서가 아니라 삶의 깊은 소망과 내면적 생성의 오묘한 뜻을 새롭게 찾는 행위로서의 '귀농'을 뜻하는 것이다.

이때에 흔히 서양사람들에게서 꾸어오거나 잘난 체하는 지식인들이 떠벌리는 극히 외면적이고 상투화되어 있는 낡은 드러난 차원의 논리 따위로 인생이나 영성이나 생명의 숨겨진 차원의 새롭고 오묘한 깊이를 이해하려 하거나 설명하는 태도나 인식방법으로서는 깊고 의미있는 새 삶을 결코 살 수 없다는 말이다. 도리어 이런 상투화된 논리는 참다운 숨겨진 삶의 의미를 왜곡하거나 유혹하거나 오류에 빠지게 하는 함정이 된다는 말이다.

오직 각비(覺非)라는 이름의 단호한 귀농(歸農), 비흥(比興)의 낡은 논리를 집어치워 버리고 그리고 거기서부터 가능해지는 '흥비(興比), 즉 참다운 '안심입명'(安心立命)으로부터 시작돼 나오는 삶과 세계의 변혁, 영성과 생명질서의 변혁, 내적 명상과 외적 변혁의 통일, 빛과 중력장의 통일에 입각하여 초월적 빛에 의한 중력적 자본사회와 지구중력권의 근본 변혁, 안으로 신령의 평화 완성이 있고 밖으로 생명에너지의 복잡화하는 변혁(東學, 內有神靈 外有氣化), 그리하여 한 세상 사람들이 모두 각각 나름대로 우주적 생명의 전체 유출을 제 안에서 제 스타일대로 깨달아 실현(一世知人 名知不移)하는 천심공명(天地公心), 우주 사회적 공공성의 실현으로 인간, 사회, 우주 자연의 통일적 변혁이 가능해진다는 말이 될 것이다.

얘기가 너무 번거로워졌다. 그러나 조금만 더 나아가자.

'귀농'이 그러면 만병통치약인가?

나는 그렇게는 생각 안 한다.

유명한 프랑스 철학자 두 사람만 인용하자. 이런 인용 자체가 비홍이지만.

자끄 아딸리나 질 들뢰즈는 똑같이 지구의 미래를 '노마디즘' 즉, 유목민적인 이동문화의 세계화로 본다. 그럴 것이다. 세계화 자체가 유목민화를 뜻하니까. 그리고 이것이 다름 아닌 고대의 부활인 것이다.

우리는 이미 휴대폰이나 노트북에서 결코 이탈할 수 없고, 주유소나 모텔, 차와 길바닥, 비행기와 공항과 이국의 도시들과 호텔들과 선박과 항구들로부터 이탈할 수 없다. 인정하자.

그리고 들뢰즈처럼 정착성보다는 유목민적 이동성에서 진취적이고 창조적인 세계성과 카오스적인 민중적 문화의 성취를 더욱더 강하게 발견할 수 있다. 인정하자.

그러나 들뢰즈 자신이 '노마디즘'은 이미 근원적 정착성을 전제한다고 하면서도 정착성이 퇴행과 굴욕과 무기력을 조장한다고 강조함으로써 그 스스로 주장하는 생명과 생성의 카오스적인 역설적 이중성을 무화시킨다.

생명도 생성도 근본에서부터 이중적이고 역설적이다. 그것은 '아니다, 그렇다'로 판단되는 극과 극 사이의 '기우뚱한 균형'이다. 노마디즘은 단순한 전제나 조건이 아니라 그 스스로 자기의 대극으로서 더욱더 강력한 농경적이고 지역적인 정착성을 요구한다. 지역적 민족적 개인적 다양성을 지닌 정착적 노마디즘만이 진정한 세계화와 인류문화의 미래다. 그러나 한편 3천 년 이상의 농경적 정착성으로부터 해방되기 시작하는 인류가 유목적 이동성에 일방적으로 매료되는 경향은 하나의 역사적 경향으로서 인정해야만 할 것이다. 인정하자.

그러고 나니 민족사의 깊은 의미가 새삼 목메어 온다. 자기의 '다양한 정착적 노마디즘'을 지키기 위해 4,700여 년 전에, 새로이 흥기하는 농경적 정착문화 고착체제 일변도를 보장하려는 중국 민족의 저 유명한 반(反)유목민적, 반동이(反東夷)민족적 혁명적인 공세와 맞서 70여 회의 피투성이 대전쟁을 치렀던 '치우' 천황과 한민족 고조선의 독특한 세계관의 전통이 이제 새 세기를 맞아 세계적 노마디즘의 비전으로 새롭게 조명되고, 이에 따라 한민족이 세계사에 다시금 발돋움하게 되는 것은 필연의 대세요, 한번 간 것이 다시 돌아오지 않음이 없는 역학의 신묘한 이치라고 본다. 이것이 또한 19세기 동학의 상고부활, 원시반본(原始反本)의 이치이기도 하였다.

그러나 주의할 것은 고조선이 남방계의 농경적 정착성과 북방계의 유목민적 이동성의 창조적 통합으로 성립된 최초의 '다양한 정착적 노마디즘'의 고대국가였다는 사실이다. 이점을 결코 잊지 말아야 한다. 여기에 뿌리를 내린 우리 민족문화와 전통사상의 뿌리깊은 생명생성적 이중성, 천지인(天地人) 삼재사상(三才思想)의 3수분화론과 음양오행의 2수분화론의 '역설적, 이중적 교호 결합'은 이제 세계적 문화 창조의 핵심원리로 등장할 것이다. 천지인의 3수론이 곧 유목적 문화의 핵이며 음양오행의 2수론이 곧 농경적 문화의 핵이다. 그런데 우리문화는 3을 중심으로 한 2의 결합, 또는 그저 3과 2의 이중 결합 형태다. 도리어 이 이중성이 미래 세계문화의 핵심이 될 것이라는 것이 나의 주장이다.

유목민의 문화가 강화되고, 그것이 세계화의 핵을 이룰 것은 분명하다. 그러나 그것만으로는 인류는 살 수 없다. 왜냐하면 생명과 영성은 본디부터가 이중적, 역설적으로 기우뚱하게 생성하기 때문이다. 따라서 오히려 더욱 강력한 지역적, 개인적, 민족적으로 다양한 형태의 농경적 정착성, 정착적 농경문화를 요구하게 될 것이다.

영성도 생명도, 또한 양방면을 교호 결합하는 미래의 생명생태적 문명, 내 식으로 말하면 이른바 카오스적 코스모스의 '율려문명'(律呂文明)이라는 것도 결국 크게는 민족과 지역과 개인들의 다양성이 포괄되는 왈, '정착적 농경문화와 잡종적 유목문화'의 이중적 교호 결합을 자기 내용으로 하게 된다.

하지만, 강조하거니와, 모든 극과 극 사이의 균형, 모든 이중적 역설관계는 항상 어느 한쪽에 무게가 실리는 '기우뚱한 균형'이다. 살아 있는 균형은 언제나 기우뚱하다. 수평적 균형은 책 속에 있거나 논리적으로만 있는 죽은 균형이다. 따라서 지역적 농경적 정착성과 세계적 잡종적 유목성 사이에 어느 쪽에 더 무게가 실리는가가 이제부터의 중요한 문제인데, 그것은 앞에 전제된 지역적 민족적 개인적 다양성의 조건에 따라 농경 쪽이든 유목 쪽이든 어느 한쪽에 무게가 더 실리게 될 것이다.

우리의 경우 아마 틀림없이 정착적 농경성보다도 유목적 이동성, 카오스적 분산성에 더 큰 무게가 실리는 '기우뚱한 균형'이 실현될 터인데, 그때의 '각비'(覺非), 그때의 '비홍'(比興), 그때의 '홍비'(興比)는 어떤 모양, 어떤 의미를 띄게 될 것인가?

'각비'(覺非)가 단순한 전원으로의 후퇴가 아니고, 그것이 농심이라는 이름의 참된 '진리파지'(眞理把持)의 한 계기인 것이 분명하다면, 아마도 숨겨진 질서와 드러난 질서, 그리고 초월적 영적 카오스 세계와 논리적 체계적인 코스모스 세계 사이의 홍(興)과 비(比), 비(比)와 홍(興)의 관계, 그리고 '아니다'와 '그렇다'의 역설적인 관계가 반영될 것이 분명하다. 그리고 기우뚱한 생동적 균형체제 속에는 다수 다량의 전 세계적 잡종적인 탈핵적 해체적인 유목문화의 세계적 이동성과 소수이지만 구심적 집중적인 지역적 농경적인 정착성 사이의 독특한 이중성이 또한 반영될 것이 틀림없다.

그것은 어떤 모양으로 형성될 것인가? 그때에 '홍비'(興比)는 절대다수의 해체적 카오스적인 유목적 세계적인 이동성의 세계로부터 소수의 정착적 구심적인 코스모스적 농경성을 설명하는 논리가 될 것인가? 반대로 '홍비'(興比)는 소수의 구심적 정착적 농경생활의 생명 각성의 깊고 집중적인 오묘함으로부터 부박하고 들뜬 해체적인 절대다수의 유목적 세계성의 이동문화를 이용하면서 동시에 조절해 나가는, 말하자면 빛과 중력장의 통일에 입각한 중력장에 대한 빛의 대변혁을 설명할 논리가 될 것인가? 그러나 여기 분명한 것은 양 질서 사이에 명확한 구분을 한다는 것부터가 반(反)카오스적이고, 반(反)생명적일지도 모른다는 것이다. 그러나 그럼에도 또한 분명한 것은 이 두 개의 질서는 서로 이중적으로 생성하면서 교호 결합하는 '기우뚱한 균형'을 도처에 중층적으로 다양하게 드러낸다는 점이다. 그렇다면 변혁적 관계와 같은 쌍방향으로, 계기적으로, 이렇게 또는 저렇게 기울어지는 겹겹의 복잡한 '기우뚱함'이 될 것인가?

그러나 이 '기우뚱함'은 분명 유목성에 더 기우는 것이 명백하다. 유목적 이동성과 농경적 정착성 사이에 어느 쪽이 더 카오스적이고 어느 쪽이 더 코스모스적이냐 또는 어느 쪽이 더 신령한 감춰진 질서의 중심이고, 어느 쪽이 더 체계화된 드러난 물질형식에 중심이 있느냐 하는 이 '기우뚱함'은 상식적으로, 또는 표피적으로 쉽게 규정하기 어려운 겹겹의, 또는 여러 쌍의 복잡성을 갖고 있다.

그러나 명백한 것은 오늘날 거의 절대다수의 지배적 조류로서 새로이 코스모스화하고 있는 다핵적, 탈중심적, 해체 분산적인 정보사회의 네트워크와 새로운 카오스의 문화 분류가 분명히 유목적 이동성 쪽에 있으면서도 동시에 그 내용은 반생명적, 반영성적인, 기계적이고 인위적 조작적인데 비하여 농경적 정착성의 문화 쪽은 극도로 소수화되고 퇴행 위축된 채 그 나름으로 상업화되고 타락하고 있으며 낡아빠진 보수적 구심성과 시대착오적 통일성, 집중성 등의 코스모스에 고착되어 있는 반면, 더 근원적이고 우주적이고 묵시적인 생명과 영성의 신령한 카오이드(재편된 무질서, 그 나름으로 질서화된 무질서)를 유지하거나 유출시키고 있는 것 또한 사실이다.

요컨대 이렇게 혼란스럽게 엇섞여 잡종화하고 있는 이것은 세계나 동아시아 문화권, 문명권 내에서는 어찌 배정될 것이며, 국내의 민족사회에서 북한에 대한 남한의 관계에서, 남한에 대한 북한의 관계, 또는 연변이나 몽골 등의 중앙아시아와의 관계에서는 어찌될 것이고, 지역과 지역, 개인과 개인 사이에서는 어찌 될 것인가?

지금 나로서는 자세히 알 수 없다.

그러나 이 순간 내 뇌리에 떠오르는 단어와 확실한 기준이 하나 있으니, 그것은 각비(覺非)라는 말이다. 단호하고 명증한 각비는 비록 그것이 귀농을 의미하고 농심을 뜻한다 하더라도 그 스스로 결단이고 그 스스로 초월이며 삶과 세계의 변혁적 창조요, 차원 변화이므로 유목적 잡종적 이동성과 농경적 정착성, 그리고 드러난 질서와 숨겨진 질서, '아니다'와 '그렇다'의 복잡화하는 다층위적인 이중, 다중적 역설에 대해 쌍방향으로 자기를 초월하도록 촉매하여, 이미 그 스스로의 고착적인 의미와 이미지 체계를 훨씬 넘어서 심화 확산하는 의미와 기능의 큰 변경과 상호전환을 가져올 것으로 느껴진다. 과연 그러할까?

나는 감히 '가능하다'고 말하고 싶다. 왜냐하면 '각비'(覺非)는 하나의 혁명이요, 치유이며 중대한 '중심 이동'으로서 이미 하나의

'신화율려'(神化律呂)이기 때문이다. '신화율려'란 율려라는 음양이 이중적 균형관계를 인간과 주체적이고 신령한 수련과 실천으로 현실화할 뿐 아니라 그것을 창조적으로 조절, 조율할 때, 생성하는 제3원의 무궁무궁한 '초월적 깨달음'을 말한다. 이것이 '황극'(皇極)이다.

'기우뚱'하다고 했지만, 도리어 농경 중심이든 유목 중심이든 양자 사이의 기우뚱한 역설적 이중성 사이에서 생성하는 '무궁무궁' 즉 '농심'이라는 말 속에 이미 드러나 있는 소수의 고립적이고 구심적인 영성이나 생명의 저 '밝고 맑고 깊고 그윽한 우주 생명의 순환적 삶'이나 '대생명의 오묘함'이나 '대영성의 현묘한 깊이'라고 불렀던 '무궁무궁한 내면성의 생성이라는 신령한 초월성의 빛' 즉 이른바 제3원의 생성인 '흰 그늘' 자체가 이미 '각비'의 단호한 쌍방향 초월의 과정에서 '홍비'를 중심으로 한 '비홍'의 배합적 활용이나, 비홍과 홍비의 내용적 변경이나 간에 서로가 '우의에 가득찬 상호수정'을 가할 것이라고 생각한다.

분명한 것은 결코 카오스적 유목성과 코스모스적 농경성, 기계적 이동성과 생명적 정착성이 서로 대립하는 투쟁적 모순관계가 아니라는 점이다. 농촌은 도시라는 방패에 대해서 창이 아니며, 농촌은 도시라는 창으로부터 공격당하는 방패가 되어서는 안 된다는 얘기다.

'각비'는 율려라는 이름의 '근본 변혁적 치유', 즉 혁명이 아닌 근원적 치유와 의통(醫統)을 지향해야 한다. 이것과 저것 사이에서 '아니다, 그렇다'라는 역설적 판단을 내린다는 것은 그 안에 이미 이것이 아니고 저것, 또는 저것이 아닌 이것이라는 판단을 내포하고 있는 것이다. 그러기에 '비홍'(比興)에서 '홍비'(興比)로의 전환이 혁명적 행위임에도 불구하고, 동시에 '무궁한 이 울(우주핵) 속에 무궁한 내(존재핵) 아니냐' 즉 우주핵과 존재핵이 일치하여 '내 마음이 네 마음'으로 일치하는 천지공심(天地公心), 우주 사회적 공공성의 성취가 되는 것이다.

각비는 그러므로 율려라는 '용'(用)을 견인하는 황극이라는 '체'(體)인 것이다.

각비는 율려이면서도 황극이다. '용'으로서 '체'이고, 생성으로서 실상이 된다. 어쩌면 '흥비적 비흥'의 가능성도 성립할 수 있을는지도 모르며, 초탈한 차원의 농경적 유목민, 탁월한 의미의 정착적 이동민이 새시대의 '뉴타이프 인간'으로서 가능하게도 될는지도 모른다. 이러한 인간들이 바로 신인간이며 홍익인간이고 고조선의 그 흔한 '풍류인간' '천지인'(天地人)들이었을 것이다. 그리고 이들이 바로 저 유명한 '유목적 정착지'였던 사방의 그 '솟대(또는 솥터)'들 속의 '신시(神市)꾼', '호혜(互惠)꾼' '계꾼'들이었을 것이다.

단군과 왕검의 이원성(二元性), 유목민과 정착민의 이중성은 모두 신시와 화백(和白)과 풍류(風流)의 이중적, 역설적 교호 결합의 기초다.

모든 생명과 생성은 이중적이라고 했다. 따라서 참된 삶, 참된 시간도 그렇다. 지금 여기로부터 시작하여 과거와 미래를 끝없이 현재의 지금 여기에 끌어당기면서 접히며 펼치며 무궁무궁 생성하여 지금 여기로 돌아오는 자기 회귀적 내면성의 생성이 바로 참된 시간이고 참된 민중적 삶이다.

이 시간이 또한 각비(覺非)다.

이것이 이것이 아님을 아는 것, 즉 '이시'(移是)가 바로 시간이요, 각비(覺非)다.

시간이란 낡은 삶의 부정이다.

동시에 새 삶의 긍정이다.

재깍재깍거리며 가는 끊임없는 생성이다.

'각비' '각비' '각비' 하면서 생성하는 것이 시간이다. 무섭다. 파랗다. 그것은 곧 울려다.

숨겨진 영성이 드러난 생명으로 가시화하고 형성화하는 '물꼬'를 트는 것이 바로 '각비' 다.

'비홍' 에서 '홍비' 로 중심 이동하는 것이 '각비' 이지만, 반대로 '홍비' 가 '비홍' 으로 나가는 '물꼬' 를 트는 행위도 '각비' 다.

따라서 시골에 구심의 뿌리를 내리고 도시와 세계를 여기저기 분산, 배회하는 삶도 역시 '각비' 이게 된다. 이제 도연명(陶淵明)은 남산(南山)만이 아니라 태평양(太平洋)조차도 유연(悠然)하게 바라본다. 단 조건은 그의 뿌리가, 그의 깊은 차원이 남산(南山) 아래 있되 태평양 위에서 '무궁무궁' 의 '유연' 을 깨닫기 때문이다. 그렇다면 도리어 태평양 위에 떠 있는 비행기 속의 '무궁무궁' 의 '유연' 이 한 시골의 남산으로 이동해 가는 '무궁무궁의 유연'(悠然)일 수도 있기 때문이다.

'각비' 의 재깍거리는 이쪽에서 저쪽으로의 중심 이동의 끝없는 시간의 결과, '무궁무궁한 내면의 빛' , 그 초월적 농심의 깊은 곳 속의 '무궁' 과 '유연' 만이 허공에 새파랗게 남는다. '빛' 이다.

'다양한 정착적 노마디즘' 을 중핵으로 창조한 고조선사회의 결과는 결국, 만파식적(萬波息笛)의 풍류(風流)였다. '떨림' 과 '흐름' , 영적인 진동의 '빛' 과 생명과 물질의 흐름이라는 '중력' 이다.

그 결합인 '빛나는 중력' 또는 '흰 그늘' 이 바로 고대세계를 다 스렸다.

오늘날에도 귀농자는 농촌에 살면서도 도시에 산다. 내 말은 결국 이 개방적 이중성을 자각화 현실화하라는 것이다. 기계영농 얘기가 아니다. 농심의 이중 중심 얘기다. 그곳에서 '흥비적 비흥'이 가능할 때, 그리고 소수지만 '농경정착적인 이동유목'이 가능할 때가 참으로 새로운 수정을 가한 '비흥적 흥비'도 다수의 '이동유목적 농경정착'도 다 용납하는 '무궁무궁'의 유연한 '각비'가 이뤄질 때다.

오늘의 귀농은 이때에 제 뜻과 제 빛과 제 폭을 얻을 것이다.

우스운 것은 영농방식이나 귀농양식을 둘러싼 부질없는 기술적 공방이거나, 또는 무슨 '농업 소비에트'를 건설하려는 듯한 태도가 있는가 하면 그저 그렇고 그런 기업농으로 흘러가 버리려는 태도가 함께 있다는 점이다. 이런 것은 참된 귀농이 아닐 것이다.

조금 이상한 얘기지만, 귀농을 결심할 때, 고조선과 단군의 탄생을 한번 묵상하기를 바란다. 한웅의 북방 유목계 천손족(天孫族)의 눈부신 흰 '붉'과 웅녀의 남방 농경계 지손족(地孫族)의 어둠침침한 '곰'이 결합한 초기 단계의 신령한 카오스적 코스모스인 '훈'의 이중적, 역설적 교호 결합성, 그 깊고 복합적이면서도 창조적인 깊이와 투명성을 한번 생각해 보라는 것이다. 그것은 놀라운 창조적 차원 변화다.

문학적 너스레가 결코 아니다.

농심이 정해져야 농사가 있고, 농업적 삶이 있을 것이다. 그리고 소수요 구심적이지만 농촌에 꿋꿋이 서서 다수요 분산적인 도시와 세계의 삶을 제 품에 끌어들이면서, 또한 거리를 두면서 동시에 살 수 있다. 이런 통합이 불가능하다면 '각비'로부터 생명과 영성의 깨달음 즉 대생명, 대영성의 오묘함, 현묘함이라는 무궁무궁한 유연의 세계로 당당하게 나올 수가 없다. 못 나오면 거꾸로 통합 안 된다.

통합 안 되면 '귀농' 없다. '귀농' 없으면 소수의 구심적 질서가 있는 농업 역량에 기초하여 절대다수의 보편적이고 탈핵적인 카오스적 유목문화를 배합해야 할 근원적 생명운동, 율려운동에 의한 삶과 세계의 근본적, 문명전환적 치유 변혁 또한 없다.

이제 내 글을 마무리할 때다. 요컨대, 다시 한번 내 이름 문제를 빌려 말한다면, '지하'에서 '지상'으로 나오라는 얘기다. '귀농'과 똑같은 얘기다. '지하'에서는 생명운동, 영성운동을 못 한다. 영성과 생명운동은 정치운동, 지하운동이 아니다. 그것은 공개적인 문화운동이다. '지상'에서만 이뤄질 수 있는 '지상'(知常) 곧 '진리파지'와 '각비' 운동이다.

'지상'(地上)에서 큰 소리로 당당하게 가슴을 열고 실천해야만 한다. 왜냐하면 '지상'(知常)이 '흔' 즉 '한'을 알아 깨닫는 것을 뜻하듯이 나의 새로운 호인 노겸(勞謙)은 바로 '일하는 겸손' 즉 '활동하는 무(無)'이니 텅빈 영성의 창조적인 생명활동이다. 바로 '진공묘유'(眞空妙有)를 뜻한다. 숨겨진 질서의 현묘한 영성과 드러난 질서의 오묘한 생명의 비밀을 깨달아 '안심입명'하는 지금 여기 현실농촌의 영성적 생명운동이 이제부터 새 문명운동, 율려운동의 바탕이 되고 근거지가 되며 이것을 기초로 해서만 율려문명, 생명의 문명은 절대다수의 해체적인 도시와 들뜬 유목적 체계를 그것 그대로 놓아 두면서도 그 내면의 질서를 변혁하여 소수지만 오묘한 우주생명의 자기 질서 안에 치유 통합할 것이다. 이때 세계에 참 변화가 오고 지역에 참 자치가 오고 지구중력권과 생태계가 참으로 치유 변혁되며 우주가 현실적으로 재조정될 것이다.

그것을 위해 먼저 '각비' 해야 한다. 그러자면 일단은 이제까지 유행하던 사회과학 이론 나부랭이들은 몽땅 걷어치워라! 바로 그것이 상투적 비홍이니 배신자의 밀고에 의한 수운의 체포와 처형이라는 반동, 퇴행 즉 '오비이락'(烏飛梨落)의 장본인이다.

상투적인 '비홍'에 의한 '오비이락'! 극도로 조심하고 주의해야 한다. 과거에 몇 권 읽은 뻔할 뻔짜의 사회과학 개념 따위로 지금 막 새롭게 태어나 유출되고 있는 숨겨진 영성과 생명과 율려의 얘기들을 농단하거나 비난하거나 짓까불어서는 안 된다. 지금은 명백히 후천(後天)이요, 영성의 시대, 생명의 시대, 율려의 시대이기 때문이다. 상투적 비홍, 그것이 바로 새로운 시대의 내면의 빛에 대한 배신이요 밀고요 처형이자 반동이며 퇴행이기 때문이다.

나는 농업을 모른다. 그러나 농심은 희미하게나마 조금 짐작할 수 있다고 말하고 싶다. 왜냐하면 지난 8년 간의 감옥에서부터 이제껏 20여 년 간 줄기차게 천착해 온 것이 바로 그 농심이라는 말로 표현되는 근원적 생명의 세계관이었기 때문이다.

내게 있어서 귀농이란 "근원적 생명운동인 병든 뭇생명에 대한 치유와 의통(醫統), 즉 율려로 돌아감"을 말한다. 율려가 음과 양, 역동과 균형, 카오스와 코스모스, 드러난 질서와 숨겨진 질서, 영성과 생명의 이중적이고 역설적인 '기우뚱한 균형'에서 생성하는 '무궁무궁한 유연의 눈부신 흰 빛', 바로 '붉'이라는 우주 리듬을 말하는데, 바로 '농'은 본디 별들과 우주 삼라만상의 저 찬란한 율려세계를 표상한 말이자 천지경영을 뜻하기 때문이다. 그러매 귀농이란 곧 율려로 돌아감, 근원적 영성과 생명세계로 돌아감이다.

나의 호(號)와 본래의 이름으로 돌아감 또한 그러한 뜻에 종사함이니 부디 귀농운동이 곧 율려운동이기를 바라며, 나의 '노겸'이 이제부터는 '지하'가 아닌 '지상'에서 아름다운 귀농적 율려의 각비 과정에 작으나마 한 도움이 되기를 간절히 빌 뿐이다.

마지막으로 생각나는 것이 있다. 무엇이냐 하면 진정한 각비는 두 개의 '비'(比)에 대한 날카로움이라는 것이다. 그것은 흥비에서부터 출발하여 다시금 현실적인 새로운 영성문화와 생명율려의 과학으로 돌아가는 또 하나의 새로운 '비학'(比學)을 찾아내는 데 있을 것이다. 빛과 함께 현실생태중력장과 문화자본주의사회의 과학을 잘 알아야 빛과 중력의 통일에 바탕한 참다운 중력장의 변혁과 치유를 이룰 수 있기 때문이다. 중력을 모르면 빛은 실패한다. 반드시! 녹두꽃이 떨어져서 창포장수 울고 가는 일이 다시는 없어야겠기에 마지막으로 한마디한다.

단기 4332년 11월 3일 새벽 3시 30분
강원도 깊은 산골짝에 홀로 앉아